U0229948

2014 年全国地市级环保局长岗位培训优秀论文集

环境保护部宣传教育中心　编

中国环境出版社·北京

图书在版编目（CIP）数据

2014 年全国地市级环保局长岗位培训优秀论文集/
环境保护部宣传教育中心编. —北京：中国环境出版社，
2014.5
　ISBN 978-7-5111-1684-0

　Ⅰ．①2⋯　Ⅱ．①环⋯　Ⅲ．①环境保护—中国—文集
Ⅳ．①X-12

　中国版本图书馆 CIP 数据核字（2014）第 071212 号

出 版 人　王新程
责任编辑　张维平
封面设计　金　喆

出版发行　中国环境出版社
　　　　　（100062　北京市东城区广渠门内大街 16 号）
　　　　　网　　　址：http://www.cesp.com.cn
　　　　　电子邮箱：bjgl@cesp.com.cn
　　　　　联系电话：010-67112765（编辑管理部）
　　　　　发行热线：010-67125803，010-67113405（传真）
印　　刷　北京中科印刷有限公司
经　　销　各地新华书店
版　　次　2014 年 6 月第 1 版
印　　次　2014 年 6 月第 1 次印刷
开　　本　787×1092　1/16
印　　张　13
字　　数　300 千字
定　　价　50.00 元

《2014 年全国地市级环保局长岗位培训优秀论文集》

编委会

前　言

党的十八大报告把生态文明建设纳入"五位一体"的中国特色社会主义事业总体布局中，环境保护是实现生态文明的基础和前提，也是建设美丽中国的主干线、大舞台和着力点。广大环保工作者是推进生态文明和建设美丽中国的引领者和实践者，在积极探索在保护中发展、在发展中保护的中国环保新路的过程中肩负着神圣的历史使命。

我国环境资源问题日益突出，环境污染备受关注。各级环境保护主管部门不仅要面临复杂的行政管理局面，也要应对人民群众日益强烈的环境质量诉求，同时还要面对史无前例的舆论压力。地市级环保局长是解决本地区环境问题的实际管理者，同时也是落实国家环境保护方针和环境政策的具体执行者。提高地市级环保局长环境管理与环保执法水平，促进其积极参与综合决策和认真履行岗位职责尤为重要。

受环境保护部行政体制与人事司委托，环境保护部宣传教育中心 2013 年承办了四期全国地市级环保局长岗位培训班，为地市级环保局长们提供了业务学习的机会和交流工作经验的平台，培训课程的设置着眼于提高学员的综合决策能力和业务工作水平，以分析当前环境保护新形势、国家环保政策以及解读环保部重点工作为核心内容。在培训过程中，学员们不但巩固了环保理论知识，更对国家环境保护最新政策动态和相关信息有了深层次的解读，对当前环保工作重点、难点有了新的认识。

学员们通过充分交流、研讨和撰写论文，总结了基层工作中好的经验，分析了工作中遇到的突出问题和困难，提出了推进环保事业历史性转变、探索中国环保新路好建议。为了更好地总结培训成果，梳理参训学员的学习收获，环境保护部宣传教育中心组织专家在学员提交的 105 篇论文中精选出 39 篇，并经环境保护部行政体制与人事司审定后汇编出版。自 2008 年开始，局长岗位培训优秀论文集每年出版一册。本册论文集是该系列优秀论文集的第六册，共分为生态文明建设与探索环保新路、总量减排与污染防治、政策法规与农村环境保护和环境综合管理四个主题。

2014 年是"十二五"的攻坚之年。本册论文集的出版旨在将全国地市级环保局长的培训成果在更大范围内传播开来，希望能为各级环境管理者和决策者提供新的学习和参考资料，从而促进"十二五"环保任务的圆满完成。

本册论文集的评选和汇编得到了参加 2013 年全国地市级环保局长岗位培训班学员们的大力支持和协助，在此表示衷心感谢！

由于水平有限，书中难免存在不足之处，敬请批评指正。

环境保护部宣传教育中心

2014 年 1 月 25 日

目　录

一、生态文明建设与探索环保新路

二、总量减排与污染防治

三、政策法规与农村环境保护

四、环境综合管理

一、生态文明建设与探索环保新路

践行生态文明理论，创新环保工作机制
争做建设"美丽信阳"的先行者

河南省信阳市环境保护局 张 杰

摘 要： 生态文明建设是国家可持续发展的必然需要，是贯彻落实科学发展观的基本要求。信阳市凭借生态优势，连续四次入选中国十佳宜居城市。本文介绍了信阳在生态文明建设工作取得的成效，指出了工作中存在树立生态文明理念、建设资金投入、环境监管、生态文化建设进程和制度建设等方面存在的问题，并提出了建议措施。
关键词： 河南信阳；生态文明建设；问题与对策

党的十八大将生态文明建设纳入"五位一体"的中国特色社会主义事业总体布局，要求尊重自然、保护自然、顺应自然，建设"美丽中国"。这是继十七大报告后，再次论及"生态文明"，生态文明战略地位的提升，充分体现了以人为本、执政为民的理念，也为我们持续探索走好"两不三新、三化协调"科学发展的路子指明了方向。近年来，信阳市凭借生态优势，连续四次入选中国十佳宜居城市，为信阳经济社会持续健康发展创造了环境优势。在今后发展中，信阳应继续主动融入全局、乘势而为，创造优势、持续前行，努力践行生态文明理论，创新环保工作机制，争做建设"美丽中国"、"美丽中原"、"美丽信阳"的先行者。

一、信阳生态文明建设工作取得的成效

信阳位于鄂豫皖三省交界处，地处亚热带向暖温带过渡地带，气候宜人，雨量充沛，物种丰富，山清水秀，自然生态环境良好，素有"北国江南，江南北国"之美称。近年来，信阳能够成为宜业宜游宜居城市，靠得不仅仅是自然环境，更重要的是深入贯彻落实科学发展观，坚定不移地走生态文明建设之路。一是坚持科学的生态理念。深入贯彻落实科学发展观，坚定不移地走生态文明建设之路，持之以恒地推进生态文明建设，着力保护生态环境，把生态优势作为事关信阳可持续发展的最大优势、最大潜力和最大竞争力，尊重自然、顺应自然、保护自然。二是着力发展生态产业。立足信阳实际，摒弃"经济逆生态化、生态非经济化"的传统做法，大力发展绿色、循环、低碳产业，积极构建以生态经济为支撑的现代产业体系。突出发展生态农业、绿色工业、现代物流业和文化旅游业。三是着力建设生态城市。坚持生态优先、以人为本，在城市规划阶段，首先把需要保护的生态功能区域圈起来，禁止开发；在城市建设阶段，严禁破坏山体、植被、水系，进一步促进山、

水、林、城一体融合发展，提升"山水信阳、休闲茶都"的城市品牌。四是着力构建生态文明。坚持以领导方式转变加快发展方式转变，严格遵循自然规律、经济规律和社会发展规律，从打造自然生态、经济生态、社会生态三大重点领域安排布局生态文化建设，从加强生态道德教育、积极开展生态创建、培育生态文化品牌三个着力点推进生态文明建设，努力实现生态、经济、社会三大效益同步提升。五是着力健全各项机制。从严格环境准入机制、建立齐抓共管机制、完善评价考核机制、强化政策保障机制四个方面有效保障生态文明建设。

（一）以生态屏障建设为重点的生态环境质量优良

全市饮用水水源水质达标率保持在 100%，多年来空气质量二级以上优良天数维持在较高的水平（2008 年 347 天，2009 年 346 天，2010 年 354 天，2011 年 344 天，2012 年截至 12 月 21 日是 340 天）；信阳市中心城区绿地率达到 36.91%，绿化覆盖率达到 42.38%，人均公共绿地面积达到 13.9 m^2；信阳市年均水资源总量 90 亿 m^3，人均水量 1 230 m^3；信阳市有不同类型的自然保护区 10 个，占全省自然保护区总数的近 1/3。自河南省实施水环境生态补偿工作以来，信阳市没有因为水环境责任断面超标，被扣缴过补偿金，是河南省生态安全的一道天然屏障。

（二）以区域特色产业为基础的生态经济品牌初步树立

信阳是传统的农业经济地区，30 多年改革开放中农业、工业产业结构调整，特别是自国务院颁布《淮河流域水污染防治暂行条例》和信阳市被划定为"淮河源国家级生态功能区"以来，在市委、市政府"生态立市"方针指导下，信阳市社会经济生态化发展趋势加快，由单一的"信阳毛尖"特色农产品向各个生产和服务领域发展：种植业方面，生物防治技术和有机肥悄然普及，茶产业绿红齐飞并延伸到生态旅游，"信阳毛尖"、"信阳红"、"愣头青"、"山茶油"、"潢川花木"已经成为知名品牌；养殖加工业普遍注重干清粪工艺和粪便综合利用；在"禁实"政策推动下，粉煤灰、建筑垃圾被综合利用及建材、化工、火电、冶金等行业余热回收使循环经济渐具规模；在"膨胀珍珠岩污染综合整治"推动下，保温砂浆、保温板材、除尘灰回收制作轻质填料副产品等，既清洁了生产工艺，又延伸了产业链条；国能风电设备制造、华电环保科技园、开源环保、禹王环保机械制造标志着环保产业的大发展。实施生态文明建设以来，信阳市不仅保护了生态环境，而且实现了经济社会的快速发展，综合实力快速提升，生产总值保持两位数增长，总量由 588.4 亿元增加到 1 276.8 亿元，2012 年，信阳市蝉联"中国十佳宜居城市"和"中国最具幸福感城市"。

（三）以地方元素整合为支撑的生态文化合力日益增强

生态文化就是从人征服自然、改造自然的文化过渡到人与自然和谐相处的文化。因此，建设生态文化，必须坚持社会主义核心价值体系的指导和引领，以良好社会效益和生态效益为取向，以谋求人与人、人与社会和人与自然关系的和谐为目的，把生态价值理念贯穿到经济、社会、政治、文化建设各个方面，在全社会倡导并实现绿色生产、低碳生活、健康消费，为社会主义生态文明建设实践提供智力支持和精神动力。近年来，信阳市大力开展普及生态文化建设，地方特色传统文化不断发扬，已逐渐形成了兼收并蓄的文化特征，呈现出豫风楚韵的特色，蕴含着丰富多彩的区域文化特质。在发展信阳生态文化时，充分地利用独特的地域性资源，发展了信阳歌舞文化、编钟文化、根亲文化、旅游文化、红色文化、茶文化、餐饮文化等，并逐步形成特色产业。在发展这些生态文化产业时，充分考虑了规划的示范引导作用，从空间布局到环境影响各方面统筹考虑，力争做到人与自然的和谐相处。

（四）以持续发展为基础的生态创建活动热火朝天

生态系列创建工作是指围绕着生态文明建设和生态环境保护而开展的生态示范区、生态县区、生态乡镇、生态村等创建活动，这些生态创建的指标涉及生态经济建设、生活污染治理、工业污染防治、畜禽养殖污染治理、农村面源污染治理和生态环境保护等，通过开展生态创建活动，能够全面地促进生态环境保护，能在一定程度上提升生态文明程度。信阳市一直把生态创建工作作为生态建设的有效载体和重要抓手，信阳市的生态创建工作在全省开展也是较好的省辖市之一。在生态示范区创建方面，信阳市是全省最早的、也是唯一的全市整体被命名的"国家级生态示范区"；在生态县建设方面，全省首批命名的两个省级生态县信阳市就占一个（新县）；在国家级生态乡镇创建方面，全省目前总共 24 个国家级生态乡镇，信阳市占 6 个；省级生态乡镇数量目前全市共有 50 个，也走在全省的前列。通过开展这些生态创建活动，带动了村、镇生活污染治理、清洁能源使用、绿色或无公害农副产品的广泛种植等工作的开展，为信阳市生态文明建设工作打下坚实的基础。

（五）以生物多样性保护为宗旨的自然保护区建设工作扎实推进

自然保护区是国家生态安全体系的重要组成部分和经济社会可持续发展的重要基础。建设和管理好自然保护区，对于维护生态平衡，改善生态环境，实现人与自然和谐，促进经济社会可持续发展具有十分重要的意义。为了保护信阳市生态功能与生物多样性，信阳市目前已建立了 10 个自然保护区（国家级自然保护区 3 个，省级自然保护区 7 个），占全省自然保护区总数的近 1/3（全省共有自然保护区 35 个，国家级 11 个，省级 21 个，市级 1 个，县级 2 个），10 个自然保护区总面积 207 541 hm^2，约占全市总面积的 11%。自然保护区的建设对生物多样性的保护、生态系统的稳定和良性循环均起到了重要作用，这是河南省其他地市所无法比拟的。通过设立自然保护区，并采取相应的保护、抚育和限制开发的措施，对保护区内的物种进行有效的保护，从而维持保护区内良好的生态功能。自然保护区的设立和保护工作的开展已成为信阳市生态文明建设工作的推动力。

（六）以节能减排为导向的工业污染防治工作成效显著

为了保护信阳市的环境质量，信阳市持续推进节能减排工作，加大淘汰落后产能力度，降低能源资源消耗、减少污染排放，统筹推进重点区域重点行业污染整治，不断提升城乡环境质量。"十一五"期间，信阳市共淘汰立窑水泥生产线 13 条，淘汰小火电机组装机容量 21 万 kW，关闭辖区内 4 万 t 以下所有合成氨生产线，淘汰 130 m^3 小高炉 4 台、350 t 炼钢转炉 3 台、55 m^3 铁合金冶炼炉 2 台；淘汰了 360 多家黏土砖瓦窑场和 100 多家简单珍珠岩加工企业。还强力推进重点企业治理和技术进步，对 8 家涉水重点企业实施深度治理；辖区两家电厂均完成烟气脱硫工程，并对所有发电机组实施旁路烟道铅封；完成信钢焦化厂脱硫工程。同时，建立最严格的环境准入制度，绝不让新建项目成为新的污染源。通过采取强有力的污染防治措施，工业化学需氧量排放量占排放总量的比重由"十五"末期的 20% 下降到"十一五"末期的不足 8%，很好地保护了生态环境。

（七）以强基础惠民生为重点的基础设施建设和饮用水水源保护工作常抓不懈

为了保护生态环境的可持续发展能力，近年来，信阳市投入大量资金，加强环境保护基础设施建设，共建成投运 10 家污水处理厂，8 家垃圾无害化处理场，1 家医疗废物集中处置中心，实现县县建成污水处理厂和垃圾处理场并实现稳定规范运行。全市形成污水处理能力 33 万 t/d，年可削减 COD 3.7 万 t，垃圾基本实现无害化处理，医疗废物集中处理率达到 95% 以上。同时，推动污水处理厂配套管网建设，进一步提高了收水率和污水处理率。饮用水水源保护关系国计民生，信阳市正积极扎实推进水源地环境整治、恢复和规范化建设工作。

（八）以吸引外力为目标为生态文明建设争取资金

生态文明建设需要大量的资金支持作后盾，由于信阳市是贫困地区，财力较为紧张，只有"广开源"，多方申请外援，积极争取各类专项资金，扩大资金盘子，才能弥补生态文明建设资金的不足。在资金使用上，信阳市坚持"量力而行，有缓有急"的原则，用好、用足有限的环保资金。在资金分配上，逐步建立和完善科学的资金分配制度体系，充分发挥环保资金的引导作用。在做好资金筹措和分配的基础上，逐步从"重分配"向"重绩效、重考核"转变，切实发挥财政资金的作用。一是中央农村环保专项资金。信阳市近两年共争取到了 52 个中央农村环境综合整治项目，项目总资金 8 000 多万元，这些项目资金主要用于农村生活污水、垃圾的治理，有近 30 万农村人口将直接受益。二是"三河三湖"污染防治资金。2012 年申报成功了 20 个畜禽养殖污染防治项目，资金近 1 000 万元。三是重点生态功能区转移支付资金。经过努力争取，信阳市的商城、新县被确定为国家重点生态功能区，三年来，两县每年共有近亿元的转移支付资金用于两县的生态功能建设。四是南湾湖泊治理项目资金。2011 年，成功申请到了南湾湖泊治理项目，该项目是全国 17 个"国家湖泊生态环境保护试点"之一，也是河南省唯一的一个良好湖泊生态环境保护试点，项目周期是按 3 年至 5 年分期进行的，总投资约 5.4 亿元，通过项目的实施，可以保障南湾湖水质稳定达到或好于二类标准，实现在较长时期内南湾湖的水质安全。

二、存在的问题

信阳市生态文明建设虽然得到了长足的发展、取得了可喜的成效，但也存在着一些需要解决的问题。

（一）生态文明的理念有待进一步树立

目前，仍有少数领导干部对生态文明建设的认识还存在误区，认为抓经济发展、抓财政收入是头等大事，在招商引资时没能科学合理地考虑县区的生态环境容量，有的引进了少量污染较重的项目，有的在项目选址建议时不能很好地避开信阳市的饮用水水源保护区和自然保护区等。这些都在一定程度上影响了信阳市生态文明建设的进程。政府在生态文明建设中规划者、调节者、监管者、保障者的作用没有得到很好的发挥，有的地方甚至出现牺牲生态环境而人为强制性地上项目、造园区的现象。

（二）建设资金投入有待进一步增加

近年来，信阳市生态文明建设投入和国家对重点生态功能区转移支付资金支持的力度都不断加大，有力地促进了地方经济社会的发展。但总体上关于生态文明建设的投入资金不足，不足以支撑生态文明建设各项工作的开展。一些地方开采后的矿面没有足够的资金进行恢复，有的区县污水处理厂建成后因运营费用问题不能正常运转，有些新农村社区建设示范点因资金不足没有配套建设环境保护基础设施等，这些不仅与生态文明建设目标不相适应，而且严重制约了信阳市生态文明建设的进程。

（三）环境监管有待于进一步加强

环境监管能力不足，存在着监管不到位的盲区和监察频次不高的问题，导致一些企业存在侥幸心理，不按规定办理环保相关手续，偷排、直排、超标排放以及擅自停运污染治理设施；一些地方非法采石采砂等现象屡禁不止等。环评审批和"三同时"制度执行与日常环境监管的联动体系和环评管理与环境监察、行政处罚的协调机制没有很好的建立，环评提出的预防、减缓、保护、恢复、补偿等环保措施往往不能有效落实。环境监管能力和环境监管的力度有待于进一步加强。

（四）生态文化建设进程有待于进一步提速

近年来，信阳市建设了一批自然保护区、森林公园、街景小游园等，虽然为生态文化建设奠定了一定物质基础，但与建设生态文化体系的要求相比还远远不够。主要表现是：森林公园、自然保护区在硬件设施建设上相对落后，在文化方面缺乏载体支撑，促使生态文化形象化、具体化的平台和宣传手段比较薄弱，生态文化观念淡薄，生态文化意识不强，生态文化建设需要进一步提速。

（五）制度建设有待进一步完善

信阳市目前还没有明确地把生态文明建设纳入考核体系，没有专门的考核办法和奖惩机制，生态文明建设在一定层面上还是仅停留在口号上，没有成为贯穿到执政理念和实践中的一种制度，没有真正把资源消耗、环境损害、生态效益纳入经济社会发展评价体系中，导致在一定程度上忽视了社会建设、生态建设，忽视了经济发展中社会要素、生态要素的利用和维护。

三、建议

良好的生态环境是信阳最宝贵的资源，是信阳永续发展的重要支撑。我们应当抓住中央着力生态文明建设的机遇，保护好信阳市的生态环境、发挥好信阳的生态优势，努力践行生态文明理论，创新环保机制，争当全省生态文明建设的排头兵，推动整个经济社会的发展，彰显信阳特色。

（一）大力发展生态经济，树立"生态立市"理念

信阳是一个农业大市，我们必须转变经济发展模式，将传统的发展模式转变为可持续发展模式，遵循生态学的基本原理，改变"人类能征服自然"的错误观念，走生态经济之路，实现可持续发展。

（二）着力打造生态文化，加强生态文明建设

党的十八大报告指出，"建设生态文明，是关系人民福祉、关乎民族未来的长远大计"。在生态文明建设中，我们必须着力打造生态文化。

首先，要科学地制定生态文化建设规划，启动生态文化建设工程。出台加强信阳市生态文化建设的指导性意见，编制生态文化建设规划纲要。充分利用信阳丰富的生态文化资源，紧密联系生态建设、旅游建设和经济建设，把历史文化与生态文化有机结合起来，把信阳建设成为生态宜居城市、生态建设示范市和生态文化大市。

其次，要加强生态文化科学研究，加速学科建设和人才培养。借助信阳高校的人才资源和科研优势，加大对生态文化和生态文明的研究力度，围绕构建人与自然和谐发展的价值观，积极开展生态文明、生态文化建设战略等方面的研究，为加强生态建设和保护，提供科学依据和理论支持。

最后，要加大生态文化宣传力度，积极推进和谐魅力信阳建设。要进一步发挥信阳南北文化兼容的优势，加强信阳茶文化、红色文化、根亲文化、干校文化、县域文化、淮河文化、山水文化、民俗文化、饮食文化、歌舞文化、编钟文化等特色文化资源的宣传和保护，进一步扩大信阳的知名度和美誉度。

（三）强化机制体制建设

首先，完善生态补偿机制。建立信阳市生态补偿机制是中原经济区建设对信阳市的要求，目前信阳市市域在生态补偿方面还存在着主体缺位、补偿方式简单、标准单一、资金缺口较大、缺乏有效的评估体系的问题，应尽快研究解决这些问题，协调建立生态补偿机制；同时，发改、财政、环保等部门都积极向上争取项目、资金和政策支持，弥补生态补偿资金的缺口。其次，充分发挥规划的先导作用。在十八大"五位一体"思想统领下，重新审视目前已有的规划，适时进行调整修编，各规划中充分体现生态保护和建设优先的原则，使发展与生态文明建设的理念更加吻合；结合信阳实际，制定"美丽信阳生态文明建设规划"，指导全市城市化推进生态文明建设工作。做到科学规划、注重实效、分步实施。再次，建立有利于生态文明建设的考评机制。根据不同区域、不同行业、不同层次的特点，建立体现生态文明要求的目标体系、考核办法、奖惩机制，建立国土空间开发保护制度，完善最严格的耕地保护制度、水资源管理制度、环境保护制度，实行差别化评价，增加对党政领导班子，加强节能减排、循环经济等方面的考核。将政绩考核结果与干部任免奖惩挂钩，以激励各级领导干部进行生态文明建设。最后，还需建立跨部门协调机构，破除生态文明建设的体制障碍，设立生态文明建设领导小组，协调各部门的生态建设工作。

立足三亚实际，推进生态文明建设

海南省三亚市国土环境资源局　吴智勇

摘　要： 本文介绍了三亚市近年来生态环境保护主要工作和成效，在推进生态文明建设中面临的机遇与挑战以及对策。指出了三亚市生态环境建设中存在区位优势、旅游资源丰富、交通便捷、良好生态环境和较高效能政府体制的优势，同时也总结了存在的工业基础薄弱、高新技术产业尚未形成规模、城市基础设施、城乡差别、能源结构不合理和水资源利用率不高等劣势。最后，从立足三亚实际出发，提出了推进生态文明建设的四项建议。

关键词： 生态文明建设；成效；环境

三亚地处祖国南端，是海南省南部的经济文化中心和对外贸易口岸。三亚三面环海，有绵长的海岸线，地处北纬 18°热带亚热带分隔线，是中国唯一的热带滨海城市。具有独特的热带海洋气候和热带海岛风情，其热带滨海旅游资源十分丰富，自然景色奇美，是国内热带滨海旅游资源最密集的地区，聚集着十大风景旅游资源：阳光、海水、沙滩、气候、森林、动物、温泉、岩洞、风情、田园，拥有亚龙湾、天涯海角、鹿回头、大小洞天、南山等一批名牌景区景点。三亚市的城市建设定位为"亚洲一流，世界著名"的国际性热带海滨旅游城市和国家生态示范城市，旅游业已发展成为三亚的支柱产业。历届政府均把环境作为三亚发展的生命线。

党的十八大，把生态文明建设与经济建设、政治建设、社会建设、文化建设并重提出"五位一体"的总体布局。海南省委省政府提出 "国际旅游岛"和"绿色崛起"的战略。作为"国际旅游岛"建设排头兵的三亚市，如何根据三亚的特点，扬长避短、因地制宜，推进生态文明建设，是我们面临的新课题。

一、近年来生态环境保护主要工作和成效

近年来，在省委、省政府的正确领导下，三亚市政府认真贯彻落实科学发展观，紧紧围绕《国务院关于推进国际旅游岛建设发展的若干意见》和"十二五"规划，大打城市环境建设总体战，积极实施名牌战略，坚持精品立市，加大生态环境建设、城市污水和垃圾处理工程投入，不断完善环保基础设施建设，积极做好污染防治和减排工作，努力打造中外游客的度假天堂和三亚人民的幸福家园。全市经济保持平稳快速发展，环境空气质量优于国家一级标准，生态环境质量继续保持优良，城市人居环境进一步改善，人民生活水平不断提高，城市建设与生态环境建设及各项管理工作取得了骄人的成就，先后荣获"中国优秀旅游城市"、"国家级生态示范区"、"全国卫生先进城市"、"全国先进园林城市"、"中

国人居环境奖"等称号。目标责任制和城市综合整治定量考核在全省名列前茅。

（一）统筹规划，努力推动"十二五"节能减排

（1）制订节能减排相关规划、方案。根据《海南省"十二五"节能减排总体实施方案》，制定了《三亚市"十二五"主要污染物总量减排工作方案》，明确了"十二五"期间三亚市重点节能减排项目，将 "十二五"期间节能减排目标任务逐级分解落实到相关责任单位。

（2）强化污染减排重点单位监督管理，充分发挥其减排能力。组织专门力量对污水处理厂等重点减排单位全面进行检查，针对存在的问题逐一下达整改要求，督促重点减排单位加强管理，确保设施正常运转。

（3）积极推广节能技术改造，强化节能措施，提升节能减排意识。严格规范开展新建、改扩建民用建筑在立项阶段、规划报建阶段的节能评估和审查工作，做好既有建筑节能改造推广工作。

（4）加快产业结构调整，严格执行产业政策和环境准入标准，控制高耗能、高排放、高污染行业项目进入。在坚持不污染环境、不破坏资源、不搞低水平重复建设"三不原则"下，切实提高项目准入门槛，确保新上项目技术处于国内领先水平。坚持生态工业发展导向，加快推进创意产业园和高新技术产业园区建设，加大循环经济技术示范推广力度。以创建"低碳试点城市"为契机，调整节约资源和保护生态环境的产业结构、增长方式、消费模式和生活方式，进一步促进了三亚市产业结构优化调整。

（二）加大财政投入，积极推进环保基础设施建设

（1）全力推进生活污水收集和处理设施项目建设。三亚市主要污染源为生活污染，城市污水处理基础设施建设关系到三亚市"十二五"减排任务的完成。政府高度重视城市污水处理基础设施及其配套建设。在对污水处理设施升级改造的基础上，完善管网配套建设。

（2）积极推进垃圾处理项目及配套设施建设。为解决原田独垃圾处理场渗滤液问题，三亚市投入 195 万元对田独垃圾处理场渗滤液进行综合整治，结合三亚城市总体规划，完成了《三亚市环境卫生设施建设专项规划（2010—2020 年）》的编制工作。规划推进生活垃圾焚烧发电及餐厨垃圾处理项目建设前期工作。

（3）大力推进园林绿化工程。至 2012 年底，三亚市建成区绿化覆盖率达到 45.31%，绿地率达到 41.61%，人均公共绿地达到 18.97 m²。

（三）落实责任，狠抓环境整治

（1）加大水环境整治力度，提高水环境质量。根据市政府办公室《关于印发〈三亚市地表水环境整治工作方案〉的通知》的要求，开展地表水环境整治工作，加强水源地的保护和管理，三亚市地表水水质达标率得到进一步提高，达到 91.7%。

（2）积极开展大气联防联控工作，确保空气质量优良态势。一是强化施工工地环境管理，要求施工场地采取围挡、遮盖等防尘措施，严格执行禁止在城市施工现场搅拌砂浆的管理规定，确保颗粒物污染防治工作的落实。二是加强餐饮业油烟污染管理，对油烟污染投诉案件及时进行了查处。三是加强机动车污染防治。推进机动车环保标志发放工作，严

格执行《三亚市机动车尾气污染防治管理办法》，加快推进三亚市"黄标车"淘汰，对排放不达标车辆进行专项整治。四是完善区域空气质量监测监管体系，加强空气质量保障能力建设。

（3）强化固体废物管理，认真开展危险废物整治工作。一是根据环保部的部署积极组织开展化学品环境管理和危险废物专项检查工作，对全市危险化学品生产企业、危险废物重点产生单位、危险废物处置设施运营企业、污泥处置单位进行现场检查，督促企业整治环境污染隐患。二是开展"限塑令"宣传，查处违规行为。三是加强医疗废物产生、收集、运送、储存、处置过程的监管力度。

（4）加强噪声污染防治，强化娱乐场所管理。调整修编了《三亚市城市规划区声环境功能区划分方案（2011—2020年）》，并下发实施。严格按照《中华人民共和国环境噪声污染防治法》、《娱乐场所管理条例》及相关法规要求进行审批，从娱乐场所选址上设定限制区域，从源头上断绝营业场所噪声污染问题。

（5）组织开展辐射安全综合专项调查，加强放射源的管理。执行辐射安全许可制度。在省厅的统一部署下，对管辖范围内放射性同位素和射线装置使用单位进行了全面检查，对存在安全隐患的现场提出整改意见，对辐射管理规章制度不够规范的要求进行完善，对未办理辐射安全许可证的督促其限期办理。

（四）强化环境监督管理，促进和谐发展

（1）进一步加强建设项目环境影响评价审批管理。加强环保批后监管，严格执行建设项目竣工环境保护验收制度。

（2）强化环境监测能力，完善环境监督监管体系。围绕"节能减排"、"污染源更新调查"、"三亚生态市建设"开展空气质量"两报"和水质、空气常规监测等各项常规监测、污染源监测和服务性监测工作。

（3）做好环境监察工作，维护人民群众环境权益。一是加大对辖区内列入国控、省控和市控等重点污染源等重点污染源巡查监管力度，每月至少巡查一次，发现问题，立即处理。加强国控、省控重点污染源在线监控设施建设。

（五）加强生态环境保护，助力海南绿色崛起

（1）加强水源地保护和管理，确保饮用水安全。至2012年年底，编制完成并批准了三亚市全部12个集中式城市饮用水水源和农村饮用水水源保护区规划。以水源地保护规划为依据，投资建设水源保护隔离网工程和界桩工程，完善水源保护标识。完成水源池水库饮用水水源地保护区系统突发水污染事故应急预案编制工作。

（2）为贯彻落实省六次党代表会"坚持科学发展实现绿色崛起"精神，根据海南生态省建设工作要点制订了三亚生态市建设工作要点并通过政府下发执行，各相关单位根据通知分工，狠抓工作落实，基本实现了预期目标。

（3）通过实施森林生态效益财政补贴，保障林权所有者权益，实现了农民得实惠，生态得保护的双赢模式，推进集体林权制度改革，使核心生态区的生态功能向优良方向发展。开展生物多样性保护。严厉打击买卖野生动物行为。

（六）统筹城乡发展，推进新农村建设

（1）深入开展农村沼气改造。继续推进农村"一池三改"工作，开展农村沼气大培训、大回访活动，建档立案，对农村户用沼气修复工作进行调查摸底和补贴标准测算，完善沼气服务体系，保证全市沼气服务网点正常。

（2）推进新农村项目建设和生态文明乡镇建设。坚持成熟项目优先立项原则，采取市镇两级同步推进的做法予以推进。2012 年吉阳镇获得"国家级生态文明乡镇"荣誉称号，凤凰镇报贵村等 6 个自然村获得"海南省小康环保示范村"称号，并推荐海棠湾镇和崖城镇申报省级生态文明乡镇，逐步扩大生态文明示范效应。

（3）进一步修订统筹城乡发展指标体系。由于三亚市原有的《2011—2015 年三亚市统筹城乡发展指标评价体系》对统筹城乡发展的总体要求不高，2012 年 10 月，借鉴成都、重庆等地统筹城乡发展综合评价做法，调整和细化三亚市统筹城乡发展指标体系。

二、三亚的优势和劣势、机遇与挑战

三亚具有独特的区位和自然环境优势，也存在经济基础薄弱等劣势；机遇与挑战共存。

（一）主要优势

（1）区位优势：三亚地处祖国南端，北纬 18°热带亚热带分隔线，是中国唯一的热带滨海城市。它三面环海，有绵长的海岸线，具有独特的区位优势。

（2）旅游资源丰富，景点众多：三亚市旅游资源极其丰富，是国内热带滨海旅游资源最密集的地区，拥有亚龙湾、天涯海角、鹿回头、大小洞天、南山等一批名牌景区景点，其中南山和大小洞天景区被评为全国 5A 级景区。

（3）便捷的对外交通：三亚有发达的港口、铁路、高等级公路以及相补充的管道和空中运输设施，五种交通运输方式齐全，立体交通网络正在形成。

（4）良好的生态环境：三亚的海水浴场水质、环境空气质量和声环境质量优良，城市区空气质量好于一级的天数达 90%以上。空气中负氧离子含量为一般城市的 10～20 倍。城市绿化率较高，城市生态系统基本上处于良性循环状态。

（5）小政府大社会的较高效能的体制：海南省推行"小政府，大社会"的管理体制，有利于高效地整合政府资源，提高行政运行效率，服务社会。国土资源与环境保护的整合，有利于优化国土空间开发格局，在土地规划和审批中融入环保理念。

（二）主要劣势

（1）经济发展总体水平不高，工业基础薄弱。经济增长对房地产依赖比例较大，经济快速发展的可持续性不强。

（2）高新技术产业尚未形成规模和稳定的经济增长点，旅游业发展和管理还较为粗放。城市布局和产业结构有待进一步优化整合。

（3）城市基础设施、特别是环境保护基础设施建设和社会公共产业发展相对滞后。

（4）城乡二元经济结构明显，城乡一体化统筹发展还处在初级阶段，城乡差别大。

（5）能源结构还不够合理。公共交通尚未使用清洁能源，太阳能利用率低。

（6）水资源利用率还不高。

三亚正处在快速发展的机遇期，为用科学的发展解决发展中存在的问题提供了可能。但经济发展带来了对土地和其他资源的需求增长，发展旅游对生态环境的压力，国际旅游城市和生态文明建设的高标准要求使三亚的环境问题高度敏感。处理好发展和保护的关系十分重要。

三、立足三亚实际，推进生态文明建设

（一）优化国土空间开发格局

通过土地的合理规划和调控，使项目建设符合融入了生态环保理念的土地利用总体规划。海南省国土资源与环境保护机构整合的机构设置，较大程度地消除了土地部门和环保部门之间的沟通障碍，使土地规划和利用中更易融入生态环保理念，从而达到优化国土开发格局的目的。但是，简单的机构合并并不意味着国土与环保的业务交融，必须在业务设计特别是土地科室的业务设计上融入必要的生态环保内容，这就要求市局的相关土地和环保科室之间保持交流互动，只有这样才能充分发挥机构优势，转化为优化国土空间开发格局的实际成果。

（二）全面促进资源节约

资源节约要从两方面考虑，一是加快经济增长方式的转变，调整产业结构和生产方式，使之朝着资源能源消耗少的方向发展。二是发展循环经济，废物利用，变废为宝，实现资源的再生利用。要贯彻集约节约用地的原则，保护耕地和基本农田。三亚是缺水地区，淡水资源时空分布不均，总量有限，因此要大力提倡节约用水、提高重复用水率。三亚定位为国际性热带滨海旅游城市，要控制对旅游环境和生态环境产生不利影响的资源开发利用。发展循环经济、按照"减量化、再利用、资源化"的原则，开发和推广节约、替代、循环利用和减少污染的先进适用技术。三亚的城镇化水平还不高，农村经济欠发达，农村的环保措施对策不应照搬城市的模式，要因地制宜地采取差别化策略进行农村环境的综合治理。例如，对相对集中的农村居住区，可利用低洼地建设人工湿地处理生活污水；对居住较分散的村庄，采取建设沼气池的方式处理生活污水和人畜粪便，并可产生沼气作为生活燃料，沼液作为肥料，达到污染物综合利用的目的。

（三）加大自然生态系统和环境保护力度

全面实施总量控制和减排工作，落实污染减排责任、任务、目标，加强畜禽养殖业的结构减排；加强尾气排放不达标机动车淘汰工作；积极推广节能技术，加强节能监管；推进水利工程和水处理相关设施建设；统筹发展，加快区、镇垃圾中转站项目建设；加快推进生活垃圾焚烧发电及餐厨垃圾处理项目的建设；加强饮用水水源保护，推进水源地保护工程的建设；全面推进"绿化宝岛"工程建设，助力海南、助力三亚绿色崛起。

（四）加强生态文明制度建设，加快推进可持续发展的体制机制建设

要健全和落实资源有偿使用制度、生态补偿机制和严格的环境保护目标责任制。深化价格改革，加快建立反映市场供求关系、资源稀缺程度、环境损害成本的生产要素和资源价格形成机制，推进资源性产品价格和环保收费改革，不断完善绿色环境经济政策。提高谋划发展、统筹发展、优化发展、推动发展、可持续发展的能力，构建科学的决策机制和管理机制。

关于推进绿色生态建设实现环境可持续发展的
对策研究

北京市石景山区环境保护局　张瑞龙　李　艳

摘　要：近年来，石景山区始终把握由传统工业石景山向绿色生态石景山转型，坚持走绿色低碳可持续的发展道路，加大环境污染治理和生态文明建设，地区环境得到明显改善。本文指出了石景山区在推进绿色生态建设实现可持续发展过程中面临的突出问题，分析了沈阳铁西区和贵州万山市的传统工业区转型的主要做法和成功经验，提出了深化全面转型、实现可持续发展的对策建议。

关键词：生态建设；可持续发展；对策

石景山区地处北京西部核心地带，近年来，我们按照"首都绿色生态示范区"的发展定位，始终把握由传统工业石景山向绿色生态石景山的转型方向，始终坚持走绿色低碳可持续的发展道路，在推进生态环境建设上取得了明显成效。在当前爬坡上行、全面转型的关键时期，石景山区更要紧紧围绕绿色生态建设这个发展的助推器和强大引擎，坚持不懈地抓好生态文明和环境建设，实现环境保护与经济转型并举，为石景山区经济社会、生态环境的持续健康发展奠定坚实基础。

一、推进绿色生态建设实现环境可持续发展的重要意义

可持续发展是科学发展观的基本要求之一，是以资源的可持续利用和良好的生态环境为基础，以经济可持续发展和社会的全面进步为条件，以经济、社会、人口、资源、环境的全面协调发展为目标的发展理论和长期战略。绿色生态建设的核心内容就是形成人与自然、环境与经济、人与社会和谐共生的形态，建立可持续的产业结构、生产方式和生活方式，增强永续发展能力，建设资源节约型、环境友好型社会。加快推进绿色生态建设是石景山区加快转变经济发展方式的客观需要，是保障与改善民生的内在要求，是石景山区在建设"世界城市"和"三个北京"背景下作出的必然选择，其根本目标是建设社会主义生态文明，实现可持续发展。

（一）生态文明建设是实现可持续发展的重要载体

党的十八大提出要以生态文明建设为统领，着力推进绿色发展、循环发展和低碳发展。国家"十二五"纲要明确指出，必须加快构建资源节约、环境友好的生产方式和消费模式，增强可持续发展能力，提高生态文明水平。李克强总理在第七次全国环保大会上强调，要

以环境保护优化经济增长，促进转型发展，提升生活质量。习近平主席在最近的中央政治局学习时强调，要以最严格的制度、最严密的法制为生态文明建设提供可靠保障，绝不以牺牲环境为代价去换取一时的经济增长。绿色生态建设是落实科学发展观、促进区域经济、社会与环境协调发展的重大举措，是实现环境保护进入经济建设、社会发展的主干线、大舞台、主战场的有效形式，是现阶段建设生态文明的基本目标模式，对于建设资源节约型、环境友好型社会，推动环境保护历史性转变具有重要意义。

（二）绿色生态建设是石景山区全面转型升级的唯一途径

党的十八大报告首次把生态文明建设纳入"五位一体"的总布局，这标志着我国经济社会发展进入了一个新阶段。当前，石景山区正处在由传统工业向绿色生态转型的关键时期，我们重点培育的五大主导产业，都需要有坚实的生态文明作为基础、作为保障。生态文明的提升、城市环境的改善，不仅能够吸引投资就业、壮大本地经济、提高城市品位，而且能够为未来发展拓展空间，加快构建绿色生产、绿色消费、绿色环境体系，全力打造生态宜居、环境优美的现代化新城区是实现石景山绿色全面转型的唯一途径。

（三）可持续发展是石景山实现首都绿色生态示范区的重要推手

环境出生产力，环境出竞争力。环境保护是生态文明建设的主阵地和根本措施，大力推进生态文明建设，促进人与自然和谐，是经济社会发展全局赋予环境保护工作的时代重任，是新时期环境保护事业的灵魂所在，也是实现可持续发展的根本目标和任务。北京市第十一次党代会对北京西部和石景山区的转型发展作出了重大部署，对提升石景山区在首都西部转型发展中的重要地位提出了新的要求。认真贯彻党的十八大精神，深入落实市、区提出的战略目标要求，按照可持续发展的要求进一步深化石景山区全面转型，既是石景山区当前在全面转型关键时期面临的一项重大任务，也是石景山区实现首都绿色生态示范区的重要推手。

二、石景山区推进绿色生态建设实现可持续发展过程中面临的突出问题

多年来，石景山区始终坚持把绿色发展摆在重要位置，加大环境污染治理和生态文明建设，地区环境得到明显改善。2012 年空气中可吸入颗粒物、二氧化硫和二氧化氮浓度分别比 2006 年减少 29.9%、58.6%和 8.3%，全区 50%以上居民小区完成生活垃圾分类达标工作，城市绿化覆盖率达到 49.6%，位居城六区首位，先后荣获了"国家可持续发展实验区"、"全国绿化先进集体"、"中国十佳绿色城市"等称号，去年通过了争创"全国绿化模范城市"的核查验收和"国家卫生城区"复审。但是随着石景山区经济规模、人口规模的不断扩大，全面转型的压力越来越大，环境问题日益成为制约石景山区实施全面转型、实现可持续发展的瓶颈。

（一）环保资金投入不足，环境质量改善进程缓慢

根据发达国家的经验，一个国家在经济高速增长时期，环保投入要在一定时间内持续稳定达到国内生产总值的 3%才能使环境质量得到明显改善。自 2006 年以来，除 2011 年

环保投资指数达到 3%以外，其余年份均在 2.5%左右。资金限制使得石景山区西部地区环境基础设施欠账较多，五里坨污水处理厂刚刚建成准备投产，配套的管网建设还未同步。此外，黑石头垃圾填埋场污染地下水的问题仍未得到根治，地表水体恶化没有得到有效遏制。

（二）环境质量有所改善，整体形势依然严峻

虽然近年来石景山区空气质量发生了较大改善，然而在全市范围内还处于中下等水平，2012 年可吸入颗粒物、二氧化硫和二氧化氮浓度分别为 124 μg/m³、24.4 μg/m³ 和 54.9 μg/m³，与北京市平均浓度相比，可吸入颗粒物和二氧化氮分别高出 13.8%和 5.6%。与世界城市相比，石景山区可吸入颗粒物年均浓度为世界城市水平的 3.1 倍。今年以来多次出现的、持续时间较长的雾霾天气，也说明目前的大气污染情况非常突出。

表 1　三大世界城市与石景山区空气质量比较　　　　　　　　　　单位：μg/m³

空气质量	伦敦	纽约	巴黎	东京	北京	石景山区
可吸入颗粒物	21	21	11	40	109	124
二氧化硫	25	26	14	18	28	24.4
二氧化氮	77	79	57	67	52	54.9

数据来源：世界银行 2007 年报告，2012 年北京市环境公报。

石景山区水环境现状总体概括为"水少、水脏，污水处理能力不足"。石景山区地表水资源贫乏且自净能力差，其中北运河水系常年无水，仅永定河水系的高井沟和莲石湖有水，且水质较差。2012 年监测结果均为劣五类，水质达标率为零，莲石湖尚未达到跨区县界考核断面水质类别要求。新建成的五里坨污水处理厂日处理能力仅 2 万 t，运行后仅能满足西部地区和高井沟上游段生活污水的处理，高井沟下游距离较远的地区的生活污水将无法得到处理。由于连年干旱和过量开采，与 20 世纪 60 年代相比，石景山区地下水位下降 12 m 至 16 m，在古城、八角地区已经形成地下水漏斗区。

2012 年石景山区交通干线噪声平均值 70.8 dB（A），同比全市均值 69.2 dB（A）高出 2.3%。石景山区交通噪声偏高主要是由于近年来车流量显著增多，特别是莲石路、五环路、阜石路等道路交通干线噪声大，对沿线居民的正常生活造成不良影响。

石景山区 2012 年绿化覆盖率为 49.6%，位居城六区首位，但与世界城市相比还有一定差距，人口高度密集的东京绿化覆盖率为 64.5%。

长期以来，石景山区以高能耗、高污染、高排放的重工业发展带动区域经济，对环境的污染大大超过区域内的环境容量，生态环境严重恶化。根据市监测中心监测评价结果，2012 年石景山区生态环境质量指数仅为 39.48，与全市均值 54.0 有很大的差距。

（三）工业污染排放量大，机动车尾气污染严重

石景山区大唐高井和北京京能两大燃煤电厂每年燃煤量约 590 万 t，占全市燃煤总量的 1/4，其中两大燃煤电厂占全区燃煤量的 99%，工业污染排放量较大，由此带来的大量大气污染物，直接影响到石景山区大气环境质量。

有关资料和数据表明，机动车尾气排放对城市霾污染的直接贡献率大于 1/4。2005—2010 年，石景山区机动车年增长量约为 25%，2010 年年底北京市实施汽车限购政策后，年增长量同比下降 17%，但截至 2012 年年底，机动车保有量仍达到 14 万辆。石景山区面积不大，主要交通干道密集，车流量大，车型复杂且货运交通占较大比重，西五环更是北京西部的重要货运通道，西五环、莲石路、阜石路 2011 年每小时车流量分别比 2006 年增长 104.7%、182.6%和 27.6%。机动车保有量和道路车流量的增加导致道路通行能力下降，早晚高峰拥堵严重，平均车速不足 30 km/h，机动车尾气污染严重。

（四）环境监管水平落后，信息化水平低

目前，石景山区环境监管以人力现场监控为主，远程视频监控不足，按照《全国环境监察标准化建设标准》，石景山区环境监察队人员编制仅为标准的 1/2。环境监测以手动监测为主，自动监测不足，难以实现频次较高的监察、监测一体化的管理措施，难以达到污染源监管全面、及时、高效的要求。加之我国环保法律体系还不够健全，监管职权分散，环境执法权力有限，有时会出现对污染行为无法可依、无权可施的局面。

三、国内转型城市实现可持续发展的经验借鉴

现以沈阳铁西区、贵州万山市为例，分析这两个传统工业区转型的主要做法和成功经验，为石景山区实施绿色转型提供借鉴。

（一）沈阳铁西区对石景山区绿色生态建设工作的启示

铁西区位于沈阳市中心城区的西南部，因位于长大铁路西侧而得名，辖区面积 484 km²，人口 114 万。作为东北老工业基地的核心，铁西区是中国现代工业的摇篮，区内企业规模宏大，工业门类齐全，配套能力强大，被称为"中国制造业之都"、"东方鲁尔"。但由于重工业污染高、消耗多，"高耸的烟囱，滚滚的黑烟"成了当时铁西老工业区的真实写照，20 世纪 90 年代，沈阳市曾被列为世界十大重污染城市之一，铁西区更是污染的重灾区，环境负担非常沉重。

2002 年，铁西区积极利用国家实施东北老工业基地振兴战略的重大机遇，做出建设全国先进装备制造业基地的战略决策，用 10 年时间完成了德国鲁尔、法国洛林等世界著名老工业区历时 30 多年才完成的转型改造，创造了东北老工业基地振兴的"铁西奇迹"。铁西 10 年发展历程，是铁西人突围产业、空间、体制与环境束缚，改革创新争先跨越的改造 10 年，为石景山区的实现绿色生态转型提供了宝贵的经验。

1. 实施"壮二活三"，以结构调整推进产业转型升级

实施"东搬西建"，将铁西城区和铁西新区分别进行重新定位规划，遵循"以产业布局为指导，以投入强度来控制，以环境标准作限制"的开发理念。针对铁西老工业区产业结构单一、技术陈旧老化、"傻大黑粗"的特点，整合后的铁西区把生产性服务业的突破和先进制造业的优化作为调整改造的工作重点，经过 10 年的调整改造，铁西区装备制造业全面提升，服务业蓬勃发展，现代建筑产业强力崛起，打破了几十年来铁西区装备制造业一业独大的工业结构，改变了第二、第三产业比例失调的历史，第二、第三产业比重由

2002 年的 95∶5 演变为 2011 年的 71∶28,推动了老工业区向现代都市商贸区的快速转型。

2. 实施环境治理,以生态治理推动城市功能品质提升

铁西区围绕建设宜居宜业的生产生活环境,10 年累计投入 210 多亿元,实施重大基础设施建设和绿化、水系、环保等生态工程。加大环境整治力度,关停 86 家重污染、难治理的"四高"企业,拆除锅炉房 274 处、烟囱 619 根,集中供热率提高到 91%,全区二氧化硫的排放量由原来的 7 万余 t 下降到 1 万余 t,大气环境明显改善;大力实施工业企业循环化改造,构建 9 条工业生态产业链,形成 5 个生态工业循环网络,实现"废物—再生原料—产品—用户"的循环利用;推行精细化城市管理,建成网格数字化城市管理系统,实现了城市管理的高效率、智能化,成为全国数字化城管试点城区。以社区为重点,大力开展"老社区、新绿色"的改造工程,凌空街道办事处八小区社区被环保部宣教中心授予"老社区、新绿色"改造示范区。目前,铁西绿化覆盖率达到 40%,人均绿地面积达到 13 m²,空气质量优良天数达到 331 天,棚户区变成了花园小区,昔日的臭水沟变成了全市的景观河,完成了从"工业区"向"生态区"的完美蜕变,先后获得"联合国全球宜居城区示范奖"(2008 年)、"中国人居环境范例奖"(2011 年)。

(二)铜仁市万山区对石景山区绿色生态建设工作的启示

因"汞"而闻名于世的贵州万山,位于贵州省铜仁地区的东部,1966 年 2 月,经国务院批准建立了国内最早的县级行政特区——万山特区,2011 年 11 月改为铜仁市万山区。辖区面积 443.2 km²,总人口 8.2 万,其中少数民族占人口总数的 70%以上,主体民族为侗族。全区耕地面积 3.6 万亩,人均不足 0.6 亩。万山汞资源开采已有 600 多年历史,曾是国内最大的汞工业生产基地,因汞资源的储量和汞产品产量分别居亚洲之首和世界第三而被誉为中国"汞都"。20 世纪 60 年代,万山汞为国家偿还苏联外债发挥了巨大作用,被周总理称做"爱国汞",在带来巨大经济效益的同时,汞矿的"三废"几乎全部直接排放于自然环境中,对生态环境造成了严重的损坏,留下了难以治愈的遗患。据统计,贵州汞矿自 1950 年建成投产至 1995 年 45 年间,11 个生产单位共排放高浓度的含汞烟尘废气 202 亿 m³,含汞废水 5 192 万 t,炼汞炉渣 947 万 t,采矿废石 263 万 t,炼汞炉渣和坑道废石堆积如山,自然堆弃于河流源头的沟谷间,严重污染农田,导致无法耕作。由于汞矿开采冶炼和坑道支撑需用大量木材,当地大肆砍伐林木,导致全区森林覆盖率从新中国成立之初的 65%急剧下降到 16.7%,在重点区域已下降到 3.7%。无田可种的农民为生存进行陡坡开垦,进一步减少了地表植被,加剧了水土流失,水土流失总面积达 180 km²。生态环境问题已成为严重制约万山经济社会发展的主要问题,生态恢复与重建成为万山党委、政府的重要工作内容。

由于"采富弃贫"的掠夺式开采,导致万山汞资源逐渐枯竭,2001 年 10 月,国家对贵州汞矿实施政策性关闭,2009 年 3 月,万山被列为第二批国家资源枯竭型城市。万山紧紧抓住这一转型发展的重大历史机遇,大力实施"产业原地转型、城市异地转型"的发展战略,积极探索资源枯竭型城市发展的新路。

1. 优化产业结构

发展汞资源的循环利用,通过技术创新、产业升级,抢占汞精深加工技术高地,延长产业链条,初步形成了汞化工、铝材加工、镍多金属合金、新型催化剂、钾矿综合开发利

用等多种产业齐头并进的工业发展格局。2012 年工业总产值达 29 亿元,在铜仁市 12 区(县、开发区)中排名第 4,第二产业在经济总量中占比达 46%。

加快发展第三产业,大力发展旅游文化产业,充分发掘侗族鎏锣文化和丹砂工业文化,围绕建设独具特色的生态园林新城、国家矿山公园,着力打造"一城一园两文化"的文化旅游品牌,旅游总收入由 2007 年的 995.8 万元增加到 2010 年的 4 700 万元,年均增长 67.7%;加快发展生产性服务业,开工建设总投资 1 亿元的合金物流园及总投资 6 800 万元的冷链物流项目,完成了汞产品监测中心建设项目,规划了总投资 2.5 亿元谢桥新区物流中心;积极发展服务业,第三产业增加值由 2007 年的 1.39 亿元增加到 2010 年的 2.22 亿元,年均增长 12%;夯实农业产业发展基础,积极推进农业产业化,培育农业龙头企业。

2. 提升环境承载能力

加大退耕还林和天然林保护工程以及植被恢复工程投入力度,加强生态公益林建设,巩固退耕还林成果,森林覆盖率由 2007 年的 45.5%上升到 2010 年的 49.53%。加强小流域综合治理,防治水土流失,大力实施石漠化综合防治工程。加大以沼气为主的农村新型能源建设。加大"三废"的治理力度,强化节能减排,实施二氧化硫、化学需氧量、氮氧化物、氨氮等主要污染物排放总量控制。投资 1.38 亿元对 6 座尾矿坝进行综合治理,投入 2 480 万元实施了汞渣、冶炼废石及含汞渗滤水综合治理工程。开展城镇区域噪声、环境质量、空气及居民饮用水水源的量化考核工作,实施城镇生活污水、垃圾无害化处理,实现主要污染物达标排放。加大采空区次生地质灾害综合防治工作力度。投资 6 000 万元对地质环境进行综合治理,将汞矿采空区内危房实行整体搬迁,加强对高危区井下矿柱管护和次生灾害预测预报。

四、石景山区推进绿色生态建设实现可持续发展的战略重点

在石景山区第十一次党代会上,荣华书记首次提出了由传统工业石景山向绿色生态石景山转型的总方向,党的十八大的召开,再次给石景山区全面转型指明了前进的方向,即坚持走生态文明发展的道路,全力构建资源节约型和环境友好型社会,积极促进人与自然和谐共生、经济社会可持续发展,加快建设美丽北京、美丽石景山。

(一)立足区情,按照"五位一体"要求,做好顶层设计

生态文明建设是一项系统工程,涉及政府各部门和社会各领域,在推进的过程中,要立足区情,按照"五位一体"的总体布局,将环境保护深刻融入经济社会发展决策和实施过程之中,实施环保优先战略,在各领域、各部门的发展决策中将环境保护作为决策依据和因素之一。提前谋划、精心制定"十三五"环保规划,以环保规划为引领,以政策措施为保障,切实落实生态环境的整体规划和资源节约,梳理好各种要素,构筑生态文明建设的科学理论、基本框架和完整体系,为生态文明建设做好顶层设计,促进生产空间集约高效、生活空间宜居适度、生态空间山清水秀。

(二)大力推进绿色经济转型,发展绿色环保产业

推进绿色发展需要进一步调整和优化产业布局,淘汰落后产能,提升产业技术水平,

促进经济结构转型。

一是继续推进产业升级，按照"做精做优二产、做大做强三产"的总体要求，坚持"高端化、服务化、绿色化"的产业发展方针，全力推动产业转型升级。抓住首钢低碳生态示范区建设的有利契机，重点引进发展生态环保型和低碳型产业，建设低碳型主导产业聚集区。大力发展循环经济，正确处理经济增长速度与节能减排的关系，使经济发展建立在节约能源资源、保护环境的基础上。大力发展新能源高端产业，以中国绿能港（北京）新能源研发服务示范区等重大项目为带动，着力吸引和培育一批规模效益可观的能源总部型、研发型、交易服务型企业，积极发展太阳能、风能等领域核心零部件设计、系统集成、交易展示、检测评价等服务，全力将石景山区打造成为北京新能源高端服务的产业基地。

二是加大政府环保投入，推进环保科技攻关，大力发展节能环保技术装备，大力推进环境服务体系建设，推动环保需求产业化。积极培育和引导节能环保、新能源、生物、新型服务业等产业发展，加大对战略性新兴产业、高技术产业、服务业等低能耗、低碳经济的产业扶持力度，大力支持企业自主创新，开发绿色技术、生产绿色产品、发展绿色经济，扩大清洁能源在能源消耗中的比重，创建一批环境友好型企业。

三是加快淘汰落后产能，加快传统资源型产业升级和转型，推动首钢日电电子有限公司、西井电镀厂、重世达工贸有限公司等"三高"企业的全部退出，以服务业、工业为主要领域全面盘查重点能耗、水耗设备明细，开展对标活动，逐步实现全区落后产能淘汰退出对象由以落后企业为主向以落后设备、工艺为主的转变。

四是深入推进清洁生产，积极鼓励工业企业建立绿色生产管理体系，深入开展清洁生产审核及 ISO 14000 环境管理体系认证，加快清洁生产改造力度。实施企业环境报告制度和企业环境管理监督员制度，强化企业内部环境管理。积极推进重点耗能企业节能节水技术和环保改造，着力推广余热利用、烟气净化、废水循环综合利用、废水废气在线监测等一批清洁生产技术。加快推进建筑业清洁生产，鼓励住宅地产、产业地产申请开展北京市建筑业清洁生产案例研究，探索建筑业清洁生产标准、流程，继续在全区开展"绿色工地"、"绿色社区"、"绿色街巷"等创建工作。

五、深化石景山全面转型、实现可持续发展的对策建议

（一）完善环保工作体制，落实环保责任制

建立健全行政领导责任机制，将环保工作进展和环境质量改善情况作为领导干部政绩考核的重要内容和干部职务晋升和奖惩的重要依据，建立环保目标责任体系，细化评价指标，落实环境保护行政领导问责制，实施环保"一票否决制"，提高各级领导的重视程度。加强环境监管，健全生态环境保护责任追究制度和环境损害赔偿制度。将环保重点建设项目纳入政府折子工程，加强督办，加快配套环境建设速度。全面落实好"十二五"规划、《北京市清洁空气行动计划（2011—2015 年大气污染控制措施)》、市区两级"生态文明和城乡环境建设三年行动方案"等各项环保重点工作。

（二）深化污染源治理，推进污染减排

坚持不懈地推进节能减排工作，切实加强生态环境保护，是社会调整经济结构、转变经济发展方式的重要抓手，也是破解资源环境约束、促进可持续发展的必要途径。

1．抓好重点领域，深化结构减排

认真贯彻落实国务院"十二五"节能减排综合性工作方案等政策法规，由"结构促降"向"内涵促降"转变，严格禁止"两高一资"，大力发展第三产业，形成以低碳经济为主导的产业结构，提升石景山区资源环境承载力；加大行政审批工作力度，充分发挥项目审批在控制污染中的前置把关作用，实施源头控制；采取严格的环境准入标准，引入"绿根调控"体系，建立刚性的总量控制制度，研究制定高标准的石景山区新增项目绿色标准体系，强化标准约束；改善区域能源结构，大力推广使用清洁能源，加快建设"无煤区"。

2．强化工程减排

一是继续深入推进大气污染综合防治工程，持续改善辖区空气质量。加快推进西北热电中心建设、大唐国际高井电厂和京能石景山热电厂的清洁能源改造，严禁辖区内新建、扩建燃煤锅炉，实现"无煤区"。全面建设扬尘污染控制区，进一步完善扬尘污染控制的四级联动机制，巩固深化扬尘污染控制区创建成果，坚决落实工地扬尘污染控制"五个100%"要求，确保所有工地达到"绿色施工"标准，创建一批绿色样板工地、绿色清洁社区、绿色清洁街巷和绿色清洁"门前三包"单位。创新道路清扫保洁管理新机制，有效控制道路遗撒。加强子站核心区的精细化管理，强化全区重点餐饮业油烟污染监管，确保环保设施运行率及验收率达到100%。推行公共交通优先发展战略，提高公共交通出行比重，大力推广和使用新能源汽车，深化"五重三查"机制，加强执法检查减少机动车尾气排放。二是积极推进水环境综合治理，稳步提升水环境质量。加快推进五里坨污水处理厂配套管线建设，实现全区城市污水集中处理率达90%以上，水体达到三类标准；积极推进莲石湖水质自动监测站建设，确保跨界断面水质达标；加大饮用水水源保护力度，针对水源核心区、防护区和补给区的环境水文地质条件特点，制定有层次的、针对性的保护治理措施，确保水源水质安全；加强对黑石头、古城漫水桥南两座非正规垃圾填埋场的治理力度，减少对地下水源的污染；加强五里坨清洁小流域治理；全面生态修复永定河流域，建立水质自动监测站，确保水质安全；加强重点流域水污染监测，健全水环境监测网络，完善地表水和地下水环境监测体系，加强河渠的管理。三是积极开展首钢石景山主厂土壤、地下水污染的相关调查工作，推进焦化厂区域场地污染治理工作。

3．细化管理减排

对污染源实施总量控制，以市政府下达的减排任务为目标，将减排指标分解、落实到各企业和街道，加大对重点排污企业的减排考核力度，明确督察时机和考核标准，促进石景山区减排指标有效落实。在极端不利气象条件下，实施重污染天气控制应急措施，监督重点企业通过暂停污染工序等多种途径，在稳定达标排放基础上减排15%～30%。加强对挥发性有机物（VOCs）的监管，建立汽修、印刷、家具等重点排放企业台账，引导企业在现有涂料、溶剂的使用环节开展低挥发性有机物含量产品替代达到增产减污。

（三）加强执法监察，督促企业自觉守法

加强环境监管，将在线监控系统与现场检查相结合，联合检查和专项排查相结合，严格环境执法监管。加大环保执法力度，做到执法必严、违法必究，切实解决"环境违法成本低、守法成本高的问题"。深化约谈机制和违法企业通报机制，督促工业企业加强内部环保管理，切实落实环保责任制度，自觉遵守环保法律法规。

进一步加大对工业企业、施工工地、餐饮油烟、混凝土搅拌站等重点污染源的监察力度，深入开展整治违法排污企业保障群众健康的环保专项行动和专项执法检查，严肃查处环境违法行为，加大挂牌督办、责任追究和后督察力度，营造公平公正的发展环境，切实维护人民群众环境权益和社会和谐稳定。

加大对交通、施工、社会噪声等重点领域噪声污染防治力度，在噪声敏感时期开展噪声污染联合执法专项检查。实施声环境功能区划调整，规划道路要尽量远离居民聚居区，从根本上解决噪声扰民的问题；同时大幅度提高噪声治理标准和监管水平，做好噪声自动监测子站的更新维护工作，确保子站正常运行。

加强辐射安全监管，对放射源进行全过程流转、全方位覆盖的有效安全监管，推进"辐射放心单位"建设；进一步完善和细化危废档案管理，加强全过程监管，健全环境安全管理与环境事故应急处置体系。

（四）加强环保宣传、促进公众参与

加强生态文明宣传教育，把生态文明建设的意识提升到生存意识、发展意识的高度，把生态文明纳入精神文明建设的全过程，全面提高企业、群众保护生态环境的自觉性、主动性和创造性。继续深化环保宣传 "六进"活动，积极开展生态型社会组织创建活动，进一步推进绿色机关、绿色学校、绿色社区、绿色家庭等建设，全面促进生态文明建设。在发挥网络、微博等新兴媒体作用的同时，充分利用好报纸、电视、社区环保橱窗等传统宣传阵地，贴近实际、贴近生活、贴近群众，营造良好环保宣传氛围。

倡导公众参与，进一步建立和完善社会力量参与环境保护的工作机制，鼓励、支持和引导公众和社会团体有序地参与环境保护，充分发挥公众参与环境监督管理的职能，聘请环境污染社会监督员，对企业的污染行为进行监督、劝阻、举报；培育壮大环保志愿者队伍和 NGO 组织，对他们提供必要的帮助；鼓励群众对环保违法行为进行监督举报，组织群众开展环保活动、积极参与生态环境建设，使全社会都关心环境、珍惜环境、保护环境。

（五）加强环保能力建设，提高监管能力和服务社会的能力

进一步推进监察、监测标准化体系的建设，完善监测项目更全面、覆盖区域更广阔的环境空气质量、水质自动监测网络，提高信息化水平；完善监测仪器设备，加强人员技术培训，提高环境监测技术水平；建立以污染点源监控为核心的环境物联网，逐步实现各类分散源、流动源的实时自动监控；完善环境应急和安全物联网综合示范应用项目建设，提高环境监测、监控和监管能力；完善应急方案，实施环境、辐射和反恐怖应急力量整合，初步构建应急管理体系和指挥体系，定期组织开展应急演练，提高环境灾害和突发事件的预防水平和应急处置能力。

　　大力推行环境信息公开制度，实现环境质量状况、政务信息和重点污染信息公开化，提高环保执法透明度，保障群众的知情权和监督权；拓宽和畅通群众举报投诉渠道，进一步实施有奖举报制度。加强学习型组织建设，提高环保队伍素质；加强环境政策法制宣传教育和行政执法队伍的建设，提高环境执法人员的业务能力和依法行政能力；加强环保基础调研，为领导在经济社会发展的宏观决策提供参考和服务，发挥积极作用。

推进生态文明建设，深入落实科学发展观

广东省清远市环境保护局　林丹雄

摘　要：党的十八大把生态文明建设放在突出地位，要求将它融入经济建设、政治建设、文化建设、社会建设各方面和全过程，努力建设美丽中国，实现中华民族永续发展。本文从生态文明的内涵入手，对推进生态文明建设的必要性进行了深入的思考，并提出了具有建设性的对策和建议。

关键词：生态文明；科学发展；对策

改革开放 30 余年来，我国经济建设取得举世瞩目的辉煌成绩，但另一方面自然资源过度消耗，环境问题日益严重，以牺牲环境为代价追求经济效益的方式已难以适应当前发展形势的需要。如何在环境保护和经济发展的博弈中寻求平衡，实现人与自然和谐相处、社会经济可持续发展成为人们思考的重要话题。党的十八大提出大力推进生态文明建设，这是我们党、国家和人民全面贯彻落实科学发展观的重大战略举措，对全面推进中国特色社会主义建设、构建社会主义和谐社会具有重大的现实意义。

一、生态文明的科学内涵

生态文明是人类为保护和建设美好生态环境而取得的物质成果、精神成果和制度成果的总和，反映了一个社会的文明进步状态。它以尊重和维护自然为前提，以人与人、人与自然、人与社会和谐共生为宗旨，以建立可持续的生产方式和消费方式为内涵，引导人们走上可持续、和谐的发展道路。生态文明是人类对传统文明形态特别是工业文明进行深刻反思的成果，是人类文明形态和文明发展理念、道路和模式的重大进步。简而言之，生态文明是指人类遵循人、自然、社会和谐发展这一客观规律而取得的物质与精神成果的总和，是指人与自然、人与人、人与社会和谐共生、良性循环、全面发展、持续繁荣为基本宗旨的文化形态，是人类文化发展的重要成果。

二、生态文明建设的重大战略意义

针对资源约束趋紧、环境污染严重、生态系统退化的形势，党和政府提出了必须树立尊重自然、顺应自然、保护自然的生态文明理念，大力推进生态文明建设。建设生态文明，这是中国特色社会主义理论体系的又一创新成果，是党执政兴国理念的新发展，是深入贯彻落实科学发展观、全面建设小康社会目标的新要求，是适应自然规律和当前环境形势的重大决策。因此，推进生态文明建设势在必行。

（一）建设生态文明是深入贯彻落实科学发展观的必然要求

科学发展观的第一要义是发展，核心是以人为本，基本要求是全面协调可持续，根本方法是统筹兼顾。这就要求我们必须坚持走生产发展、生活富裕、生态良好的文明发展道路。良好的生态环境是经济社会持续发展的重要依托，只有在生态环境保护和建设上迈出更大步伐，使生态环境不断改善，才能为全面建成小康社会打下坚实的生态基础，实现人与自然和谐发展，人与社会和谐发展。

（二）建设生态文明是顺应时代潮流和自然规律的迫切需要

以和谐发展为核心的生态文明模式已逐渐成为全球共识。工业文明以来，人类在创造巨大财富的同时，也遇到了前所未有的社会危机和生态危机，许多思想家对此进行过反思。卢梭曾对工业文明的过分膨胀破坏人与自然和谐的可能性和危险性发出警告，马克思更指出："不以伟大的自然规律为依据的人类计划，只会带来灾难。"这说明，人类的发展必须同自然规律相一致。

（三）建设生态文明是应对当前环境形势的必然之路

近年来，我国面临着资源消耗过度、环境污染严重、生态环境退化等问题。造成问题的因素是多方面的，其中包括来自人口的压力、工业化起步晚、起点低等，为了加快发展，人们更注重眼前利益而忽视长远利益，注重经济而忽视生态，为追求经济的一时繁荣使生态系统遭到破坏。根据当前生态环境现状，处理好经济建设与人口、资源、环境的关系，把节约资源、保护环境纳入经济和社会发展战略之中，走环境友好、可持续的生态文明发展之路已刻不容缓。

三、深入推进生态文明建设

在全面建成小康社会和实现中华民族伟大复兴的进程中建设生态文明，关键是要深入贯彻和落实科学发展观，统筹人与自然的和谐发展，实现人与自然和谐共处。着眼当下的生态环境形势，建设社会主义生态文明主要应做到以下五个方面：

（一）坚持全面、协调、可持续的发展理念

推进生态文明建设要始终坚持全面、协调、可持续的发展理念，牢固树立保护环境、优化经济结构的意识，将生态文明建设贯穿于社会主义政治、经济、文化和社会建设的全过程。要积极构建以政府为主体的干预机制、以企业为主体的市场机制和以公众为主体的社会机制的相互制衡；增强生态危机意识，尊重自然生态环境，实现人类与自然的和谐相处；增强生态资源观念，优化生态环境资源配置；转变经济发展方式，经济发展不以破坏生态环境为代价；转变消费行为模式，崇尚科学合理的消费方式等。

（二）健全生态文明政策体系

在发展政策上，抓紧拟订有利于环境保护的价格、财政、税收、金融、土地等方面的

经济政策体系，使鼓励发展的政策与鼓励环保的政策有机融合。建立和完善体现原材料、能源、水资源消耗强度、环境污染排放强度、全员劳动生产率，能准确衡量扣除自然资源包括环境损失之后的发展成就的国民经济"绿色"核算体系。在发展布局上，遵循自然规律，开展全国生态功能区划工作，根据不同地区的环境功能与资源环境承载能力，确定不同地区的发展模式，引导各地合理选择发展方向，形成各具特色的发展格局。在发展规划上，进一步优化经济总体布局，调整产业结构，转变发展方式。

（三）加强生态文明制度建设

一是建立体现生态文明要求的目标体系、考核办法和奖惩机制。把资源消耗、环境损害、生态效益纳入经济社会发展的评价体系，建立反映市场供求、体现生态价值和代际补偿的资源有偿使用制度和生态补偿制度，健全生态环境保护责任追究制度和环境损害赔偿制度，推动形成人与自然和谐发展的现代化建设新格局；二是建立科学的政绩考核机制，从根本转变唯"GDP"论英雄的干部考核和提拔、任用制度，推动广大领导干部在工作中将经济社会发展与生态环境环保放在同等重要的地位，深入贯彻落实科学发展观；三是完善环境保护标准体系。完善环境保护法律法规，制定严格的环境标准，建立健全与现阶段经济社会发展特点和环境保护管理决策相一致的环境法规、政策、标准和技术体系，引入环境违法重罚制度，将重罚机制引入生态环境保护管理体制当中，加大执法力度，切实解决"违法成本低、守法成本高"的现象。

（四）加大生态环境保护力度

严格项目环评审批，实行环保准入机制，注重开发与保护并生原则，积极引进生态项目；加强环境监管和整治，强化水、大气、土壤等污染防治，推动广大排污企业引进先进生产工艺和污染治理设施，实现清洁生产；坚持保护优先、预防为主、综合治理的原则，以解决损害群众健康的突出环境问题为重点，加快实施重大生态修复和污染治理工程，推进荒漠化、石漠化、水土流失综合治理；坚持共同但有区别的责任原则、公平原则、各自能力原则，积极参与应对全球生态环境问题。

（五）促进全社会协调互动推进生态文明建设

推进生态文明建设是一项长期的系统工程，需要多方参与，协调互动，共同推进。一是加强部门协作。环境保护部门是推动环境保护事业发展的"总体设计部"，其他有关部门是环境保护事业的共同建设者，要建立环保部门指导，各部门主动参与的协作机制，进一步完善环境保护监管体系。二是加强社会监督。推动环境质量、环境管理、企业环境行为等信息公开，维护公众的环境知情权、参与权和监督权。对涉及公众环境权益的发展规划和建设项目，要通过听证会、论证会或社会公示等形式，听取公众意见，接受舆论监督。三是健全公众参与机制。发挥社会团体的作用，为各种社会力量参与环境保护搭建平台，鼓励公众检举揭发各种环境违法行为，推动环境公益诉讼。充分发挥大众媒体的导向作用，从公益报道宣传和活动方面扩大公众参与率。四是加强环境宣传教育。加强对领导干部、重点企业负责人的环保培训，提高其依法行政和守法经营意识。将环境保护列入素质教育的重要内容，强化青少年环境基础教育，开展全民环保科普宣传，提高全民保护环境的自觉性。

努力建设美丽家园，迈向生态文明时代

河南省平顶山市环境保护局　吴跃辉

摘　要：生态文明建设离不开环境保护，环境保护是生态文明建设的主阵地和根本措施。平顶山市深入开展"倾心呵护美丽家园，推进生态文明建设"活动，不断加大环境综合整治力度，实现了全市环境质量的持续改善。本文指出了基层环保部门也面临的诸多困难和问题，提出了在环保宣传、健全环保机构、完善体制、加强农村环保力度和建立长效机制等方面开展工作的建议。

关键词：河南平顶山；生态文明建设；环保工作

生态文明是人类积极改善和优化人与自然关系，建设可持续发展的生态社会而取得的所有成果的总和，是人类文明发展到一定阶段的必然产物，是超越工业文明的新型文明境界，是正在积极推动、逐步形成的一种社会形态，是人类社会文明的高级形态。生态文明建设离不开环境保护，但生态文明绝不是环保领域的简单行为，其具有丰富的内涵和实践，生态文明建设涉及政治、经济、文化和社会建设等多个层面、多个领域，是一个极为复杂的社会系统建构进程。环境保护作为生态文明建设的主阵地和根本措施，作为建设美丽中国的主干线、大舞台和着力点，取得的任何成效、任何突破，都是对生态文明建设的积极贡献。

一、围绕生态文明建设开展环保工作

李克强总理指出，环境问题已成为民生问题，人民希望安居、乐业、增收，也希望天蓝、地绿、水净。建设生态文明就要立足民生，着眼改善环境质量。因此，基层环保部门的工作思路就是围绕污染减排抓好水气环境整治，打击环境违法行为，以生态创建带动农村环保工作，处理好保护与发展的关系，用足用好有限的环境容量，促进当地经济平稳较快增长，充分发挥环境保护对经济增长的优化促进作用，平顶山市也在这些方面做出了不懈努力。

（一）减存控增，做好污染物总量减排工作

污染物总量减排是一项约束性指标、刚性任务，也是衡量环保工作是否取得实效的关键。我们以"调结构、控新增、减存量"为主攻方向，主要通过结构减排、工程减排和监管减排三种手段保障污染减排目标实现。结构减排就是淘汰落后生产设备与工艺、老旧机动车等。几年来，全市共关闭 16 家 43 条总产能 580 万 t 机械化水泥立窑生产线，取缔 37 家（条）总产能 500 万 t 小焦化厂或小机焦生产线，关停 9 家 23 台总装机容量 46.2 万 kW

的小火电机组，关闭 38 家耐火材料厂、8 家煤粉厂，关闭 30 余家污染严重的小酿造、小造纸企业，淘汰老旧机动车辆近 300 辆。工程减排就是提标改造深度治理。平顶山市先后停产整顿、深度治理 100 多家污染企业，全市所有电厂所有机组的脱硫工程全部建成投运，各县市全部建成了城市污水处理厂，污水处理能力已达到 46 万 t/d，鲁阳电厂脱硝工程已通过环保部验收，综合脱硝效率达到 30%，年减排氮氧化物 3 600 t。监管减排就是强化对电厂、城镇污水处理厂等重点减排设施的监管，对所有电厂实行了拆除烟气旁路，并通过除尘改造提高脱硫效率并对污水处理厂的运行状况实施全天候的在线监控。通过开展企业环保信用等级评价活动，将企业环保信用等级与企业金融信誉挂钩，使参评企业的环境管理水平和守法自觉性得到提高。

（二）突出饮水安全，做好水环境的整治

为让全市人民喝上"放心水"，我们坚持不懈地对白龟湖水源地进行综合整治。2012 年以来共开展 50 余次大规模的综合整治行动，取缔白龟湖内非法机动采砂船、磁选船 132 艘、捕鱼抬网 113 个、迷魂阵捕鱼网 173 处、餐饮摊点 14 家，并在白龟湖边植树绿化。连续 3 年开展春季增殖放流活动，实施禁渔制度，对入湖 4 条河流实施生态补偿。对境内河流按照"属地管理、一河一策"的原则，全面构建"治、用、保"相结合的流域治污体系，确保水质稳定达标。通过环境整治有效保护和改善了白龟湖水源地水质，使水库水质达标率保持 100%，位列全省第一。

（三）落实措施，抓好大气污染防治工程

为持续改善辖区环境空气质量，我们重点抓好燃煤电厂脱硫脱硝工程，督导续建治理项目进度，力争提前建成投用。加大扬尘整治力度，落实城区道路一日三次洒水制度，强化建筑扬尘治理，严格落实施工现场洒水、遮盖、围护等防尘措施，严禁违章作业，并在施工场地出口设置车辆清洗平台，防止车辆带泥上路。严格机动车环保标志管理，把机动车尾气环保检测作为机动车年检的前置条件，未取得环保标志车辆不予年审、不准上路。

（四）完善制度，有效保障环境安全

为有效遏制环境信访案件的新增，执行新建项目社会稳定风险评估制度，凡不符合国家产业和环保政策的项目坚决不批，没有通过风险评估的坚决不批。已建项目环境隐患排查制度，对重点污染企业实行网格化管理，建立"日检查、旬调度、月分析、季通报"的预警制度，加大化工等重点行业执法检查力度，彻底排查各类安全隐患，凡是存在安全隐患涉及企业必须认真整改。完善环境风险预警监测措施、应急处置措施和应急预案，增强环境安全防控能力。2012 年，审批项目 127 个，否决小化工、小水泥和小电镀等重污染项目 22 个，验收 43 个，环评审批率和"三同时"执行率均为 100%。

（五）创新机制，探索农村环保工作新道路

现行环保法律法规都是为城市而设，农村环保点多、面广，群众反映强烈，资金缺口大，基层没热情，又没有经验可寻。为了开展农村环保工作，提高农村环保工作积极性，我们以生态乡镇、生态文明村创建为龙头，以农村环境连片整治带动农村环保工作，推进

畜禽养殖污染防治向纵深发展，创新了"以奖代补"、"以奖促治"机制，解决了农村环保缺经费的问题，编制了《平顶山市农村环保工作手册》，将工作职责、行为准则、工作依据、目标任务、政策措施、常用技术等内容收集入册，使基层环保工作人员人手一册，为有效开展工作创造了条件。仅 2012 年就成功创建了 2 个国家级生态乡镇、3 个省级生态乡镇、19 个省级生态村和 27 个市级生态村，10 个农村环境综合整治项目全部通过了验收。编制完成了 2 个县和 18 个乡镇的环境规划，使平顶山市农村社区环境得到很大改善。

二、取得的成绩

近年来，我们紧紧围绕全市中心工作，深入开展"倾心呵护美丽家园，推进生态文明建设"活动，切实保护生态环境、努力保障发展需求、实现环境容量高效利用，不断加大环境综合整治力度，实现了全市环境质量的持续改善：一个中心任务（污染减排）圆满完成，两项制度创新获得认可（建设项目社会稳定风险评估制度得到省、市信访局高度认可，并各发专期推广介绍；企业信用等级评价体系被省厅在全省推广）。饮用水水源地白龟湖水质达标率继续保持 100%。2012 年城区大气环境质量优良天数达到 327 天，达标率 89.5%。多年来，未发生较大环境污染事故和辐射事故。2011 年、2012 年连续两年，在全省环境保护责任目标考核中，平顶山市被评定为目标完成优秀单位，位列全省第一方阵。市环保局先后获得"省级文明单位"、"全国环境统计先进单位"、"全国污染减排先进单位"称号，2006 年以来年年被省政府命名为"全省环境保护先进集体"，平顶山市也荣获了中国优秀旅游城市、国家园林城市等荣誉称号。

三、存在的问题与困难

环境保护是生态文明建设的主阵地，大舞台，应发挥主力军的作用。但是，基层环保部门也面临着诸多困难和问题。

（一）环保能力建设严重滞后

一是机构设置与人员编制与环保工作的要求有一定的差距。市环保局现有机构编制基本上是 20 世纪 80 年代确定的，几十年没有大的改变，而环保工作任务量、覆盖面比那时增加了几倍甚至几十倍。以市环保局监测站为例，1985 年全年完成监测数据 3 000 多个，2012 年达到 12 万个之多，工作量增加 40 倍，而监测站人员编制从原来的 60 个减少到现在的 53 个。环保工作原来仅是对水、气、声、渣的污染防治，而如今新的环境管理任务呈井喷式增加，如日益凸显的环境信访和环境污染突发事件处理、汽车尾气治理、环境应急监测、固体废弃物管理、放射源管理、信息网络建设等。这些工作任务重、压力大，而环保机构设置没有相应跟进，人员少，规格低，远不能适应当前环保工作的需要。二是农村环境保护力量更是薄弱，无专门的机构和人员，乡镇有文化站、农技站，唯独没有环保站（所）。

（二）环保基础设施仍然比较薄弱

一是生活污水收集管网建设不够完善，现有污水收集和处理系统因维护跟不上，导致管网冒漏老化现象严重，致使平顶山市出境水断面水质达标难度加大。二是乡镇没有建设垃圾及污水处理设施，农村生活垃圾和污水处置存在一定的问题，环保设施建设步伐需进一步加快。三是中心村环保基础设施建设滞后，生活污染治理工作还没有提上议事日程。

（三）农村面源污染和生态环境破坏日益突出

随着农村社会经济的发展，农村环境污染和生态破坏问题日益严重。发展迅速的农村畜禽养殖和众多的农村小微企业加剧了农村环境污染，群众投诉时有发生。中心村生活污水直接排放，生活垃圾随意堆放，部分垃圾渗漏液及雨水浸泡液没有有效处理进入沟河渠道渗流到田地，对农村饮用水安全构成威胁，农村化肥、农药的过度施用，对环境产生的影响也不容忽视。农村面源污染使农村生态环境面临很大的压力。

（四）生态文明建设整体联动氛围还没有完全形成

目前有一种错误倾向，认为生态文明主要是环保部门的事，其他部门则作壁上观。中共中央政治局委员、国务院副总理马凯 2013 年 3 月 2 日在国家行政学院讲话指出，我们党所追求的生态文明，是人类社会与自然界和谐共处、良性互动、持续发展的一种高级形态的文明境界，其内涵十分丰富，中央要求将其融入经济、政治、文化、社会建设的各方面和全过程。由此可见，生态文明建设的内容，绝不仅限于生态建设，也不等同于环境保护。在建设生态文明的大战场上，环保部门固然是主力军，但环保未必是唯一主角，需要各级各部门共同承担，共同参与。然而在这个过程中，各级各部门由于各自工作职责的重心不同，齐抓共管积极主动地做好生态环保工作的氛围还没有完全形成，协同作战的机制还不完善。环保部门唱独角戏，"小马拉大车"的困局依然存在。这就需要在各级党委政府的领导下，形成共同参与的大格局。

（五）环保工作人员的待遇偏低

一是环保人员的工资保障与国家收支两条线的管理要求还不配套。个别县环保人员工资和经费还不能完全纳入财政预算，有的地方只有部分纳入财政预算，其余还是自收自支。二是环保专业人才发展受限，积极性受挫。环保工作具有很强的专业性，它所涵盖的知识面，集合了行政、理工、法律等方面的专业知识，各级都讲很重视环保工作，但就调动环保专业人员的积极性、主动性方面做得还不够。比如在国家事业单位专业技术岗位结构比例控制标准中，没有设置环保专业标准，环保部门只能按其他事业单位设置，造成技术岗位比例偏低，使大多数技术人员处在低级岗位，甚至在省辖市级环保系统达不到设置一个正高级工程师岗位的标准，严重影响了环保专业技术人员的积极性和进取心，也影响了环保部门的技术权威性。三是环境保护监测津贴标准偏低。环保工作人员每天深入污染一线，因此许多人到了老年患上多种慢性疾病，现行一至三等环境保护监测津贴标准是每人每天3.5元、3元、2.5元（依据人发[1997]121号《人事部、财政部、国家环境保护局关于调整环境保护监测津贴标准的通知》）与其他行业津贴标准相比仍然偏低。

四、几点建议

解决好基层环保部门的问题，是把国家意愿上升为国家意志的关键，也是激发基层环保工作人员探索环保工作新道路推进生态文明建设内在动力的重要方面。为此，建议：

（一）加强宣传，提高社会公众的环保生态理念

生态理念传播对生态文明建设有显著的引领、促进和推动作用。

一是把提高全民环境道德素质作为生态理念传播的核心内容。实践证明，仅仅熟悉环境法律法规，掌握环保科技知识，但缺乏人与自然协调发展的道德观，就难以形成保护环境的内在动力。环保部门的宣教工作要与时俱进，从一般性的宣传向深层次宣传转变，从普及法律法规、普及科学知识向进一步形成生态文明的价值观、道德观转变。通过扎实的宣传教育，让人们自觉自愿地履行保护环境的责任和义务，真正将环境保护基本国策落实到每个单位、家庭和个人，让生态文明观念在全社会牢固树立，形成良好的社会风尚。

二是大力开展环境形势与政策宣传。改革开放以来，我国经济建设、社会建设取得举世瞩目的成就，但同时也付出了较大的资源环境代价。环境问题是在发展中出现的问题，也要在发展中解决。我国把环境保护作为基本国策，摆到重要战略位置，在发展经济的同时致力于环境问题的解决，出台了一系列政策，取得了积极进展。但有的同志以极端的而非理性的、破坏的而非建设的、落后的而非符合时代发展方向的心理，片面看待我国环境问题的成因、现状和未来，怨天尤人，以点代面，以偏概全。针对这些问题，环保部门要大力宣传我国政府在解决环境问题中的决心和信心，宣传国家环保政策和取得的成效，统一思想，振奋精神，引导人们用发展的、辩证的、历史的、建设性的眼光看待我国的环境形势，以必胜的信心共同建设环境友好型社会。

三是着力倡导绿色生活方式。积极营造绿色生活的舆论氛围，运用广播、电视、报刊、网络等新闻媒体，广泛宣传，让人们懂得生态文明、资源节约、环境友好、绿色生活方式的真正含义，引导人们自觉树立绿色消费理念。大力提倡使用清洁能源，提倡节约用水和水资源的二次使用，提倡使用生态建筑、生态建材，提倡生态旅游，引导人们自觉选择绿色生活方式，自觉践行绿色消费理念。只有这样，才能让绿色消费、生态消费成为全社会的一种习惯、一种时尚。

（二）健全机构，提高环保队伍整体素质

建议上级环保部门协调编制部门，从国家层面出台对各级环保机构、人员结构要求的指导意见，研究提高环境保护事业单位专业技术岗位结构比例控制标准，调动专业技术人员钻研技术的积极性。我们也要积极努力，尽快成立完善 5 个新的二级机构：一是环境保护宣传教育中心；二是机动车排污监控中心；三是环境监控中心；四是环境信访应急指挥中心；五是固体废物管理中心。同时变更市水源保护区管理处和市环境监察支队两单位经费管理形式，市环境监察支队升格为副县级并增加人员编制，以适应新形势下日益繁重的环保工作需要。

（三）完善机制，强化大气污染联防联控

要积极探索适应新形势的新体制、新机制，建立健全党委领导、政府负责、环保协调、部门配合、全员参与、社会监督、市场推动的环保工作体制；按照《河南省"蓝天工程"行动计划》，建立市级议事机构和机制，除工业废气外，更加突出机动车尾气、建筑施工扬尘、道路运输扬尘、饮食业油烟等的治理，实施相关职能部门联防联控联治，不断减少雾霾天气的发生、减轻污染天气的危害。

（四）多措并举，重视农村环境保护工作

首先，要加大农村环保经费的投入，每年安排一定的农村环保财政预算。加大对重要流域和水源地的区域污染治理的投入力度。其次，国家应采取政策倾斜，对于注重环保的企业优先考虑资金补助。再次，引导社会资本对农村生态环境保护公益事业的投入，探索资源有偿使用，建立和完善多元化投资渠道。最后，对于农村居民，应加强宣传教育，防止生活污染，要把提高群众环境意识作为农村精神文明建设的重点。切实加强农村面源污染治理，提高人民群众生活质量。要把农村面源污染治理与城乡环境综合治理工程、社会主义新农村建设结合起来，做好农村面源污染治理的规划工作；加强农村饮用水水源管理，要通过农村环境综合整治，控制农村垃圾和粪便污水的排放，防止河流和饮用水水源污染；要推广沼气池、发酵床等新技术，大力推广绿色种植，控制化肥、农药的使用，确保重点农业产业无公害，改善农村人居环境，提高村民生活质量。

（五）建立长效保障机制，进一步完善环保基础设施

一是加大财政预算投入。应出台常规性补贴政策，财政每年预算一定的经费，为环保设施运行提供保障。二是争取上级政策资金支持。结合国家"扩内需保增长"、"三河三湖"治理以及加大民生、环保项目支持力度的精神，大力配合有关部门争取上级支持。三是积极支持环保项目市场化营运，规范收费项目及标准，多渠道筹集资金，促进提高环保项目经营管理水平和运营效益，确保环保基础设施正常运行。

建设洪泽湖湿地保护区，彰显生态优势的新品牌

——江苏泗洪洪泽湖湿地国家级自然保护区建设调查报告

江苏省宿迁市环境保护局　张　民

摘　要：江苏泗洪洪泽湖湿地是我国东部地区稀有且保存最完好的湿地生态系统，2006 年，江苏泗洪洪泽湖湿地成功地晋升为国家级自然保护区。洪泽湖湿地保护区的建设，展示了巨大的生态效益和生态价值，发挥着典型的示范带动作用。本文从建立和规范管理保护区、彰显保护区的生态示范作用、抓住机遇充分发挥品牌效应四方面进行了分析，指出在"十二五"期间建成国家级自然保护示范区目标有望提前实现。

关键词：洪泽湖；湿地自然保护区；生态保护

江苏泗洪洪泽湖湿地是我国东部地区稀有且保存最完好的湿地生态系统，是我国重要的候鸟迁徙栖息地，是鱼类天然产卵场和繁育基地，也是借助地层剖面化石研究人类历史与环境演变的重要区域。保护区在涵养水源、改善水质、调蓄洪水、调节气候、维护生物多样性，尤其是保障南水北调东线水质安全等方面具有不可替代的作用与功能。自建市以来，宿迁市坚持科学发展观，牢固树立生态立市理念，在加快发展经济的同时，着力加强湿地自然保护区建设，实施环境保护与经济可持续发展战略，取得了显著成效。2006 年，江苏泗洪洪泽湖湿地成功地由省级自然保护区晋升为国家级自然保护区，经过几年建设发展，在"十二五"期间建成国家级自然保护示范区目标有望提前实现。

一、适时决策，建立洪泽湖湿地自 然保护区

素有"日出斗金"之称的洪泽湖，是个名副其实的"聚宝盆"。建市之前，湖区开发利用进入鼎盛时期，仅水产养殖面积就达 30 余万亩，其沼泽地、芦苇荡、近湖浅水滩涂旁处处可见围网养殖。然而，就在螃蟹、银鱼、莲子、芡实等水产品蜚声四海的时候，水质却逐步出现富营养化，多种候鸟珍禽销声匿迹。昔日的洪泽湖呈现的"莲藕清香、白鹭纷飞、烟波世界、绿色田园、钟灵毓秀、生机蓬勃"原生态景观，遭受围网密致、滩涂开发、私捞滥捕等人为干扰与破坏。宿迁成立地级市带来了新一轮的经济与社会发展机遇，同时，也面临环境保护的严峻挑战。湿地资源的不断消耗和稀缺性，使我们认识到保护湿地的必要性；鱼类和大鸨、天鹅等珍稀濒危物种数量的锐减，让我们感受到湿地生境保护多么重要；洪泽湖遭受客水污染，导致湿地自净功能的退化，并给湖区水产养殖造成巨大损失，增强了我们保护湿地的紧迫感。湿地利用方式开始从过度开发向保护优先、合理利

用转变，从单纯追求经济效益向兼顾生态效益和经济效益转变，从单个部门管理向由政府牵头、多个部门配合及社会参与的管理机制转变。1999 年，由泗洪县成立洪泽湖自然保护区，洪泽湖区第一个 15 万亩的湿地自然保护区终于诞生了。并于 2001 年经省政府批准成为省级自然保护区。2006 年又升格为全省唯一的国家级淡水湿地自然保护区。

二、规范管理，湿地保护区建设初见成效

经过十余年建设，目前，保护区总面积达 49 365 hm²，位列全国内陆淡水湿地保护区第 12 位，华东地区第 2 位。保护区内多种国家重点保护的鸟类和其他野生动植物以及鱼类产卵场生境均得到有效保护，下草湾标准地层剖面人类化石遗址保存完好，湿地生态系统功能逐步得到恢复。大量物种得到恢复与保护，包括 165 种浮游植物、91 种浮游动物、81 种高等植物、76 种底栖动物、67 种鱼类、194 种鸟类以及 1 008 个荷花物种。大面积的水域、草甸、沼泽、芦苇、浅滩、岸边草丛、堤岸防护林网等多种生态系统和独特的自然景观，正呈现出蓬勃的生机和活力。"生态宿迁、魅力湿地"的优势和特色开始彰显，作为"地球之肾、天然水库、清水走廊和天然物种基因库"的湿地保护区，必将为宿迁的生态环境保护与生态文明建设作出更大的贡献。

一是加大投入，开展物种恢复和湿地管护能力建设。自建立保护区以来，宿迁市在财政十分困难的情况下，筹集 5 000 多万元资金，用于投入保护区建设，省环保厅也给予保护区建设以极大的支持，省财政、水产、林业、发改委等部门也给予鼎力相助。在此基础上，保护区完成了科学试验区 13.8 km 水泥路及柏油路的铺设；安装了 11.5 km 的高压输电线路和 11 km 的光纤通讯线路；购置了 5 艘巡护快艇和 2 艘工作船；完成了近 2 万 m² 科教馆、博物馆、监督站房等建设；建成了 2 万 m 防火隔离带；建设 1.7 万 m² 的水生动物标本池和 10 个鸟类救护站；建成 3.9 万 m² 的荷花物种科技园；添置了一批科考仪器，开展了专项水质监测；实施了环湖生态林带营造和部分水生植物恢复种植工程，初步形成了较为规范的湿地生态恢复和管护体系。

二是建章立制，打击生态破坏和环境违法行为。为保护好区内丰富的动植物资源，实施依法管理，宿迁市在贯彻落实《中华人民共和国自然保护区条例》的基础上，出台了《江苏泗洪洪泽湖湿地省级自然保护区管理暂行办法》，明确保护区管辖范围，颁发土地权属证，发布政府管理通告，制定了《有奖举报》等 11 项管理制度。先后拆除缓冲区内 2 万余亩围网养殖，依法打击非法捕捞、狩猎等破坏生态环境的违法行为数百起。通过强化管理，使核心区无人为干扰，缓冲区生态系统得到有效恢复，科学试验区逐步成为重要的科考和科普教育基地。

三是加强宣传，着力提高保护区的社会影响力。为系统掌握保护区内生物多样性现状，宿迁市与中国林科院等 6 家高等院校和科研单位合作，从 2003 年 4 月开始，用两个生态周期，对洪泽湖湿地保护区进行了系统的科学考察。完成了《洪泽湖湿地生物多样性保护研究报告》及《江苏泗洪洪泽湖湿地自然保护区综合科学考察报告》。同时，通过中央电视台《现在播报》节目的专题报道，江苏卫视的《绿色报告》"走进泗洪"、"洪泽湖湿地"专题片和保护区网站等多种途径开展广泛宣传。保护区被省委宣传部、省环保厅、省教育厅命名为"江苏省首批环境教育基地"。先后接待了国家环保总局、中国林科院、中国农

科院，以及众多高等院校专家、学者的专项科考活动，有效地提升了湿地保护区的科研水平和知名度。

从 2004 年始，在保护区过冬的候鸟每年均超过 20 万只。其中，有被世界保护联盟列入濒危物种红皮书的"震旦鸦雀"，还有近 30 年来首次在长江流域出现的世界级濒危动物"紫水鸡" 100 多只。自 2005 年以来，在每年秋冬之季，均出现了近 3 个月的天鹅落湖景象。现在的洪泽湖湿地保护区，春季生机盎然百鸟争鸣，盛夏千种荷花争艳乳燕奋飞，深秋候鸟迁徙芦花荡漾，寒冬珍禽翱翔万鸟飞鸣，好一派美不胜收的如画景象。

三、彰显特色，充分发挥湿地保护区的生态示范作用

洪泽湖湿地保护区的建设，展示了巨大的生态效益和生态价值，发挥着典型的示范带动作用。在宿迁大地上，到处可见"生态建市，生态兴市"的缩影。近年来，宿迁市又设立了骆马湖湿地、大运河清水通道等七个重点生态功能保护区，保护面积达到 2 457.04 km^2。全市生态农业建设面积占农田总面积的 30%，建成国家级农业标准化示范区 1 个，省级 4 个，市级 14 个。全市拥有农田林网 620 多万亩，杨树 1.2 亿株、非耕地成片林 156 万亩，活立木蓄积量约 1 000 万 m^3。城市建设走上以人为本的生态建设新路，绿化覆盖率达 30%，人均公共绿化面积增加到 9.7 m^2。良好的生态环境带来了生态经济的大发展，如今的宿迁已经成为客商投资兴业的首选地，旅游休闲的好去处，生态特色的凸显已经成为宿迁后发快进的巨大优势。

四、抓住机遇，充分发挥保护区的品牌效应

把洪泽湖湿地建成"春走芳草地，夏绕碧荷池，秋赏芦花黄，冬观万鸟飞"的美丽保护区，建成国际重要湿地和国家级示范保护区，是宿迁市为之不懈努力的奋斗目标。实现这个愿景，离不开国家、省以及有关部门的高度关注和大力支持，宿迁市将充分利用"国家级保护区"这块金字招牌，以此为契机，在尽快建立与完善保护区管理机制的基础上，坚持保护优先，合理利用湿地资源的原则，多渠道筹措资金，加快芦苇迷宫、荷花大世界、防火通道、鸟类观测台、生态展览馆等物种修复工程和基础设施建设，加大试验区内及保护区周围建设项目的控制力度，将保护区建成国家级自然保护示范区，并作为宿迁生态文明建设的窗口，发挥其生态保护典型带动和生态示范辐射作用，为推动全面建设小康社会、促进地方经济社会的可持续发展作出新的贡献。

推进生态文明建设，打造和谐美丽山西

山西省晋城市环境保护局　张建明

摘　要： 长期以来，大规模、群体性和高强度资源开发，形成了山西高度依赖资源的经济体系。本文结合山西省生态环境的实际情况，阐述开创全省生态文明建设新局面的工作思路，并深入探讨实施建立多类型的生态补偿机制、"三同时"监督处罚机制和建立国民经济绿色核算体系等方法的可行性。

关键词： 生态文明建设；十八大精神；科学发展观；美丽中国

一、准确把握十八大的基本精神，全力推进生态文明建设

改革开放 30 多年来，中国特色社会主义的经济发展取得了巨大的成就，在经济发展的背后，环境、资源瓶颈制约越来越大，未来经济发展过程中会面临越来越多的挑战和问题，如何让经济、社会、政治、文化和谐发展，构建良好的生态环境，是我们环保工作者和决策者面临的新课题。

党的十八大报告首次单独成篇论述生态文明，把生态文明建设提升到与经济建设、政治建设、文化建设、社会建设五位一体的战略高度，标志着我们党对经济社会可持续发展规律、自然资源永续利用规律和生态环保规律的认识进入了新境界，开辟了坚定不移地走中国特色社会主义道路的广阔前景。生态文明是一种新的文明形态，是对以耗费大量自然资源和造成环境严重污染的工业文明的超越。生态文明绝不是简单的污染防治，是经济发展过程中的一种社会形态，是我们党创造性地回答经济发展与资源环境关系问题所取得的最新理论成果，为统筹人与自然和谐发展指明了前进方向。生态文明建设是我们党积极主动顺应广大人民群众新期待，进一步丰富和完善中国特色社会主义事业的总体部署。生态文明建设是我们党充分吸纳中华传统文化智慧并反思工业文明与现有发展模式不足，积极推进人类文明进程的重大贡献。生态文明建设是我们党深刻把握当今世界发展绿色、循环、低碳的新趋势，对可持续发展理论的拓展和升华。

生态文明与美丽中国紧密相连。建设美丽中国作为全新的理念，伴随着党和国家把生态文明建设摆上重要议事日程应运而生，它是我国发展进入新阶段的迫切需要，为提升发展质量提供了新的战略指导；是我们党深刻把握可持续发展时代潮流和当今世界绿色、循环、低碳发展新趋向，作出的战略抉择；是对人民群众新期待的回应，标志着我们党执政理念的重大提升。建设美丽中国是一个系统工程，核心就是要按照生态文明要求，通过建设资源节约型、环境友好型社会，实现经济繁荣、生态良好、人民幸福。建设美丽中国，需要积极探索在保护中发展、在发展中保护的环境保护新路。

环境保护是建设美丽中国的主干线、大舞台和着力点，探索环保新路是通往美丽中国

的一个路标。因此，我们环保工作者作为建设生态文明的主力军，必须深入贯彻党的十八大精神，坚持以科学发展理论指导环保工作实践，遵循代价小、效益好、排放低、可持续的基本要求，坚定不移地沿着"在保护中发展、在发展中保护"的环保新路阔步前行，继续连续不断地实施环境治理，努力让我们生活环境更加宜居，幸福指数全面提升。

二、深入落实科学发展观，创新完善环保工作机制，开创生态文明建设新局面

科学发展观强调经济发展速度和结构、质量、效益相统一，经济发展和人口、环境、资源相协调，要求我们在推进发展中充分考虑资源环境的承载力，统筹考虑当前发展和未来发展的需要。为我们解决资源环境问题、做好环保工作提供了强大的思想武器，为我们闯出资源型地区可持续发展的新路指明了方向。因此，我们要坚定不移地坚持以科学发展观为统领，坚持在保护中发展、在发展中保护的环保新路，不断创新体制机制，努力把环境保护融合到经济发展之中，实现经济与环境和谐发展、互利共赢，全面开创生态文明建设新局面。

（一）牢固树立保护环境就是保护生产力观念，建立环境与发展综合决策机制

合理开发资源、加强生态和环境保护，是经济可持续发展和社会全面进步的根本保证。各级领导干部要牢固树立保护环境就是保护生产力的观念，充分认识到在任何情况下都不能以牺牲环境为代价去换取经济增长，不能用当前的发展去损害未来的发展，更不能用局部的发展去损害全局的发展。做到这一点，除了环保部门要切实履行职能外，更需要整合全社会的资源，发动群众的力量，群策群力，集思广益，逐步建立协调环境与发展的综合决策机制。一方面要建立建设项目专家咨询制度，依托国家高等院校和科研院所，聘请国家在产业政策、环境工程、规划建设等方面权威专家，对所有新建项目从是否符合产业政策，是否对环境造成影响等多方面进行评价，切实防止因重大决策失误而造成环境污染和生态破坏；另一方面要提高环境保护工作的公开性和民主性，维护公众的环境权益，建立健全环境保护公众参与机制，特别是对于"两高一资"项目，要通过听证会、论证会或公示等形式征求群众的意见，充分发挥公众的知情权、参与权、监督权，充分调动广大人民群众参与环境保护的积极性。

（二）牢固树立转型发展观念，建立环境容量总量控制机制

长期以来，大规模、群体性和高强度资源开发，形成了山西高度依赖资源的经济体系。资源型地区经济发展的惨痛教训告诉我们，不加快结构调整，不转变发展方式，不实行转型发展，资源支撑不住，环境容纳不下，社会承受不起，经济发展难以为继。转型发展成为当前和今后一个时期全省发展的战略重点，也是落实科学发展观的关键和根本问题。因此，加快推进经济转型发展，对于解决山西省资源环境瓶颈问题有着重大的意义。在今后工作中我们要充分发挥环境保护在调整产业结构、转变经济增长方式中"调节阀"、"助推器"的作用，促进传统产业内涵式发展，促进资源产业的优化布局，从而促进环境质量进一步改善。

　　具体来讲，就是要坚持用总量控制和生态区划引导经济发展，把环境容量作为经济发展的重要前提，把环境准入作为经济调节的重要门槛，实施现存量、削减量与新增量的统一调度，对"两高一资"项目，严格环境准入标准，从源头上控制过快增长，引导经济健康发展。要继续大力推进规划环评和区域环评，预防因规划实施对环境造成的不良影响。要对高污染、高耗能项目进行全过程监管，严把环保审批关，坚决做到"十个不批"，即：对不符合国家产业政策、法规的项目坚决不批；对没有环境容量的区域坚决不批；对未完成总量削减和控制任务的项目坚决不批；对未采用先进生产工艺、设备，未建设污染防治设施的项目坚决不批；对不符合流域区域经济功能区规划和城市发展规划的项目坚决不批；对国家禁止类项目坚决不批；对事前未征求环保意见或未请环保部门参加可研等技术论证的建设项目坚决不批；对环评不合格的项目坚决不批；对没有取得污染物排放总量指标的建设项目坚决不批；对未进行规划和区域环评的建设项目坚决不批。

（三）牢固树立依法行政观念，建立"三同时"监督处罚机制

　　"三同时"制度是建设项目环境管理的一项基本制度，是我国以预防为主的环保政策的重要体现。因此，在今后工作中，我们要树立依法行政观念，进一步强化"三同时"制度管理，逐步建立监督处罚机制。所有建设项目必须将环评要求的污染治理设施与主体工程同时设计、同时施工、同时投产。对没有建设污染防治设施或污染防治设施达不到环评要求的建设项目不予验收；对于超出试运行期限的，收回临时排污许可证，并停产整顿。对于污染防治设施未经验收或验收不合格而强行投入生产或使用的，要追究项目单位和有关人员的责任。对于未经环保部门同意，擅自拆除或者停运污染防治设施，污染物排放超过规定排放标准的，环保部门要责令其立即停产，并加大经济处罚力度。

（四）牢固树立生态补偿观念，完善生态环境补偿机制

　　党的十八大明确提出，要建立体现生态价值和代际补偿的资源有偿使用制度和生态补偿制度。当前，全省正处于经济快速发展时期，这也是减轻经济发展对生态环境的压力、实现经济社会可持续发展的关键时期。应在全社会大力宣传"生态补偿"的观念，积极推动生态环境补偿机制建设。要结合山西省生态环境的实际情况，按照"污染者付费、利用者补偿、开发者保护、破坏者恢复"的原则，探索建立多类型的生态补偿机制。加快推进建立矿山生态补偿基金和保证金制度，解决矿产资源开发造成的历史遗留和区域性环境污染、生态破坏的补偿问题，做到"多还旧账"，"不欠新账"，推动建立矿产资源开发生态补偿长效机制。此外，还要加快国民经济绿色核算体系建设，将生态资源遭到破坏的部分，纳入国民经济成本，改变传统过分注重经济增长指标的政绩考核办法。

以环境监察为切入点，推动清远生态文明建设

广东省清远市环境保护局　卢昌耀

摘　要：本文介绍了清远市在建设生态文明方面的总体发展战略，阐述了清远市以环境监察为切入点，严格实施环境保护政策，倒逼重污染传统企业转型、改造、升级，并论述了如何通过加强监督和突出环境监察在环保工作中作用推进生态文明建设。

关键词：环境问题；环境监督执法；污染源；突发环境事件

生态文明是人类为保护和建设美好生态环境而取得的物质成果、精神成果和制度成果的总和，是人类文明发展的一个新的阶段。党的十八大报告指出，生态文明是贯穿于经济建设、政治建设、文化建设、社会建设全过程和各方面的系统工程，反映了一个社会的文明进步状态；建设生态文明，是关系人民福祉、关乎民族未来的长远大计。十八大报告关于建设生态文明的科学论断，是中国共产党基于对人与自然关系深刻反思的科学判断，是建设美丽中国，实现"中国梦"的重要准绳。

清远市位于广东省的中北部，南连广州和佛山，北接湖南和广西，土地面积 1.9 万 km^2，约占全省土地总面积的 10%，是广东省陆地面积最大的地级市。在过去的 10 年，清远人民创造了欠发达地区经济发展的奇迹，GDP 增速曾连续七年位居全省第一，GDP 总量从 2000 年的不足 200 亿元猛升到 2012 年的 1 029 亿元。与一路飙升的发展态势相比，清远对生态文明建设的投入也毫不逊色，仅"十一五"期间，清远在民生一项就投入 211.3 亿元，其中 2010 年投入 62.69 亿元，年度同比增长 21.4%，促进了社会经济增长和生态文明建设的和谐发展，全市环境质量连续保持良好，饮用水水源水质以及北江、连江等主要江河水质全部达标，市区空气质量优良天数一直保持在 360 天以上，获得了"中国十大最具发展潜力城市"和"中国十大绿色生态城市"荣誉称号。

为了确保生态环境质量在经济高速发展时继续保持稳定，清远市确立了"既要金山银山，更要绿水青山"的发展战略，在产业准入上执行更加严格的标准，使招商引资由单纯追求引入的数量型转向择优筛选的质量型，重点选择带动能力强、科技含量高的企业，重污染企业坚决不要。清远市环保局审时度势，及时调整工作思路，以环境监察为切入点，实施了最严厉的环境保护政策，倒逼重污染传统企业转型、改造、升级，以建设幸福清远、保障人民群众环境安全健康为目标，推进生态环境保护。

一、坚决解决影响可持续发展的突出环境问题

首先，开展了重金属污染企业专项整治，严查企业违法建设、超标排放等违法行为，

特别是加大了饮用水水源地的检查力度，坚决关闭多间位于二级保护区内重金属污染排放企业，按照行业分类在"清远环保公众网"和《清远日报》上公布了电镀、铅蓄电池等重污染企业名单和相关环境信息，制定了清远市重金属防治规划，深入推进铅蓄电池、金属冶炼以及金属表面处理等涉重金属企业的专项整治。

其次，大力开展危险废物和危险化学品企业污染治理。参照国控重点源企业管理机制，定期开展重点企业和敏感区域的现场监督检查，完善危险废物和危险化学品企业环境管理档案，督促企业完善环境应急预案，落实风险防范措施和责任人，建立重大环境风险源督察制度和全过程环境应急管理长效机制，防范环境风险。

最后，加快重点区域和流域的综合整治。对乐排河、大燕河、滨江、潖江等重点河流以及佛山（清远）产业转移工业园等 3 家省级产业转移工业园加密检查，推动工业园区和产业转移园区安装自动监测设施，实行实时监控，主动公开环境信息，严厉打击违法排污企业，保障流域水质安全。

二、深入实施挂牌督办制度，构建区域合作的环境监督执法体系

建立了市环保局和市监察局联动挂牌督办制度，对存在环境安全隐患的涉重金属排放企业、危险化学品企业、危险废物处理处置企业以及敏感区域等进行挂牌督办，实行领导督办制度和责任追究制度，推进重点环境问题综合整治。

健全了与上游韶关和下游广州、佛山的环境监察协作和环境应急联动机制，妥善处理处置了北江镉污染、北江铊污染、九曲河镍污染等跨界环境污染纠纷和环境突发事件。

三、加强国控企业和重点减排项目监管，完善污染源自动监控体系

开展了国控重点污染源和减排项目月巡查和季核查制度，加强对污水处理厂以及印染、钢铁、水泥、陶瓷等重污染企业污染治理设施及自动监控系统运行的核查监管。结合农村环境综合整治行动计划，以畜禽养殖业和乡镇垃圾处理场为监管重点，促使环境执法逐步向农村延伸。

要求全市国控重点企业全部新增氨氮、氮氧化物等主要污染物自动监控设施；投资 200多万元建立了清远市在线监测综控平台，实现了企业与省、市两级监控平台的数据实时交换，为污染源自动监控数据应用于排污费征收管理、环境执法、总量核算及排污权交易等提供保障。

四、深化重点污染源环保信用管理

推动重点污染源环保信用评价范围逐步延伸到县区；建立环保义务监督员队伍，加强对各重点污染源的监管与服务，推进落实企业环保责任，借助产业调整、挂牌督办、绿色信贷等手段，依法关闭淘汰设备简陋、污染严重、治理无望的企业，推动产业转型升级。

五、加强环境风险防范，减少甚至杜绝突发环境事件的发生

开展全市环境安全百日大检查活动，对存在重大环境风险隐患的污染企业和化工电镀印染园区以及集中式饮用水水源地进行重点督察。强化危险废物应急管理，实行危险废物产生、贮存、收集、运输和处置的全过程严格监管。

认真做好环境应急预案的编制、培训和演练，健全环境风险管理的联动机制，不断提高环境风险监管能力。建立环境应急、监测、监察、宣教等部门各司其职、密切配合的内部应急管理工作机制。特别是加强了重大节假日、汛期以及敏感时期的环境应急管理，落实责任追究制度，完善信息报送机制，规范应急值守和信息调度工作，切实做到"三个不放过"，即"事件原因没有查清不放过，事件责任者没有严肃处理不放过，整改措施没有落实不放过"。

"十一五"期间，清远市环保局通过一系列"组合拳"，在全市范围内依法严肃查处了589 个违法企业，责令存在环境污染或环境隐患的 608 个企业进行专项整治或停产整治，淘汰落后产能企业 230 多家，涉及产值 100 多亿元。可以说，清远市环保局以环境监察为切入点，在推动清远生态文明建设方面努力开拓，取得了一定的成效，也深深体会到环保工作的艰辛和艰难，直面的深层次问题不少。

环境保护是一项牵涉面很广的系统工程，在参与重大经济决策、指导经济结构调整、促进生态文明建设等方面，需要从宏观决策的层面建立长效机制，拓宽和深化环保工作思路；法律顶层设计的缺陷、队伍能力建设的滞后、科研技术保障的不力等客观因素直接造成了环境监察力度还不能适应生态文明建议的迫切需要；查处环境违法行为时往往方法单一、手段乏力、孤军作战，还未能与公安检察部门形成部门合力共同打击环境犯罪行为；环境保护与经济发展之间的协调仍然不够，实际工作中还存在着重审批、轻管理，重尾部治理、轻污染物全过程控制等问题；地方保护主义干扰环境执法等不良现象时有发生。

党的十八大的召开，吹响了全面建设生态文明的号角。生态文明离不开环境保护。在新的历史时期，环境保护工作任务将会更加艰巨，任重而道远，作为环境保护的主管部门，环保部门应该责无旁贷，力挽狂澜，带头做"恶人"，以环保倒逼机制淘汰落后产能，加快传统产业转型升级，对不符合环境功能区划和产业政策要求、未取得主要污染物总量指标以及达不到污染物排放标准的项目，要一律不予审批。坚决打击环境违法行为，完善环境污染损害赔偿机制，用发展的办法解决环境执法工作中存在的问题，促进环境监察向工作的全面化、体系的多元化、形式的多样化、装备的现代化转变；建立企业自律、部门监管、社会监督"三位一体"的污染源监管机制，切实扭转执法环境不好、执法不到位的局面，同时充分发挥人大法律监督、政协民主监督、新闻舆论监督和社会公众监督的作用，进一步凸显环境监察在环保工作中的地位，不断深入推进生态文明建设。

喀什地区生态环境建设情况浅析

新疆喀什地区 环境保护局 赵 侠

摘 要：喀什地处塔克拉玛干沙漠西南缘，生态环境十分脆弱，本文介绍了新疆喀什地区的自然情况、当前环保工作中存在的问题，和近年来该地区在生态环境保护工作中的主要措施，具体论述了如何积极开展人工造林、农村环境连片整治、推进"一市两县"大气污染防治工程、强化污染减排和强化资源开发等本地区的环保重点工作。

关键词：喀什；自然条件；工业减排；农村环境

近年来，喀什地区牢固树立"环保优先、生态立区"的理念，紧紧围绕地区中心工作，以持续改善环境质量为立足点，以强化监管与服务来破解环境难题，不断推进资源开发可持续，生态环境可持续。

一、喀什地区基本情况

喀什地处祖国西部边陲，位于新疆西南部，是一个以维吾尔族为主的多民族聚居区，下辖1市11县。2012年年底总人口（不含图木舒克市14.04万人）415.13万，其中：常住人口413.81万人，市、建制镇人口146.8万人，非农业人口94.39万人。人口出生率20.5‰，人口自然增长率15.97‰。喀什具有五大特点：一是历史悠久。有文字记载的历史2000多年，是古"丝绸之路"的交通要冲和东西方文明荟萃之地。二是文化多元。荟萃了印度、波斯、阿拉伯、古希腊、古罗马和中原等文化，融汇了中西方文化的特点，文化底蕴深厚。三是区位独特。享有"五口通八国，一路连欧亚"的独特区位优势，是我国向西开放的重要窗口，在国家战略、经济发展和社会稳定大局中具有特殊的战略地位。四是资源丰富。喀什资源条件得天独厚，光照充足，无霜期长，矿产和旅游资源十分丰富。五是民族特色浓郁。喀什是维吾尔民族文化的发祥地，维吾尔民族特色和民俗风情保存最为完整，享有"不到喀什，就不算到新疆"的美誉。

2012年，实现地区生产总值517亿元，同比增长15.7%；第一、二、三产业分别达175亿元、143亿元、199亿元，增长6%、28%、17.5%，地方公共财政预算收入37.47亿元，增长30.34%。工业增加值81.3亿元，增长30%。固定资产投资500亿元，增长30%。农民人均纯收入达到5100元，增长19.4%。

二、喀什地区生态环境基本情况

喀什地处塔克拉玛干沙漠西南缘，生态环境十分脆弱，气候干旱、植被稀少，戈壁沙漠广布，经济基础薄弱。喀什地区总面积 16.2 万 km^2，其中戈壁 6 771 km^2，占 4.2%；山地丘陵 9.4 万 km^2，占 58.1%；沙漠 2.31 万 km^2，占 14.2%；平原绿洲 3.8 万 km^2，占 23.5%。目前，全地区共有林地面积 1 147 万亩（含天然林 343.95 万亩），绿洲森林覆盖率为 23.60%，国土森林覆盖率仅为 4.72%。年均降雨量 60～70 mm，蒸发量高达 2 500 mm，扬沙和浮尘天气年均 80 天以上，总悬浮颗粒物超标 9～10 倍，每平方千米年均降尘达 48 t，最强时能见度仅为 50 m，是全球四大沙尘暴区之一。土地盐碱化程度高，荒漠化、沙化、盐碱化趋势未得到根本遏制，全地区盐碱化土地达 450 万亩，占全地区所有耕地面积约 50%。

全地区水资源年平均总量约为 120 亿 m^3，水能储藏量约 760 万 kW·h，由于各河流都是以冰雪融化水补给为主，年际径流变化小，但年内径流变化较大，从而出现"春旱、夏洪、秋缺、冬枯"的水源特征，农业用水约占 95%，是一个典型的灌溉农业区。饮用水除塔什库尔干县外，其余 11 县市饮用水总硬度、硫酸盐超过国家标准。塔什库尔干河达到国家 II 类水质标准，叶尔羌河、盖孜河、提孜那甫河、库山河、喀什噶尔河均达到国家 III 类水质标准，七条河流监测断面，达到国家 II～III 类水质标准的占 75%。喀什地区区域噪声监测点位 108 个，平均等效声级值 54.6 dB（A），声环境质量处于较好水平。

2012 年，全年共监测 360 天，一级天数 3 天，占全年天数的 0.8%；二级天数 139 天，占全年天数的 38.6%；三级天数 178 天，占全年天数的 49.5%；四级以上天数 40 天，占全年天数的 11.1%。空气污染主要为以浮尘、扬沙等沙尘性污染为主。

喀什地区工业基础较为薄弱，现有工业企业规模小，生产工艺落后，能耗高，污染重，产品附加值低。目前全地区共有各类工业企业和独立式燃烧企业 1 400 余家，年工业废水排放量 629.41 万 t，化学需氧量 3 822.3 t，氨氮 580.12 t，工业用煤量 214.55 万 t，二氧化硫 22 876 t，氮氧化物 14 010.5 t。

三、存在的主要问题

1. 领导重视不够

一些地方党政领导干部存在"重经济、轻环保"的思想，把发展经济与保护环境对立起来，特别是对因环境污染危害群众身体健康可能引发影响稳定的问题认识不足，导致"三同时"制度落实不到位，未批先建、未验收先投产等各类环境违法问题时有发生。由于近年来人口增加、盲目开荒造成不合理的灌溉、生态用水不足等因素，致使部分区域生态环境遭到人为破坏。

2. 自然条件非常恶劣

环境保护部环境规划院 2012 年 4 月公布的《基于空气污染指数的中国城市环境大气环境承载度评估》显示，和田、喀什在全国 333 个地级以上城市大气环境承载力排名倒数第一、第二，处于非常差的弱承载状态。喀什、疏附、疏勒"一市两县"的二氧化硫、氮氧化物浓度增幅较大，特别是喀什市城市空气质量好于二级的天数达不到 40%，远远低于自治区的标准，可吸入颗粒物成为喀什地区空气质量的主要污染物。

3. 农村环境污染严重

农用地膜不能及时收回，给城乡生态环境造成严重污染。喀什地区共有耕地 860 万亩，按每亩用农业地膜 4 kg 计，年共用地膜 3.44 万 t，目前，全地区无 1 家地膜回收企业，土壤地膜污染严重。农业化肥、农药等物质的大量使用，导致农村居住环境和生产环境污染加剧，城乡结合部环卫设施缺乏，非施肥季节大量畜禽粪便随意堆积和排放，牲畜屠宰垃圾直接向河流排放的现象大量存在，严重污染水体，农村垃圾处理清运困难，环境质量状况堪忧。

4. 城乡居民饮水不达标

全区城乡居民饮用水除塔什库尔干县外，其余县市饮用水水质均超过国家标准，长期饮用对人体健康产生严重危害（极易诱发各类结石、腹泻、甲状腺肿大等疾病），解决城乡居民安全饮水问题迫在眉睫。

5. 危险废物污染隐患大

近年来，喀什地区铅锌选矿、开采和冶炼发展迅速，多数企业沿叶尔羌河流域和塔什库尔干河上游选址建设，缺乏统一规划和布局，一些矿采、选、冶炼企业的危废品收集、储存、处置及利用手续和流程不规范，对区域环境造成严重污染隐患。2012 年，我们已在全地区范围内严禁土法炼铅、炼锌，但全地区约 100 万辆电动车废旧电池没有一家有资质的企业进行无害化处理，电瓶、废旧回收、处置严重滞后，废硫酸和铅排放污染严重。医疗废物收集运输体系不完善（仅有一家医疗废弃物处理中心），乡村医疗废弃物就地简易或露天焚烧、填埋，对土壤、大气和水环境造成严重威胁。

6. 城市污水和垃圾处理率低

目前，喀什地区规范运行的城镇污水处理厂仅有两座（喀什市和莎车县，设计处理能力分别为 8 万 m^3/d 和 2 万 m^3/d），均处于超负荷运行状态。其他县的城镇污水均采用简易的氧化塘处理，处理能力低，致使污染严重。全地区每年有近 70 万 t 的生活垃圾被简易填埋，严重影响了城镇居民身体健康和生态环境安全。

四、生态环境保护工作的主要措施

中央新疆工作座谈会以来，喀什地委、行署牢固树立"环保优先、生态立区"的理念，将生态建设和保护环境作为重大的民生工程，重视程度空前、工作决心空前、工作力度空前，提出必须把建设资源节约型、环境友好型社会放在工业化、现代化、城镇化和信息化发展战略的突出位置，落实到每个单位、每个家庭，一切开发建设必须遵循资源开展可持续、生态环境可持续，必须对历史负责，对人民群众和子孙后代负责。

1. 统一思想，进一步提高认识

中央新疆工作座谈会明确提出新疆是我国西北重要的生态屏障，喀什地区生态环境状况不仅关系自身可持续发展，而且关系全疆可持续发展。国家、自治区领导多次对喀什地区生态环境保护工作提出明确要求，也凸显了环境保护工作的重要地位和作用。全地区各级党政坚持从区域发展战略层面考虑环境保护问题，把环境友好的理念贯彻到发展的战略方向上，体现在发展的战略目标中，落实在战略的发展举措上，将环境保护的要求渗透到经济社会发展的各个环节，贯穿到政府工作的方方面面。因此，全区各族干部形成"绝不以牺牲环境和资源为代价、不以积累社会矛盾为代价、不以增加历史欠账为代价，一味地追求快速发展"的共识。

2．坚持规划先行，以规划引领开发

在生态环境规划上，按照"两个可持续"的要求，认真总结和汲取了已有的经验教训，坚持做到顶层设计，高起点、高水平、高效益地编制好各类规划。科学划定了"优先开发区域、重点开发区域、限制开发区域和禁止开发区域"四类主体功能区，明确开发方向，控制开发强度，规范开发秩序，促进区域、产业合理布局和科学发展。我们始终坚持在保护中发展、在发展中保护，有效控制资源开采的节奏、进度、规模，不断提高资源开发利用水平。推动工业项目向园区集中，解决产业布局分散、资源开发布点过多的问题，努力实现资源高效利用、绿色发展、低碳发展。

3．开展植树造林，不断改善生态环境

一是林业生态建设稳步推进。依托"三北四期"重点防护林工程、退耕还林及巩固成果工程、重点公益林生态效益补偿基金等国家生态建设项目，全面推进生态绿化，大力改善生态环境，全地区森林资源面积达到1 147万亩，绿洲安全防护体系进一步加强。二是"三北"防护林四期工程建设目标顺利完成。喀什地区大力开展植树造林，实现人工造林114.75万亩，封育16.2万亩。退耕还林工程完成总造林面积62.39万亩，有效遏制了工程区沙化土地的扩展，改善了生态环境。三是特色林果实现了规模化发展。截至2012年，全地区林果总面积达到634万亩，总株数多4亿多株，林果业面积已占到全疆林果总面积的1/3，已成为促进喀什地区农村经济发展和农民持续大幅增收的重要支柱产业。

4．加强农村环境整治，提升环境管理水平

一是实行农村环境连片综合整治工程。2012年，全地区完成了10个县市28个行政村的农村环境连片综合整治示范区项目建设验收，受益人口达44 655人。二是坚决禁止毁林开荒、无序开荒等破坏生态行为，对已造成生态退化的地方进行综合施策、加快治理，积极修复生态系统。以解决侵害群众利益的环境违法案件为重点，深入开展了环保专项行动，对群众反映强烈、久拖不决的环境案件进行了挂牌督办和公开曝光。三是重点围绕"清洁水源、清洁家园、清洁能源、清洁田园"的目标，以治理农村"脏、乱、差"和水体、土壤污染为重点，扎实开展农业地膜等白色污染、农药污染和畜禽养殖污染等农村污染治理工作，抓好农产品质量安全。

5．加强水源保护，确保供水安全

针对喀什地区城乡居民长期饮水不达标的问题。一是积极寻找合适水源。喀什地区城乡居民安全饮水问题得到自治区、地区领导的高度重视，在行署分管领导的积极努力下，已在疏附县布拉克苏找到符合国家饮用水安全标准的水源。二是加强水源地保护。对一级水源保护区实施封闭式管理，设置隔离工程，包括物理隔离工程（护栏、围网等）和生物隔离工程（防护林）。三是加强水质监测。定期对水源水、出厂水和管网末梢水进行水质检测，在饮水工程建设管理和水质监测等方面加强信息沟通，实现资源共享。四是完善应急机制。做好供水材料和设备储备，强化工程抢修技术力量，定期组织演练，提高应对突发事件的能力。五是加强安全饮水宣传和教育。加强卫生与饮水安全知识的宣传，提高群众健康、卫生和水源保护意识，建立广泛的群众基础，保障群众饮水安全。

6．以总量控制为目标，扎实做好污染减排

采取"结构减排、工程减排、管理减排"三大措施，狠抓污染减排落实。科学制定了2013 年主要污染物总量控制计划，明确污染物减排项目，确定污染物控制目标和年度重点企业减排清单。对各县市"十二五"期间"应关尽关、应治尽治"企业进行了任务分解，对不能稳定达标排放、且治理无望的小造纸厂、小砖瓦厂等污染企业依法关停，先后取缔供热小锅炉 79 台，关闭砖厂 17 家，关闭石膏厂 12 家，"应关尽关"小型企业 170 家。2012年，已削减化学需氧量 6 889 t、氨氮 676 t，二氧化硫 5 660 t，氮氧化物 269 t，分别完成规划目标任务的 27%、11%、45%、3%。实行严格的污染减排考核机制，对进展缓慢的县市和企业，进行现场督察督办，先后督促疏勒、伽师、岳普湖和泽普县加快污水处理厂建设进度，督促其按规定时限完成建设治理任务。

7．加强环境执法，严控区域流域重金属污染

2012 年，全地区共出动现场监察执法人员 3 247 人次，进行各类现场检查 1 709 次，排查环境风险及尾矿库重点企业、重金属污染物产生企业 67 家，对 48 家不正常运行治污设施、污染物超标排放的企业进行了依法处理。喀什地区作为国家"十二五"重金属重点污染防控区域，已被列入国家"十二五"规划之中，为此国家下拨 1 455 万元，用于对莎车县恒昌铅锌冶炼有限责任公司原有年产 2 万 t 的烧结锅工艺的老厂拆除，并对周边 30万 m^2 的土壤进行治理和修复，目前该项目已通过验收。该公司新投资 2.5 亿元、新建年产5.5 万 t 电铅技改和 22 万 t 尾气制酸的项目已建成，待自治区验收。为做好全地区的重金属污染防治工作，根据国家、自治区要求，编制完成了《喀什地区重金属污染综合防治"十二五"规划》和《喀什地区重金属污染综合防治实施方案》，修订完善了 12 县市《突发环境事件应急预案》和涉重金属企业《突发环境事件应急预案》，关闭了叶尔羌河上游新能矿业和莎车鑫昌铅选企业。对地区管辖区域内涉重金属企业进行摸排，对区域流域 17 家涉重金属企业采取了严格的防控和整治措施。

五、今后的工作重点

一是积极开展人工造林，大力实施重点生态防护林建设"80"工程，力争用 8 年植树造林 85.2 万亩（目前已完成 10 万亩），其中：防风固沙林 41.37 万亩，道路防护林 0.89 万亩，农田防护林 5.47 万亩，生态经济林 27.03 万亩，水土保持林 6.89 万亩，环境保护林3.25 万亩，风景林 0.32 万亩。实现喀什地区森林资源总面积由 1 148 万亩增加到 1 233 万亩；森林覆盖率由 4.72% 提高到 5.07%，提高 0.35 个百分点；绿洲森林覆盖率由目前的23.62% 提高到 25.37%，提高 1.75 个百分点。

二是扎实开展农村环境连片整治工作。2013 年，申报农村环境连片整治示范项目 13个（涉及 11 个县市、32 个行政村），待国家和自治区项目资金到位后，切实抓好工作落实。

三是进一步推进"一市两县"大气污染防治工程，推进联防联控工作机制。大力推进工业锅炉煤改气，加强喀什市区工业企业节能环保改造，逐步改善"一市两县"的空气环境质量。

四是继续强化结构减排、工程减排和管理减排措施，层层分解落实减排任务，确保 2013年化学需氧量、氨氮、二氧化硫和氮氧化物排放量增长幅度控制在 2%、3%、4.5%、7.5%

以内的目标任务。把主要污染物排放总量控制指标作为建设项目环评审批的前置条件，加快削减排污存量，严格控制新增量。

五是在资源开发过程中严格遵守自治区人民政府《关于不得在招商引资中擅自承诺矿产资源配置和签订矿产资源勘查开发合作协议及项目的通知》，彻底改变过去单纯以矿产资源为条件进行招商引资的做法，真正使"环保优先、生态立区"的理念深入人心，使"两个可持续"成为各级党政和领导干部及全社会的自觉行动。

六、几点建议

（1）加快实施喀什城乡居民安全饮水工程。由于喀什地区 12 县市（除塔什库尔干县仅 3 万人）饮用水水质均达不到国家饮用水标准，硫酸盐和总硬度严重超标，涉及全地区 410 万人饮水安全。建议国家综合考虑喀什特殊情况，在政策上给予倾斜。

（2）喀什地区作为新疆的人口大区，城镇人口密度较大，每平方千米已经达到一万人的上限，部分老城区已接近每平方千米 4 万人。人们出行主要依靠电动车，喀什地区电动车保有量约 100 万辆，随之带来的淘汰废旧蓄电池，给原本脆弱的生态环境带来了严重的重金属污染隐患，且没有一家有质资、规范的危废处置企业。建议国家在喀什建立危险废物储存、处置中心。

（3）喀什地区是一个农业大区，农用地膜使用量大，且不能及时收回，对城乡周边及土壤生态环境造成污染。目前，国家已有可自然降解的地膜并规模上市，但由于使用成本较高，农民无力承担，不愿意使用。建议在国家层面上，对使用可自然降解地膜的农户或对回收废旧地膜的企业给予政策倾斜。

（4）塔什库尔干县是自治区重点野生动植物自然保护区，也是喀什地区饮用水的主要水源地，有着其原始、独特高原生态环境，生态环境非常脆弱，但该区域矿产资源又十分丰富，面临着开发与保护的矛盾。建议国家建立生态源头区域保护补偿机制，对该区域采取特殊的保护措施。

（5）喀什辖 12 个县市，171 个乡（镇、街办），60 个农（牧、渔、林）场，2 350 个村，农村人口 320 余万人。2008—2012 年，国家和自治区给喀什地区农村环境集中连片整治项目 60 个村，占全地区的 2.55%，受益人口仅 9 万人，严重低于国家和自治区 25%的要求。建议国家加大对喀什区的支持力度。

（6）喀什地区各县城市污水处理厂和垃圾处理场都已在国家立项，但目前项目资金到位慢，地方财力十分有限，无法解决配套资金，导致各县市城市污水处理厂和垃圾处理场的建设进度缓慢。建议在国家层面上，统筹考虑贫困地区实际，给予政策支持，切实减轻喀什地区主要污染物（氨氮）减排压力。

关于海口市生态环境保护的几点思考

海南省海口市环境保护局　陈　超

摘　要: 生态文明在城市建设中处于越来越重要的地位,本文论述了海口市生态环境的现状与问题,在此基础上,从环境考核、城市规划、经济增长方式、重点领域治污、环保宣传教育和监管能力六个方面提出改善环境的建议。

关键词: 生态文明;污染防治;环境监管

党的十八大把生态文明建设放在了突出地位,纳入了"五位一体"总体布局,并首次把"美丽中国"作为未来生态文明建设的宏伟目标。生态文明建设是一项重大和系统的国家战略,涉及经济社会发展的全局和各个领域。如何有效发挥环境保护作为生态文明建设的主阵地和根本措施作用,使之成为推进生态文明建设的重要抓手,需要我们每个环保人深入思索,勇于实践,敢于创新。

一、对生态文明的再认识

生态文明理念,是 20 世纪以来人类为解决威胁自身持久健康发展的资源和生态环境问题,在对其产生的经济、社会、政治、文化根源的认识过程中,形成的理论成果与战略思想。1984 年,生态文明概念最早由前苏联学者提出的,认为生态文明是生态文化、生态学修养的提升。我国著名生态学家叶谦吉先生在 1987 年首次使用生态文明概念,认为生态文明是人类既获利于自然又还利于自然,在改造自然的同时又保护自然,人与自然之间保持着和谐统一的关系。1995 年,美国著名作家、评论家罗伊·莫里森在其出版的《生态民主》一书中,把生态文明看做工业文明之后的一种文明形式。生态文明理念发展到现在,主要指人类遵循人、自然、社会和谐发展这一客观规律而取得的物质与精神成果的总和,是以人与自然、人与人、人与社会和谐共生、良性循环、全面发展、持续繁荣为基本宗旨的文化伦理形态。

我国将"生态文明"理念作为执政理念上升为国家战略是在党的十七大上。党的十七大报告中提出,要"建设生态文明,基本形成节约能源资源和保护生态环境的产业结构、增长方式、消费模式"。这是我们党首次把"生态文明"这一理念写进党的行动纲领,体现了我们党和国家对新时期我国经济社会与资源环境所呈现的一系列阶段性特征的科学判断,以及对人类社会发展规律的深刻把握。党的十七届四中全会进一步将生态文明建设提升到与经济建设、政治建设、文化建设、社会建设并列的战略高度,作为建设中国特色社会主义伟大事业总体布局的有机组成部分,标志着生态文明建设在中国特色社会主义全局中的地位更加突出。党的十八大报告把生态文明建设放在突出地位单独成篇，纳入"五位一体"总体布局，并首次把"美丽中国"作为未来生态文明建设的宏伟目标。这表明我们党对中国特色社会主义规律认识的进一步深化。

　　生态文明建设是一项重大和系统的国家战略，涉及经济社会发展的全局和各个领域，而环境保护以其基础保障和优化调控等重要作用，成为生态文明建设宏大战略中不可替代的主阵地。建设生态文明，必须以保护环境作为前提，统筹考虑发展与保护的关系，因此环境保护是生态文明建设的根本措施。要提高生态文明水平，关键是在环境保护上取得突破性进展。环境保护取得的任何成效，都是对生态文明建设的积极贡献。国务院在《关于推进海南国际旅游岛建设发展的若干意见》（国发[2009]44 号）中，将海南省定位为"全国生态文明建设示范区"，海口市作为海南国际旅游岛中心城市，只有充分发挥环境保护作为生态文明建设的主阵地和根本措施作用，积极培育壮大生态经济、进一步提高生态环境质量、全面提升生态文明意识，才能为生态文明建设作出更大的贡献。

二、海口市生态环境保护基本情况

（一）生态环境保护现状

　　一直以来，海口市坚持生态立市，坚持在保护中发展，在发展中保护，走出了一条新兴工业增产不增污，繁荣经贸增效不增污，发展旅游增景不增污的绿色发展道路。

　　1. 环境质量总体优良

　　空气质量继续保持优良水平，2012 年空气质量优良率 100%，达到一级标准天数 302 天，二级标准天数 64 天；2013 年 1—5 月，空气质量在 74 个城市中一直名列第一。水环境质量总体良好，城市集中式饮用水水源地水质达标率 100%，主要地表水体达到功能区要求，近岸海域海水水质达到相应的功能区要求。区域环境噪声平均等效声级为 55.0 dB（A），交通干线噪声平均等效声级为 68.0 dB（A），声环境质量符合国家标准。

　　2. 生态建设得到加强

　　2012 年年底，全市建成区绿化覆盖率 42.0%，人均公共绿地达 12 m²；森林覆盖率 38.47%。全市划定了 2 个城市集中式地表饮用水水源保护区和 19 个典型乡镇和农村集中式饮用水水源保护区。建成了省级生态文明乡镇 1 个，省级小康环保示范村 22 个；市级文明生态村 1 512 个，占全市自然村总数的 71%。

　　3. 环境设施逐步完善

　　目前，全市建成了 7 座城镇污水处理厂、1 座生活垃圾填埋场、1 座生活垃圾焚烧发电厂、1 座医疗垃圾处置场和 1 座放射性废物库；铺设排水管道 571.55 km，污水提升泵站 10 个，服务面积 113 km²；建成了海口市污染源自动监控中心 1 个、空气质量自动监测中心站 1 个、空气质量自动监测子站 5 个、水质自动监测站 2 个，环境保护基础设施和环境预警体系不断完善。

（二）面临的压力和挑战

　　近年来，虽然海口市环境保护事业取得了长足的发展，但随着工业化、城镇化进程的加快和新农村建设，人口增长较快，资源、能源需求大幅增加，优良的生态环境承受着较大压力。主要表现在以下几个方面：

1. 保持一流的生态环境面临较大压力

（1）环境空气质量方面。一方面，机动车保有量快速增长，城区交通拥堵增加，机动车尾气污染日益明显，已成为影响海口市环境空气质量的首要因素；另一方面，随着城市化进程加快，城市建设全面铺开，由于建筑工地不文明施工，施工扬尘污染突出。

（2）水环境质量方面。由于城镇化进程加快，以及来自上游市县开发建设活动的影响，饮用水水源地保护的压力越来越大。城市排水系统不完善，旧城区存在雨污合流、支管配套不完善等历史遗留问题，新区污水管网工程建设相对滞后，造成局部水污染尚未消除。

（3）在农村环境保护方面。农村污水、垃圾处理等环境基础设施建设比较薄弱，农村生活污水处理率和生活垃圾收集处置率较低。农业面源、畜禽养殖、水产养殖等污染没有得到有效控制。

2. 环境管理能力有待进一步提高

环境监管能力与日益繁重的环保任务不相适应，环境监察、监测、信息与宣教在仪器装备方面与国家标准化建设要求仍存在差距。基层环保队伍薄弱，区一级的环保队伍不够健全，缺乏乡镇一级的环保队伍，没有构建起基层生态环境监管网络。

3. 对照生态市建设指标仍有差距

对照国家现有的生态市建设 5 个基本条件和 19 项建设指标，海口市没有乡镇建成国家生态镇，远不能达到 80%乡镇建成国家生态镇的要求；另外，环境保护投资比重、受保护地区比例、强制性清洁生产企业验收比例、公众对环境满意率等 4 项指标方面仍存在差距，有待进一步提高。

三、加强海口市生态环境保护的几点思考

美丽中国是生态文明建设的目标指向，生态文明建设是建设美丽中国的必由之路。海口市当前正在建设"宜居、宜业、宜学、宜游"最精最美省会城市和"养眼、养身、养心"最佳人居地，其内涵与建设"美丽中国"的宏伟目标是一致的。我们只有做好环境保护方面的科学谋划，重点突破，统筹推进，加快生态文明建设步伐，才能继续保持海口一流的环境质量，为群众提供良好的公共产品。

（一）严格生态环境保护考核

一是完善经济社会发展考核评价体系。把资源消耗、环境损害、生态效益等体现生态文明建设状况的指标，如政府环保投入占财政支出比例、节能减排约束性指标、环境质量指标等，纳入经济社会发展评价体系，使之成为推进生态环境保护的重要导向和约束。二是健全干部考核评价机制。将体现节约环保要求的经济社会发展综合评价结果作为地方党政领导班子调整和领导干部选拔任用的重要依据，并建立严格的问责制，引导领导干部正确处理经济社会发展与保护资源、保护环境的关系。三是完善生态环境保护目标责任考核机制。将主要环境质量目标和重点生态建设任务纳入海口市机关绩效考核，做到任务量化、数据硬化、绩效生态化，落实生态环境保护责任，实行年度考核。

（二）做好城市环境总体规划

一是做好统筹规划。全面梳理和系统分析海口市环境功能区划、资源环境承载力、环境容量等问题，把环保要求纳入到城市综合发展决策中，制定海口市城市环境总体规划，并与城市社会经济发展规划、城市总体规划、城市土地利用总体规划相衔接，做到"四规合一"，进一步健全和完善城市规划体系。二是强化源头控制。统筹优化城市经济社会发展空间布局，将生态保护与优化区域空间布局相结合，划分禁止开发区域、限制开发区域、优化开发区域、重点开发区域。强化"不建设"规划，划定饮用水水源地、自然保护区等环境敏感区域的生态红线，守住生态环境底线。在限制开发区域内实施生态保护和修复工程，构建生态安全屏障。三是加强环境管理。把环境保护目标、任务放在城市长期发展的大背景下谋划和考量，按近期、中期、远期制定城市环境保护目标，并制订计划落实重点环保任务。

（三）促进经济发展方式转变

一是加强环评管理。大力推进规划环评，对全部工业园区、旅游景区、中心镇区的总体规划都要开展环境影响评价，使环评从微观项目层面向宏观战略层面延伸，促进整体产业结构的优化调整。严把项目审批关，严格产业环境准入，坚决拒批高污染、高排放项目，从源头推动产业结构升级和发展转型。二是严格环境监管。加大环境执法检查力度，大力开展各类环保专项行动，严肃处置环境污染和生态破坏事件，将环境违法行为处罚情况纳入银行征信系统，以污染整治倒逼企业治理环境污染和加快产业升级。三是推行清洁生产。大力开展重点行业企业强制性清洁生产审核，引导企业不断加快科技创新与升级，推动园区产业升级改造和生态化改造。

（四）强化重点领域污染防治

1. 城乡环保统筹方面

一是统筹城乡环保规划。将乡镇农村环境保护纳入全市环境保护总体规划中全面统筹，将生态保护、生活污水及垃圾处理等环境保护措施纳入规划，确保乡镇建设与环境保护做到"三同步"，即同步规划、同步实施、同步建设，统筹城乡环境保护协调发展。二是加强环境基础设施建设。新区建设要坚持环境基础设施适度先行，加快乡镇污水集中处理设施和污水收集管网建设，在农村地区推广人工湿地污水处理，大力推进农村环境连片整治，改善农村人居和生态环境，逐步实现城乡环保一体化。三是加大农业污染防治。合理布局和适度发展规模化畜禽养殖和水产养殖，大力发展农业循环经济，强化畜禽养殖和水产养殖污染治理。科学施用农药、化肥，合理使用农膜，加强对秸秆等农作物的综合利用，减少农业面源污染。

2. 生态建设方面

大力开展"绿化宝岛"行动，实施海防林、河流水库绿化、通道绿化、村庄绿化等绿化工程，积极构建"一江一港四网四区"绿化体系（"一江"：南渡江两岸水土保持林区；"一港"：以红树林为依托的海南东寨港国家级自然保护区；"四网"：以沿海林网、沿路林网、沿水林网、沿村林网为框架的防护林网络体系；"四区（基地）"：海口城市林业与绿地休闲宜居区、西部羊山地区植被保护与生态旅游区、南部高效林业发展示范区、东部花卉苗木与休闲旅游基地)。加大生态防护林建设,重点建设南渡江干流和主要支流两岸生态公益林及海防林,实现海防林合拢。建设以永庄、沙坡、白水塘、玉龙泉为核心的四大湿地、森林公园,形成一个由西向东的城市公园带,作为海口的生态屏障。

3. 大气环境方面

一是以新车提标和旧车淘汰为突破口,做好机动车排气污染防治。提高新车和转入车入户标准,汽油车、柴油车实行国四标准,单一燃气汽车实行国五标准,并适时调高有关标准;全面实施机动车环保合格标志管理,分阶段将高排放机动车限行范围扩大到整个城市建成区范围,全部淘汰 2005 年前注册运营的"黄标车";主城区内公交车和出租车全部使用清洁能源,更换环卫车等老旧超标特种作业车,禁止农用车进入主城区;开展汽车保有量总量研究,分步控制机动车总量,实现机动车的有序增长;优化城市交通布局,大力发展公共交通,有效治理交通拥堵。二是以建设工地文明施工纳入绩效考核为突破口,做好施工扬尘整治。将建设工地文明施工考核纳入海口市城市环境综合整治"五大工程"考核体系,开展文明工地考核,对所有建设工地实行现场标准化管理。

4. 水环境方面

一是以将饮用水水源地保护区内的土地征为国有为突破口,加大饮用水水源地保护力度。加大饮用水水源地水源保护工程建设,将城市集中式饮用水水源地保护区内的土地征为国有,在保护区内种植水源涵养林,实施围网封闭式管理。二是以水系治理为突破口,改善水环境质量。开展全市排水设施普查,对地表径流、排水设施、受纳水体等情况进行全面普查,建立排水设施地理信息系统,制定海口市排水防涝设施建设规划。实施市区入河入湖入沟排放口污水截流工程,开展雨污分流管网改造与建设,完善新建污水处理厂配套管网工程。在评估水环境综合整治工程调水效果的基础上,完善市区水体生态补水机制。

5. 垃圾处理方面

一是以推行垃圾分类为突破口,实现垃圾源头减量和资源化利用。大力推动全民参与生活垃圾分类,突出源头控制,促进人们生活方式和消费习惯的改变。调整垃圾收费政策,将垃圾处理费由定额收费转为定量收费,对分类的可回收垃圾免费,鼓励垃圾源头减量。按照"分类、减量、资源化、无害化"的思路,逐步建立起废弃物处置的循环经济体系,最大限度地实现生活垃圾源头减量和资源化利用。二是以完善农村生活垃圾终端收集设施为突破口,做好农村生活垃圾收集处置工作。统筹城乡专用服务设施建设,制定农村环境设施建设标准,建立"户分类、组保洁、村收集、镇转运、市处理"的城乡一体化生活垃圾无害化处理机制。每个建制镇至少建成 1 个垃圾转运站,每个自然村建成 1 个以上生活垃圾收集点,实现农村生活垃圾收集处置全覆盖,农村生活垃圾收集处置率达 90% 以上。

(五)加大生态环保宣传教育

一是组织环保宣教活动。充分利用新闻媒体的宣传辐射作用,开展环保政策法规、环保工作进展与成效的宣传,提高公众环境意识。深入学校、社区、企业、乡镇、农村,通过开展各种绿色创建活动,激发公众参与环境保护的热情。积极借力环保社会组织和环保志愿者,开展"全民环保行动",鼓励公众积极参与节能减排、绿色出行、垃圾分类等环保实践活动,倡导低碳环保的生活方式。二是加强新媒体宣传。积极利用网络等新媒体平台普及环保知识，引导公众客观理性地看待环境问题。加强海口环保官方微博的建设和管理，及时准确发布官方信息，便捷民众反映环境问题，加强与公众的沟通与互动，力求使公众能真正了解环保、理解环保、参与环保，成为环保事业发展的有效助力。三是做好环境信息公开。全面推进环境质量状况、建设项目环保审批、企业污染物排放和环境监管情况、企业环保核查等环境信息的主动公开，及时发布环境突发事件、环境事故应急有关信息，保障公众环境知情权。

（六）提高生态环境监管能力

强化环境保护队伍建设，提高生态环境监管能力。一是完善环境预警预报体系。深入推进环境监察、监测、信息和宣教等标准化建设，在城市新建成区、工业园区、旅游景区、农村地区规划建设 3～5 个新环境空气质量自动监测站，在全部城市集中式饮用水水源保护区建设水质自动监测站，构建先进完备的环境预警预报体系。二是建立基层生态环保协管队伍。在计划单列镇成立环保管理机构，乡镇一级设有专职或兼职的环保管理员，构建基层生态环境监管网络。三是加强生态环保人才队伍建设。积极引进生态科技方面的领军人物和专业技能型人才，做好生态建设急需人才的培养工作。

大力推行生态文明建设，
促进瑞丽国家重点开发开放试验区

云南省德宏州环境保护局　李　瑛

摘　要：本文介绍了云南瑞丽在构建生态文明，发展低碳经济方面的举措和成果。瑞丽建设开发开放试验区，实行生态经济，取得了良好的成果，但同时在排污权交易制度、生态补偿机制、环境执法和领导干部政绩考核体系等方面还存在不足。为加快试验区生态文明建设进程，试验区应紧紧抓住转变经济发展方式这个中心环节，并提出了节能减排、发展绿色经济、实施生态工程以及加大城区绿化等工作建议。

关键词：生态文明；瑞丽；生态经济；开发开放试验区

云南瑞丽开发开放试验区是党中央、国务院完善我国全方位对外开放格局重大部署，是我国面向西南开放重要桥头堡的突破口，瑞丽面对历史发展大机遇，同时又面临巨大环境压力，瑞丽工业底子薄弱，环境容量不足，使经济发展与环境质量形成突出矛盾，要求寻找长期有效发展经济模式，生态文明建设正迎合这一理念，生态文明建设尊重自然、顺应自然、保护自然，并融入政治建设、经济建设、社会建设、文化建设各方面。因此，推行瑞丽生态文明建设既可解决环境压力等问题，又能促进瑞丽国家重点开发开放试验区建设。

一、瑞丽国家重点开发开放试验区概况

瑞丽市位于我国西南边陲，与缅甸接壤，边境线长 169.8 km，国土面积 1 020 km²，总人口 18.8 万，拥有瑞丽、畹町 2 个国家级口岸和瑞丽边境经济合作区、畹町边境经济合作区、姐告边境贸易区 3 个开发区，是我国进入东南亚便捷的陆路通道和走向印度洋的战略支点。

建设瑞丽国家重点开发开放试验区，按照辐射周边、联动发展的思路，联动发展芒市遮放镇、风平镇、轩岗乡及陇川县章凤镇，构建"一核两翼"空间发展格局。规划六个功能区，包括边境经济合作区、国际物流仓储区、国际商贸旅游服务区、进出口加工产业区、特色农业示范区、生态屏障区，定位中缅边境经济贸易中心、西南开放重要国际陆港、国际文化交流窗口、沿边统筹城乡发展示范区、睦邻安邻富邻示范区。

瑞丽国家重点开发开放试验区建设启动一年来，德宏州坚持边争取政策边加快建设的原则，"摸着石头过河"，在深入调研、全面掌握情况的基础上，不断总结提出了重点发展瑞丽市国际商贸旅游和现代服务业、提升打造姐告免税购物天堂、打造芒市城镇上山亮点、

优先实施瑞丽、芒市、陇川基础设施一体化建设、加快构建试验区投融资平台、狠抓招商引资，突出实体经济项目建设等一系列符合瑞丽国家重点开发开放试验区建设实际的新思路、新举措，为试验区科学发展、和谐发展、跨越发展指明了方向，取得了积极成效。据了解，通过一年的推进，德宏州生产总值、工业总产值、固定资产投资、金融机构存贷款余额、发电量 6 项主要经济指标相继跃上"百亿"大关。2011 年，全州实现 GDP 总值 172.32 亿元，按可比价格计算比上年增长 15.5%，GDP 连续 3 年保持 15%以上增速，增速居全省前列。云南桥头堡黄金口岸效应日益显现，经济发展、社会进步、文化繁荣、民族团结、边境安宁以及生态文明建设和党的建设全面加强呈现出可喜局面。

二、推行生态文明建设及其重要作用

（一）循环高效生态经济体系

生态文明建设核心是人与自然、人与社会和谐相处，经济体系作为人类活动一种载体，密切反映人与自然之间关系。以往经济发展在很大程度上靠物质资源投入实现，但粗放型增长方式会带来能源和资源消耗过快，污染强度大，特别是随着经济增长加速和人口增长，能源与资源不足的矛盾越来越尖锐，生态环境恶化等问题日益突出。

瑞丽开发开放试验区总体规划秉承生态文明建设理念，转变发展方式及消费方式。试验区内以服务业为主，包括统筹边境六区内人与自然和谐发展、发展绿色经济，如充分发挥口岸优势、旅游优势，着力扶持边贸加工产业、物流产业、旅游文化产业等。这种规划布局从源头上解决经济发展所带来的污染问题，同时集约友好型增长模式解决人与自然争空间局面，增大环境容量，使瑞丽开发开放试验区经济循环高效增长。

（二）资源保障长效机制

1．水资源

瑞丽市水资源相对丰富，但因以往长期投入不足，水利工程建设相对滞后，且水污染现象日益明显，存在饮用水安全隐患。现试验区明确规划"一江、两湖、四库、四渠、六河"项目工程，把瑞丽打造成森林生态花果园林水城，建设人与水融合之城，此外加大城镇污水处理设施投入力度，扩建污水处理厂，新增污水管网，提高污水处理率，并加强农村地区面源污染治理，因地制宜建设简易污水处理设施，避免生活污染、畜禽粪便等污染附近水系，保障生产生活用水，活跃了试验区血液系统。

2．土地资源

瑞丽开发开放试验区，随着发展加速，人口会不断增长，人与自然争地矛盾日益突出。按规划要求，未来几年正是瑞丽试验区水利、交通等建设用地需求量大幅增长的时期，因此，提高高层建筑比重及使用率，对村镇建设实施统一规划，腾出更大的可利用空间，优化土地利用结构和布局。规划指出，积极推进低丘缓坡土地综合利用试点工作；积极引导产业园区向缓坡布局；稳步推进旧厂房、旧城镇、旧村庄及城中村的拆迁改造工作。这样既解决土地资源问题，也解决了瑞丽试验区发展瓶颈之忧。

3. 森林资源

瑞丽开发开放试验区，坚持保护优先，稳步提高森林覆盖率，推进瑞丽北部中山丘陵生态区、东部中山生态区建设。以铜壁关自然保护区、史迪威码头湿地保护区和畹町国家森林公园建设为重点，加强重点生态功能区建设和生物多样性保护。这可构建强有力的生态平衡系统，减少动植物病虫害，增加环境容量，提高水源涵养、水土保持，增加森林储碳功能。

4. 能源

瑞丽开发开放试验区以中缅油气管道建设为契机，统筹成品油和燃气能源输送骨干网络的规划建设，加快推进瑞丽城市居民、公共服务设施和商业天然气利用项目，鼓励利用天然气取代原煤、木柴、木炭等燃料。此外，瑞丽试验区借助相邻盈江县高值区充沛雨水资源，为试验区电力提供有力保障，缩减燃煤型能耗，减少由燃煤排放到大气中的氮氧化物及二氧化硫，改写以往"发展一片，乌黑一片"的历史，为试验区内人民生活提供了清新空气，给试验区经济提供活力心脏。

（三）优美和谐生态人居环境

生态文明建设核心是人与自然、人与社会和谐相处，秉承生态理念，试验区实施道路绿化、景点建设、穿衣戴帽、开墙透绿等绿化美化工程，净化城市空气。同时以"一江、两湖、四库、四渠、六河"水系和龙江引水工程为基础，将瑞丽打造成森林生态花果园林水城，建设人与水融合之城。减轻因人口密度大而引发热岛效应，以最小需求原则减少人居建设中产生的废弃物，促进城市协调发展，优美健康的人居环境。

（四）稳定可靠环境保障

1. 加强节能减排和资源集约利用

落实节能减排目标责任制，严格实施新建项目环境影响评价和审查制度，如试验区完善节能减排的激励机制，推动绿色建筑发展，培育低污染高附加值产业，大力发展旅游业、文化产业和现代服务业，推进固体废物综合利用。预防试验区经济建设过程中出现的环境问题，为试验区保驾护航。

2. 加强环境保护

根据资源环境负荷，规划引导调控产业发展及城镇空间布局。以瑞丽第二污水处理厂建设为重点，加快城镇污水处理设施及垃圾收集处理系统建设。建立健全试验区工业污染源防控体系，强化危险化学品和固体废弃物监管。完善环境管理和执法监督体系、环境预警与应急体系，提升环境管理水平，保障试验区环境质量。

三、存在的问题

1. 排污权交易制度

瑞丽开发开放试验区尚未建立排污权交易制度，而瑞丽试验区综合发展旅游文化、金融服务、物流运输等产业，产业形态主要以低耗能、低排放为主，排污权交易制度激励企业对环境保护的积极性，形成企业与环境的良性发展。同时通排污权交易制度这双无形的手抑制高耗能、高污染企业发展，使产业结构自动调整。

2. 生态补偿机制不完善

瑞丽开发开放试验区以生态立市，但因环境产权界定不清，补偿标准低且缺乏可持续性，以项目工程为主的补偿方式缺乏稳定性。因此，建议完善生态补偿机制，进一步明确实施生态环境补偿的资金来源、补偿方式、补偿标准，确定相关利益主体间的权利义务和保障措施，拓宽投融资渠道，鼓励社会资本参与生态环境建设和修复。

3. 环境执法成本高、违法成本低

排污收费标准偏低，许多企业宁愿缴纳排污费，取得合法排污权，也不愿意投资建任何处理设施，甚至部分企业建了处理设施也不运行。违法成本比环保成本低的不合理现象，使得环境执法阻力增大，污染事故屡禁不止。因此，建议修改相关法律法规，使得违法成本高于治理成本，同时，对违法超标排污行为实行按照超标的倍数加倍缴纳排污费，大幅度提高违法行为的罚款额度。

4. 领导干部政绩考核体系中生态环保指标权重低

目前，政绩考核体系中，经济发展指标所占比重过大，GDP为主导发展观仍然没有从根本上改变。为了片面追求 GDP 增长率，容易导致经济发展方式粗放，造成严重环境污染。因此，建议建立多方参与政策制定机制，严格执行生态环保"一票否决制"，组建跨学科研究队伍，并形成一个多方参与的环境与发展政策制定机制，提高决策科学性。

四、工作建议

为加快试验区生态文明建设进程，在人与自然和谐相处的前提下，应紧紧抓住转变经济发展方式这个中心环节，调整产业结构，推进科技进步，走新型工业化道路，大力弘扬人与自然和谐相处的价值观，倡导绿色生产和绿色消费的良好社会风尚，带动和实现试验区以及德宏州经济和社会跨越式发展。

1. 推动节能减排，建设生态文明

近几年，由于经济增长方式转变滞后，高耗能高污染行业增长过快，浪费资源和污染环境的势头难以控制，资源产出率和利用率不高，综合利用水平和再生资源回收利用率低。靠过度消耗资源和牺牲环境支持经济增长，难以持久。要从战略和全局的高度，全面贯彻科学发展观，落实节约资源和保护环境基本国策，以提高资源利用效率为核心，以转变增长方式、调整经济结构、加快技术进步为根本，强化全社会的节能减排意识，充分发挥市场配置资源的基础性作用，加快构建节约型的生产方式和消费模式，以能源的高效利用促进经济社会可持续发展。坚持开发与节约并举，节约优先、效率为本。坚持把节能减排作为转变经济增长方式的主攻方向，从根本上改变高耗能、高污染的粗放型经济增长方式；坚持发挥市场机制作用与实施政府调控相结合，努力营造有利于节能减排的体制环境、政策环境和市场环境，坚持源头控制与存量挖潜，依法管理与政策激励，突出重点与全面推进相结合。

2. 发展绿色经济

试验区地处云南边陲，具有得天独厚资源优势和良好基础条件，同时，试验区在水土流失治理、农田基本建设、生态产业建设等方面都取得了很好的成效，为建设绿色生态区

奠定了基础，发展绿色经济势在必行。要围绕德宏州委提出的"生态立州、产业富州"的战略目标，重点扶持发展竹子、咖啡、澳洲坚果、柠檬、油茶、核桃、番麻等"六棵树一棵草"，努力实现从生物资源优势区向绿色经济强区的跨越。加大绿色产品生产规模，采取有效措施解决原材料供应不足，生产加工企业吃不饱，开三停四，间歇生产等突出问题，使试验区绿色产品形成大产业，形成规模经济。提升绿色产品档次，不断提高绿色产品加工的深度和精度，提高工业加工附加值和产品的总价值，要以生物资源为依托，以市场为导向，以企业为主体，以项目为龙头，培育绿色产品，唱响绿色品牌，发展绿色经济，建设绿色试验区。

3. 实施生态工程

生态工程是生态文明建设的重要组成部分。结合试验区的自然、经济和社会特点，首先要加强城乡饮用水水源地保护，加强工业废水和城市污水的生态处理，抓好重点流域、区域的污染防治工作；其次要抓好退耕还林和植树造林工程，加快自然保护区的创建工程；再次要在鼓励使用可再生资源的同时，控制可再生资源的利用率不能超过其再生和自然增长的限度，提倡少用或不用不可再生资源，防止资源骤减，力争全面推进生态环境的保护和治理。

4. 加大城区植树绿化，建设绿色家园

城市绿化在未来经济发展、文化建设中的意义十分重要。提高人居环境质量，树立对外开放良好形象，促进区域经济又好又快发展，都需要在建设绿色家园上强力推进，花大力气。要加快实施城区主要道路的绿化建设，提高城区园林绿化覆盖率。

保护环境就是保护生产力，改善环境就是发展生产力，生态建设是一项系统工程，建设生态文明必须以科学发展观为指导，从思想意识上实现三大转变：必须从传统的"向自然宣战"、"征服自然"等理念，向树立"人与自然和谐相处"的理念转变；必须从粗放型的以过度消耗资源破坏环境为代价的增长模式，向增强可持续发展能力、实现经济社会又好又快发展的模式转变；必须从把增长简单地等同于发展的观念、重物轻人的发展观念，向以人的全面发展为核心的发展理念转变。试验区生态文明建设将提高试验区的综合国力和国际竞争力，使人民生活得到改善，环境更加优美，使试验区成为最适宜人类居住的康体天堂。

加强实施环境保护法是建设生态城市的重要保证

天津市蓟县环境保护局 李华玉

摘 要：贯彻实施《环境保护法》是落实科学发展观，实现经济、社会、环境协调可持续发展的重要举措，是建设生态城市的重要保证。本文介绍了天津市蓟县在贯彻实施《环境保护法》中所采取的多项措施保障生态城市建设，指出当前存在的突出问题，提出了加强六个方面的重点工作。
关键词：环境保护法；生态城市；污染总量减排

近年来，一些地区把贯彻实施《环境保护法》作为落实科学发展观，实现经济、社会、环境协调可持续发展的重要举措来抓，抓出了显著成效。现以天津市蓟县环境保护工作为例，略述加强实施《环境保护法》是建设生态城市的重要保证。

一、实施环境保护法律、法规的做法

蓟县县委、县政府始终注重环境保护促进经济工作，曾先后提出了"念山经，打旅游牌，做环境文章，构建中等旅游城市"和"构建中等规模现代化旅游城市"的工作思路，并组织实施了一系列工作。经过几年的努力，蓟县的环境建设和环境管理得到全面提升，大型工业企业和水、气污染重点区域全部得到有效治理，城乡面貌发生显著变化。截至目前，全县环保投资指数达到 3.07%，城市集中供热率达到 75%，饮用水水源水质达标率达到 100%，工业废水排放达标率达到 95%以上，建成区噪声达标区覆盖率达到 100%，大气环境质量二级和好于二级天数达到 85%以上。被评为全国首批生态示范县。贯彻实施《环境保护法》所采取的主要措施有以下几个方面：

1. 全力抓好污染减排工作

"十一五"期间，国家把主要污染物减排纳入规划目标，实行一把手负责制，各级政府层层签订目标责任书。天津市政府下达减排指标后，县政府高度重视，根据削减任务，以减排工程为依托，大幅削减污染物排放总量，为县经济发展腾出环境容量。在大气污染物削减上，对驻蓟的国华、大唐两个电厂实施了脱硫工程，解决了电力行业大气排放超标问题；责成房管部门大力实施改燃并网，取缔 68 台 10 t 以下供热锅炉，阳光小区、青山溪语等供热站全部安装高效脱硫设备，有效降低了采暖期煤烟型污染。在水污染物削减上，实施了挂月、渔阳两个酒厂以及城区污水处理厂的污水处理系统升级改造工程，工业污水得到有效处理。截至"十一五"末，二氧化硫和 COD 分别比 2005 年下降了 15%和 65%，超前完成了 10%的既定任务。

2. 积极推进老污染源的治理

本着"哪个行业问题最突出，群众反映最强烈，就先抓哪个行业"的原则，分步计划，重点实施。先后投入 6 400 多万元，对盘山啤酒厂、长城宾馆、九山顶景区、盘山景区、毛家峪长寿度假村、城区污水处理厂等单位实施了水、气污染治理项目，有效控制了污染加剧趋势。投入 70 万元进行沼气池建设或新上污水处理设施，屠宰行业污水得到有效治理。通过重点治理，全县工业污水治理达标率达到 95%以上。

3. 严格控制新污染源的产生

《环境影响评价法》和《建设项目环境保护管理条例》明确规定，凡是有可能对环境造成影响的新建、扩建、改建项目，必须严格履行环境影响评价手续，必须按照审批权限报相关环保部门审批，执行环保第一审批权。因此，蓟县委、县政府始终按照这项规定要求，坚持准入条件，把住准入关口，避免走"先污染、后治理"的老路。在招商引资和新上项目过程中，坚决把环评审批放在第一位，对未通过环评的项目，不管带来多大的经济效益，发改委不予立项、规划部门不予研究、国土部门不予批地、工商部门不予登记；对需要改进的项目，提出明确整改意见；对产业政策允许，既不会造成大的污染，又能成为蓟县经济较大增长点的项目，大开方便之门，全力支持服务。通过严格把关，近几年没有在城区周边增加一个大型的污染项目，没有在引滦二级保护区内增加一个与水源保护无关的建设项目，没有在全县范围内增加一个矿采和白灰项目，切实把住了污染的第一道关口。

4. 坚决查处各类环境违法行为

多年的实践证明，加强环境保护，必须严格执行国家环保法律和政策。只有采取过硬措施，动真格地依法治理污染，才能促进环境质量的根本好转。为此，蓟县政府一方面加强了对矿山、白灰等行业的整治力度。组织相关职能部门先后开展多次联合执法行动，全面取缔关停了 358 家石料厂、78 家白灰窑和 14 家机制砂企业，有效地遏制了生态破坏趋势。另一方面，按照国家关于"严查环境违法行为，保障群众健康"环保专项行动的有关要求，连续几年组织县监察、环保、工商、安监、供电等部门对违反《环境保护管理条例》、《天津市建设项目环境保护管理办法》以及影响景观、破坏植被、污染水体的企业进行了全面检查。对各类环境违法行为，做到该批评的批评，该处罚的处罚，该关停的关停，绝不姑息迁就，有效震慑了违法排污企业。

5. 深入推进引滦水源保护工作

蓟县是天津市的饮水基地，县政府始终把保障引滦输水安全作为工作的重中之重，常抓不懈。一是加大对引滦沿线的环境执法力度。《天津市引滦水源保护区污染防治管理规定》明确指出，严禁在警戒区和一级保护区范围内建设与水利设施和保护水源无关的项目。为此，针对水库周边兴起的渔家餐馆，县政府责成有关部门进行全面调查摸底，强制拆除了水库南北两岸警戒区、一级保护区范围内的棚亭餐馆、简易棚亭，水库周边非法餐馆的发展势头得到有效遏制。二是逐年增加监测频次和监测点位监督水质状态。通过加密监测点位、监测频次，深入查找水质富营养化成因，为上级部门和领导决策提供了坚实依据。三是推进中美政府引滦水质治理合作平台项目。积极与有关部门协调沟通，争取 100 万元专项资金用于沼气池建设，很大程度上减少了农村畜禽粪便的污染。四是做好库区移民工作。为切实保护好这个"大水缸"，蓟县政府结合新城建设进一步落实桥水库周边的移民规划，对库区周边 10 多万人行进行有序搬迁。

6．大力加强环保基础设施建设

投资 9 600 余万元建成了日处理能力 3 万 t 的城区污水处理厂；投资 600 万元在县开发区建成了日处理能力 0.5 万 t 的污水处理厂。两个污水处理厂的建成，有效解决了城区生活污水和开发区工业废水出路问题。投资 2 200 万元建成了日处理能力 200 t 的垃圾处理场，确保了城区生活垃圾的无害化处理。积极推进天然气输气工程建设，城区压缩天然气管道入户率达到 40% 以上。投资 1.67 亿元建成了滨河供热中心供热站，砍掉 80 多台小型燃煤锅炉，解决了每个居民小区都点火、都冒烟的问题，集中供热比率大幅度提升。几年来，全县累计投入环保资金 20 多亿元，实现了产业水平的整体升级，从根本上解决经济发展与资源环境的矛盾问题。

7．切实加强环境管理能力建设

实践经验表明，要想干好环保工作，就必须加强环保基础能力建设，必须打造一支政治过硬、业务精良、懂执法、会执法、敢碰硬、会碰硬的环保干部队伍，从根本上提高贯彻执行《环境保护法》的能力和水平。这几年，累计投资 1 000 多万元专项资金用于环保能力建设。装备了必要的办公设备和实验仪器，实现了空气质量监测数据自动传输、主要污染源治理设施在线监控；健全了环境执法网络，在中心乡镇设立了 10 个基层环保所；加强了环保局内部建设，内设科室由原来的 8 个增至 19 个，环保执法队伍也由原来的百余人发展壮大到 134 人。与此同时，积极开展环境监察、监测人员的岗位练兵、技能培训和组织开展听证会进行实战演练，全面提高环保队伍整体素质。

8．努力提高全民环保意识

县政府始终把提高全民环保意识作为贯彻实施《环境保护法》的重要一环，努力为和谐社会建设营造良好的舆论氛围。经常向县委、县人大、县政协有关领导反映蓟县的环境状况，报送环境信息、订送环境报，为领导科学决策提供可靠依据。利用电视、广播、报刊、宣传灯箱等媒介，将环保有关法律知识以及环保正反典型事例见诸银屏报端，让人民群众充分了解环保法律、掌握政策、约束行为。在每年的"六·五"世界环境日、科技周、法制宣传日等特别节日期间深入乡镇集贸市场等人员集中区域，向广大人民群众深入宣传环境保护法律、法规和有关文件精神。通过以会代训的形式，对各乡镇及部分企业的主管领导和工作人员进行环保法律知识培训，每年举办各类型的培训班 5 次以上，累计培训企业人员 1 000 余人次。通过多形式、多渠道、多层次的宣传，逐步形成了全社会积极参与环境保护的新格局，为下一步推进环保工作奠定了坚实基础。

二、当前存在的突出问题

尽管蓟县在贯彻实施《环境保护法》工作上下了很大力气，取得了很多成绩。但经过客观分析，目前的环境状况与群众的期望相比，与构建现代化旅游城市所应该具备的水平相比，还有一定的差距。主要表现在：

1．城市环保基础设施建设滞后

城区污水处理厂虽然建成，但老城区污水管网建设不完善，无法做到雨污分流，城区生活污水得不到全面处理，影响了城区整体环境。

2．采暖期城区大气环境不容乐观

老城区为城中村，城区"三关四隅"近 50 个村的 11 000 余户农户取暖方式仍旧采用传统的土暖气，所产生的煤烟全部低空扩散，对城区大气质量产生较大影响。

3．环保执法缺乏过硬的强制手段

由于法律本身的问题，对有些妨碍全县整体发展的污染企业，没有足够的法律依据促使其关闭，影响到发展的进程。

4．环保自身能力建设有待进一步提高

由于资金投入不足，环境监察、监测能力建设水平和环境监管手段滞后，一些大型应急事件的处理需邀请上级环保部门协助完成。

三、下阶段要抓的重点工作

当前，经济实现加快赶超跨越的攻坚时期，伴随的环境问题将会凸显，加强环境保护，促进经济、社会、环境可持续发展也就显得尤为重要。特别是党的十八大提出了建设生态文明的要求。因此，进一步推进生态建设需不断加大贯彻实施《环境保护法》力度，我认为要从以下六个方面抓出成效：

1．主要污染物总量减排

"十二五"期间，国家把氨氮和氮氧化物两项污染减排指标列入新增削减内容，各区县政府的减排任务会更重。为此，要继续挖掘减排潜力、落实减排项目、明确减排责任，盯住新项目按计划实施，确保减排指标落到实处。

2．涉及民生的环保问题

加强对城区和开发区污水处理厂、垃圾处理场以及城区各大供热站等大型公共污染防治设施的监管，确保实现设备正常运转，稳定达标排放；深化工业企业的污染治理，提高环保设备运转率，提升企业环保效能；扩大行业专项治理成果，深入开展行业目标管理，严格制定整改标准，确保抓出成效。

3．生态县创建工作

按照各地区生态城市建设的具体要求，加快实施生态市建设行动计划。开展保护区基础状况调查，实施国家级自然保护区规范化建设；推动重点企业实现清洁生产和降耗减污，引导企业向绿色经济、低碳经济、循环经济方向过渡。

4．饮用水水源污染防治

突出抓好水源保护工程；推动完成农村垃圾收集处理和沼气池建设工程；推动各地区工业园区污水集中收集处理和中水回用工程建设，减少排放负荷。

5．环境综合整治

持续加大环境执法力度，集中精力解决群众最关心、最直接、最现实的环境问题；继续加大对生态环境的执法检查力度，遏制乱开滥采等破坏生态环境的违法行为，促进生态建设的良性循环和可持续发展。

6．基层环保能力建设

继续加大投入，进一步完善蓟县的环境监察、监测管理手段，提高基层环保队伍的整体素质和快速反应能力。

大力推进生态文明建设，
促进陇南经济社会全面发展

甘肃省陇南市环境保护局　唐永生

摘　要： 陇南市是一个经济社会欠发达的地区。已累计得到中央专项资金近 2 亿元用于重金属污染防治。林木绿化率由 1998 年的 38.9%上升到 55.41%，生态环境明显改善。近三年整合专项资金 20.3 亿元，实施防灾减灾项目 461 个，在 2012 年被国家列为西部地区生态文明示范工程试点市。在十八大生态文明建设精神指引下，调整发展思路，提出了"生态立市、绿色富市"的发展战略。
关键词： 陇南；生态文明建设；示范城市

陇南市位于甘肃南部，东邻陕西，南接四川，是甘肃省唯一的长江流域地区。总面积 2.79 万 km²，全市辖武都、文县、康县、宕昌、成县、徽县、西和、礼县、两当一区八县，总人口约 280 万，其中农业人口 246 万。

陇南自然条件严酷，经济总量小，贫困面大，发展基础薄弱，社会发育不足，是一个经济社会欠发达的地区。长期以来，历届党委、政府领导班子都把发展作为第一要务，精心谋划、立足陇南实际千方百计抓项目建设，经过不懈努力，使全市经济迅速发展，经济总量不断提升。尤其是党的十七大把建设生态文明列为全面建设小康社会目标之一、党的十八大又进一步作出大力推进生态文明建设战略决策，陇南市及时调整发展思路，依托雨量充沛、光照充足，森林覆盖率高，以及丰富的生物、矿产、水力、旅游等自然资源，提出"生态立市、绿色富市"发展战略，加强环境保护，强化长江上游西北连接西南的生态屏障功能，培育与生态文明相适应的产业体系，打造出拉动发展的"绿色引擎"，2012 年年初，被国家列为西部地区生态文明示范工程试点市。

一、取得的成效

1. 重金属污染防治进展顺利

陇南成县、西和县、徽县境内的铅锌矿产比较丰富，近 20 多年来的铅锌矿产开采、加工以及工业化进程中累积形成的重金属污染，对区域环境造成污染危害。为此，三县被国家环保部列为重金属重点防控区，西和县被列为重金属治理示范县。为了有效遏制重金属污染问题，陇南加快淘汰落后产能、调整产业结构、严格环境管理、强化执法监督，一定程度上改善了局部环境。

一是积极开展重金属污染综合治理。按照国家《重金属综合污染防治"十二五"规划》，组织编制了《陇南市（成县、西和县、徽县）重金属污染综合治理实施方案》，并通过环保部和甘肃省环保厅的审查批准。累计得到中央财政重金属污染综合治理专项资金近2亿元，目前部分项目已完成，未完成项目进展顺利。

二是加强了铅锌选矿、冶炼等涉重金属企业的监督管理。对部分环保设施运行不正常、违反"三同时"涉重金属企业违法行为予以处罚；对未批先建的涉重金属企业责令停止建设、补办环评手续。严格按照国家有关要求，加强对涉重金属企业的监督管理。

三是严把涉重金属污染行业项目准入关。高度重视建设项目环境管理，做到凡不符合国家产业政策和产能要求的新、改、扩建项目一律不上；凡是产能过剩、高污染、高耗能的项目一律不上；在重金属重点防控区（成县、西和县、徽县）新建涉重金属项目一律不上。通过"以大带小"、"以新带老"的方式，重金属重点防控区（成县、西和县、徽县）实现了重金属污染物新增排放量零增长。

四是加大淘汰落后产能力度。一次性关闭了全市万吨以下铅锌冶炼企业7家，对一些较小的铅锌选矿企业进行了重组和整合，有效遏制了重金属污染。"十二五"期间，陇南将逐步淘汰一批生产能力小、不能稳定达标排放等不符合产能要求的铅锌选矿企业，对淘汰企业遗留废渣、周边土壤及生态环境进行综合治理，从而减少重金属污染物的产生。

2. 污染物减排政策措施全面落实

陇南成立了以市政府主要领导为组长的节能减排领导小组，定期研究污染减排工作中存在的困难和问题，统筹指导全市的污染物减排工作。"十一五"期间，陇南市累计削减二氧化硫205 t，化学需氧量3 174 t，实现了二氧化硫和化学需氧量控制在省政府要求的总体目标，全面完成了主要污染物减排任务。

一是着力强化结构减排。针对主要污染物二氧化硫减排空间较小、减排压力大的实际，先后强行关闭了7家铅锌冶炼企业、3家硅铁冶炼企业、2家小水泥厂、6家机砖厂。为完成化学需氧量的减排任务，关闭了1家造纸厂。

二是大力推进工程减排。针对部分企业环保设施陈旧、排污不规范的情况，先后责令甘肃金徽酒业有限公司等2家企业建成和完善了环保设施。升级改造了2家生活污水处理厂。

三是狠抓管理减排。以国控重点污染源的规范管理为切入点，配套了重点污染源的在线监测系统，规范了排污口。监督企业稳定达标排放，杜绝了偷排现象发生。认真做好了减排统计工作，规范了减排台账管理，提高了数据质量。积极推行清洁生产，鼓励企业通过清洁生产减少污染排放。

3. 生态环境明显改善

目前全市森林面积达到1 651万亩，人工造林保存面积达到720多万亩，森林覆盖率达到39.53%，林木绿化率由1998年的38.9%上升到目前的55.41%。通过实施林业重点工程，水土流失状况得到了有效遏制，整体生态状况得到明显改善，为陇南人居环境和社会经济可持续发展奠定了良好的基础。

4. 重点工程稳步推进

一是退耕还林成效显著。全市累计完成退耕还林工程352.85万亩，覆盖了全市195个乡镇、26.8万农户、112.9万农村人口，有效增加了农民收入，促进了农村产业结构的调整，带动了经济、社会和生态效益协调发展。

二是天然林保护规范有序。每年落实天然林管护面积 1 013.7 万亩，初步实现天然林区森林资源的良性循环。

三是长防林工程效益巨大。一期工程建设完成造林任务 501 万亩，初步形成了以"五山二梁"为骨架的生态综合治理防护林带，构成了陇南市生态建设人工林防护体系的主架工程。

四是绿色长廊建设效果明显。启动实施了以国道、省道干线公路为骨架，连接九县区城，辐射公路两侧面山、沟梁的六条"绿色长廊"大示范区建设，共绿化公路 2 120 km，形成了新的绿色通道亮点。

五是自然保护区建设初具规模。全市先后建立了甘肃白水江、小陇山国家级自然保护区，文县尖山、武都裕河、两当灵官峡、黑河、礼县香山、成县鸡峰山等 6 个省级自然保护区，以及康县龙神沟县级自然保护区，初步形成了生物多样性保护体系。

5. 特色产业快速发展

按照市委、市政府提出的"生态立市、绿色富市"的发展战略和"尊重规律、扩大规模、强化科技、健全市场、壮大龙头、打造品牌、提质增效"的总体要求以及"把核桃、花椒产业做到全国最大，把油橄榄产业做到全国最强"战略目标，以产业的提质增效为核心，大力落实各项措施，不断提高产业的规模、质量和效益，核桃、花椒、油橄榄累计面积达到 536.92 万亩，产量达到 10.3 万 t，实现产值 29 亿元，经济林特色产业建设成为带动全市经济社会发展、促进农民群众增收致富的支柱产业。

6. 农村面貌焕然一新

为彰显山水特色，根据陇南市各县区川坝河谷、浅山丘陵等不同的条件，在村庄规划和民房设计上，聘请有资质的专业设计单位，实行一村一策、一户一策，充分尊重群众意愿和民俗习惯，把每一个村作为景区来设计，把每一户人家作为景点来改造，注重保护历史文脉和自然生态景观，合理设计房屋结构布局和外观风格。同时，把农村环境综合整治与新农村建设、生态旅游开发、文明长廊建设、特色产业开发等结合起来，大力实施乡村绿化、房屋亮化、道路硬化、环境美化工程。为解决山区群众行路、饮水、用电等现实问题，市里集中实施了"四通"（通水、通电、通路、通广播电视）工程。每个新村庄都配套了文化广场、医疗卫生室、村级党员活动室、农家书屋、农家超市等。

7. 绿色产业健康发展

陇南把环保、绿色等生态指标作为招商引资的重要条件，全市工业、旅游业走上生态、绿色的发展新模式，大力发展水电、中药、旅游等无污染产业。目前已建成各种规模水电站 142 座，总装机 72.4 万 kW，2011 年发电量 36.9 亿 kW·h，实现利润 2.76 亿元，水电站数量、发电量、上缴利税在全省居首位；独一味制药、御泽春茶业、华龙核桃、鑫虹丝绸等一批企业已形成绿色产品加工产业群，并成为当地财政收入的支柱；依托丰富的生态资源，打造了宕昌官鹅沟、康县阳坝、成县西峡等以自然风光为品牌的 4A 景区 4 个。2010年被评为"中国最佳生态旅游城市"。2011 年接待游客 390 万人次，实现旅游综合收入 17.2 亿元。

8. 防灾减灾能力加强

近 3 年来，陇南市把构筑生态安全屏障、加强生态灾害治理作为关乎民生的大事来抓，整合国土、民政、水利等部门防灾减灾专项资金 20.3 亿元，实施滑坡、泥石流治理、水土保持、防洪河堤等防灾减灾项目 461 个。专门成立了科技攻关小组，自主研发了走在全省甚至全国前列的自然灾害监测预警指挥系统，实现了气象、水利、国土、水文、环保等部门的自动气象站、雨量、水位、河流流量、环境监测自动监测站等 738 种自动监测站的资料共享，监测站覆盖了全市自然灾害重点区域和点。通过政府主导、部门联动、信息共享，在防御自然灾害上起到了"1+1>2"的效果，大大提高了防灾时效和政府公共服务能力。

二、存在的问题

虽然陇南在生态文明建设和环境保护方面做了大量工作，但由于陇南经济欠发达，环保投入不足，环保基础设施建设滞后，人们的生态观念、环境保护意识、可持续发展理念总体上不强，生态文化、生态教育发展较为落后，不能适应建设生态文明的需要。长期以来遗留的问题还很多，欠账很大，归纳起来主要有以下几个方面：

1. 重金属污染防治任务较重

重金属综合整治任务巨大。陇南市 20 多年累积形成的重金属污染隐患突出，过去粗放式的开采，造成的环境污染比较严重，需要开展综合性治理的区域面积较大，尤其是已关闭的小铅锌选矿企业部分没有责任主体，尾矿无序乱堆滥放，重金属历史遗留污染问题突出，潜在的环境风险较高，要彻底解决遗留问题需要大量资金投入。

2. 主要污染物减排形势严峻

由于陇南市工业结构单一，因而国家确定的四项主要减排指标工业上贡献不大，通过对水泥厂进行脱硝改造、机动车尾气治理和黄标车的逐步淘汰、冶炼企业深度脱硫等措施，可以完成氮氧化物和二氧化硫的减排任务。而化学耗氧量主要来源于城市生活污水，氨氮主要来源于生活污水和畜禽养殖，要确保任务的完成，唯一的手段就是依靠城市生活污水处理厂和畜禽养殖业的治理。而陇南市八县一区目前建成运行的污水处理厂仅两家，其他七县均正处于建设阶段，而畜禽养殖业由于受市场、规模、资金、技术等因素制约，全面治理难度极大，从而使化学耗氧量和氨氮减排面临极大的挑战。特别是污水处理厂，作为城市环保基础设施项目建设滞后，直接影响着减排任务的完成，影响着城镇生活环境质量的改善和城市品位的提升。

3. 农村环境形势依然严峻

随着农村"三农"问题扶持力度的加大，农民生活水平不断得到改善，但由于长期积累的问题一时得不到彻底解决，诸如村镇规划、垃圾处理、排水等问题，使农村垃圾随处乱倒、污水横流，白色污染遍及农村，化学型的种植业及畜禽养殖污染，造成农业面源污染加剧，部分乡村生产、生活垃圾围村现象比较突出，"脏、乱、差"问题已成为影响新农村形象和群众生活质量的首要问题。

4. 项目建设缺乏对生态环境的保护

矿产资源、水电项目开发、公路建设过程中大量的废石弃渣随意乱堆滥倒，破坏植被、淤积河道，影响行洪造成新的水土流失和地质灾害隐患。特别是小水电项目过多过于集中，大多数小水电为引水式开发，在建成运行后不考虑生态用水和下泄生态流量，导致坝下出现脱、减水河段，造成河床裸露、部分河道干涸，阻断洄游性水生动物通道，使水生生物物种、珍稀濒危物种及土著特有物种快速消亡，山区河流水生生态系统受到毁灭性破坏。

黄金小堆浸项目屡禁不止，部分区域偷采偷堆，砍伐林木，废渣乱堆滥倒，生态环境遭到严重破坏，存在极大的环境安全和地质灾害隐患。

5. 森林资源分布不均生态功能弱化

个别地质脆弱区域生态治理问题仍没有得到根本解决，"整体好转，局部恶化"，与生态文明建设的要求相比还有很大差距。一是森林资源分布不均。森林主要集中在中南部、中东部地区，西部、南部天然林较多，中部、东部次生林较多，中北部人工林较多；白龙江、白水江、西汉水流域河谷森林植被少。森林的整体生态防护作用弱，造成局部地质灾害频发。二是森林资源结构不合理。天然林、次生林比重大，人工林比重小。造林选择当地乡土树种少，引进外来树种多。中幼林面积大，成熟林面积小。三是林地生产力低。陇南市每公顷林木蓄积只有 68.5 m³，低于全国的 85 m³，是世界平均蓄积的 61.2%。

6. 基层队伍建设满足不了形势发展的需要

陇南市环保局仅有行政编制 12 人，包括事业编制加工勤人员不足 20 人，监测站 24 人，监察支队 17 人（含监控中心），承担着全市 2.79 万 km² 的环境保护工作任务，这样的人员数量远远满足不了日益繁重的环保工作需要，监测执法队伍人员数量、结构等更是与环保部标准化建设的要求相差甚远，严重制约着环保工作的全面开展。

三、努力的方向

环境问题是在经济社会发展过程中产生的，所以，环境问题的解决也同样要靠经济发展、社会进步和全社会的共同努力。今后一段时间，陇南市工作的重点一是进一步加强重金属污染治理，严格按照甘肃省《重金属污染综合防治"十二五"规划》要求，认真编制治理方案，积极争取国家和省级重金属项目资金支持，抓紧实施项目建设，最大限度地消除重金属污染隐患，确保在"十二五"末使重点区域重金属污染物排放量在 2007 年的基础上削减 15%、非重点区域维持在 2007 年水平目标的实现。二是继续抓好主要污染物减排，要积极争取城市环保基础设施项目，严格环境管理、产业结构调整、工程项目建设三大措施，确保主要污染物控制在国家下达的总量指标范围内。三是和相关部门紧密联系，积极开展农村环境保护工作，紧紧抓住农村环境综合整治和新农村建设的大好机遇，积极争取项目、筹集资金，切实解决农村突出的环境问题。四是加强环境执法，和有关部门联合行动，形成执法合力，严厉打击一切破坏生态环境的违法活动。五是积极争取构建陇南国家重点生态功能区。对全市天然原始林区和次生林区，突出以天然林保护、生态公益林建设、自然保护区建设、长防林建设为主，通过采取森林和野生动植物资源的保护措施，加快建设自然保护区、湿地公园、森林公园，加大林业基础设施建设力度，大力营造生态防护林，实行封山育林，加强林地管护、森林防火和病虫害能力建设，建立森林资源监测体系，使现有森林资源得到休养生息和生态环境得到有效恢复，巩固提高国土生态安全体系建设主体，构建长江上游生态安全屏障。六是进一步加强能力建设，向当地党委政府多汇报，和相关部门多沟通，力争取得各方面的支持。

四、建议

面对越来越繁重的环境保护工作，作为经济欠发达地区，"缺人"、"缺经费"是我们面临的最大困难。虽然环保部在监测执法能力建设上有很具体的标准，但因为只是行业要求，因此地方人事编制、财政部门难以认可，建议环保部在国家层面能够协调与推进。

以十八大精神为指导做好生态文明建设

河南省鹤壁市环境保护局　刘宏麒

摘　要：鹤壁市是典型的资源型城市，通过大力发展循环经济，形成了循环煤炭产业链，农业废弃物综合利用率达 92%，城市建筑节能实施率保持 100%。近年来，鹤壁市单位 GDP 能耗下降幅度连续两年在 5% 左右，获得中国人居环境范例奖，城区空气质量优良天数常年保持在 330 天以上。

关键词：鹤壁市；循环经济；人居环境范例

党的十八大报告中提出"建设生态文明是关系人民福祉、关乎民族未来的长远大计"，一语道破了生态文明的重要意义，同时又道破了生态文明建设的长期性和艰巨性。生态文明建设既属于物质文明的范畴，又属于精神文明的范畴。首先要树立尊重自然、顺应自然、保护自然的生态文明理念，又要把它作为一项重大工程融入经济、政治、文化、社会建设的方方面面，建设美丽中国，实现我们中华民族永续发展。生态文明的概念开始就是我们环保部门提出的，现已上升为国家战略，我们环保部门理应成为主力军、排头兵。

一、适应新形势，树牢发展第一要义观

科学发展观的第一要义是发展，我国当前的主要矛盾仍然是人民日益增长的物质文化需求同落后的社会生产之间的矛盾。生态是一个相对狭义的概念，但生态文明是个广义的概念。生态文明是在小康基础上的文明，如果单一站在环保角度强调狭义上的生态环境，而不强调发展，这不是十八大报告提的生态文明，因此环保部门在大力推进生态文明建设方面首要的任务应该是助力发展，为经济社会发展扫除生态环境障碍。

在如何助力发展方面，十八大报告从战略高度提出四大具体措施，这四大措施中有许多内容看似与我们环境保护无关，实际全部相关：如全面促进资源节约，第一句话就讲"节约资源是保护生态环境的根本之策"。从现实情况看，节能由发改部门负责，节地由国土部门负责，节水由水利部门负责，而真正能够实现从生产全过程节约资源，只有我们环保部门能承担起这一责任。

党的十八大报告赋予我们环保部门许多新的责任和任务，要求我们要站得高，看得远，要从大局着眼推进工作，适应环保工作外延扩大、内涵增多的新形势。同时十八大唱响了反腐倡廉最强音，我们要紧跟改革步伐，及时清除阻碍经济发展、不适应现代环境管理的体制和机制，打破陈规陋习，不断创新，为经济社会快速发展，生态文明建设保驾护航。

二、以环境保护优化经济增长，促进经济社会转型发展

当前环境保护形势依然严峻，经济社会的发展正面临转方式、调结构的转变，新兴产业尤其是环保新型产业的创新发展亟待加强。中央把环保工作作为经济发展的调节阀，调整产业机构怎么调，基层环保部门应该怎么办？

1. 努力实现发展、转型和环保相互协调、相互促进

首先在改造升级传统产业、发展高技术产业和先进制造业的同时，应加大政府环保投入、推进环保科技攻关、实施重点生态环保工程，注重发挥市场机制的力量，大力发展节能环保技术装备、服务管理、工程设计、施工运营等产业，增强保护与改善环境的能力；其次在促进区域协调发展、优化经济布局时，要严格环境准入标准，根据主体功能区规划，实行分类指导、差别化的经济政策。完善相关激励和约束政策，使企业能够在节能环保中增效益、有动力，实现经济效益和社会效益、环境效益的多赢。同时，尽早制定有关循环经济的法律法规及配套措施，努力提高管理水平，在社会上大力营造增效节约、保护环境的良好氛围，加大力度遏制生态环境恶化，树立长期的可持续发展观念，从而促进整个社会健康、和谐地发展。

2. 算好"经济账"更要算好"环境账"

改革开放以来，我国的经济发展很迅速，取得了举世瞩目的成绩，但我们的 GDP 增长却是以对环境的损耗和对资源的消耗为代价的，这么多年下来，已经欠下了不少生态账、环境账，再加上我国的人口基数大、人均资源少等客观条件的限制，当前的环境形势已是相当严峻。因此，各级政府党政领导心里时刻要有笔"环境账"，努力改变片面追求 GDP 而不顾经济发展质量的政绩观，切实推进绿色 GDP 核算标准体系，改变评价体制，争取将其纳入政绩考核。

3. 经济发展决策问题的参与

当前我国的环境保护工作面临的形势仍十分严峻，污染减排的任务也还比较重，需要不断加大对环境保护工作的政策支持力度。这就要求环境保护部门应当积极有效地参与综合决策，逐步加快决策建议处理由微观向既微观又宏观的转变，在今后的决策过程中要听到更多的环保声音，这样才能更直接参与综合决策，对重大战略决策，才会有更强的影响力和干预力。也只有这样才能更好地根据环境容量、资源禀赋和污染物总量控制计划来制定各种发展规划、开发计划。

三、持续改善环境质量，推进生态文明建设

今年以来，全国大范围雾霾天气再一次把大气污染问题推到了公众舆论顶端。保护环境是我国的基本国策，防治环境污染涉及人民群众的切身利益，让人民群众喝上干净的水、呼吸清新的空气是党和政府的庄严承诺，而环境质量是环境保护工作最直接的表现，"美丽中国"的实现，环境质量的改善应该首当其冲。

1. 强化大气污染防治

雾霾天气的出现表面上看有不利气候条件这一外部因素的影响，但归根结底是由于我

们长期以来旧的生产和生活方式，大气污染排放总量远远超过环境容量的必然结果。这就要求我们需要进一步加强对高耗能、高排放、重污染企业的严格控制，对产能过剩、能源消耗过大和以煤为主能源结构的持续转变。同时，机动车污染防治滞后，建筑工地扬尘等环境问题，也导致了大气污染问题凸显。解决当前大气污染问题，一要进一步完善和强化现有监测体系，为治理大气污染提供科学的依据；二要对火电、钢铁、石化、水泥等重点行业严格污染治理，推进清洁生产，严格控制排放量；三要加快机动车污染防治进度，适当控制机动车增长速度，加快执行较高机动车排放标准；四要加强区域联防联控，完善监测信息共享和预警应急机制。

2. 坚持饮用水水源地的保护不放松

饮水安全是重要的民生问题，保障饮用水安全，关键在于饮用水水源地的保护。这就要求我们要科学合理划定饮用水水源地保护区，依法严肃清除保护区内的污染企业，严格控制饮用水水源地防护区内新建项目，禁止一切从事污染水源的建设行为，建立完善饮用水水源污染预应急保障体系。同时要加大宣传和监督力度，充分利用电视、广播、报纸、互联网等新闻媒体，向社会公众大力宣传饮用水水源地保护工作的意义，提高公众的饮用水水源保护意识。

3. 迅速开展地下水保护工作

地表以下地层复杂，地下水流动极其缓慢，因此地下水污染具有过程缓慢、不易发现和难以治理的特点。地下水一旦受到污染，即使彻底消除其污染源，也需十几年、甚至几十年才能使水质复原，因此地下水保护要以预防为主。首先，我国目前颁布实施的法律法规，仅有少部分条款涉及地下水保护与污染防治，缺乏系统完整的地下水保护与污染防治法律法规及标准规范体系，难以明确具体法律责任，应尽快制定完善专项制度，落实责任，强化监管；其次，要加快完成综合性危险废物处置中心建设，加强危险废物堆放场地治理，开展危险废物污染场地地下水污染调查评估，防止对地下水的污染。再次，要严格控制地下水饮用水水源补给区农业面源污染，通过工程技术、生态补偿等综合措施，在水源补给区内科学合理使用化肥和农药，积极发展生态及有机农业；最后，要开展典型地下水污染场地修复工作，在地下水污染问题突出的工业危险废物堆存、垃圾填埋、矿山开采、石油化工行业生产等区域，筛选典型污染场地，逐步开展地下水污染修复工作。

四、加强农村环境保护

随着我国经济社会的发展，农村环境问题逐步积累并日益突出，一些因环境恶化诱发的恶果开始陆续显现。农村环境长期处在一种保护的盲区当中，无论是从关注度还是具体经济投入量上都要远远低于城市。特别是一些地方秉承"靠山吃山，靠水吃水"的传统观念，沾沾自喜于"得天独厚"的资源优势，选择了"杀鸡取卵、竭泽而渔"的掠夺型开发的经济发展模式，置环保于不顾。解决农村的环保问题，面临着公众守法意识较差、农村环保执法不力及农村环境治理制度安排不足等一系列问题，在很大程度上，需要加大法治力度，依法治理农村环境法治工作，因此，农村环境治理必定是一个长期的过程。

自 2008 年国家实行"以奖促治"、"以奖代补"的农村环保政策以来，中央财政累计安排农村环保专项资金达到了 135 亿元，支持 2.6 万个建制村开展农村环境综合整治和生态示范建设，一大批农村突出环境问题得到有效的解决，5 700 多万农村人口直接受益。农村环境保护重点要做好几个方面的工作：一是大力推进农村集中连片整治，通过深入实施"以奖促治"、"以奖代补"的政策，全力保障农村饮用水安全，加快治理农村生活污水、生活垃圾等突出环境问题。二是进一步完善工作机制，把国家确定的目标任务落到实处，开展农村环境综合整治目标的责任考核，落实地方政府农村环境保护责任。

五、大力发展循环经济

循环经济思想是为解决经济发展与资源短缺、环境污染之间矛盾而探索出来的对资源和废弃物循环利用和处理的一种方式。循环经济发展与生态文明建设是内在统一的，随着我国工业化不断推进、城市化步伐加快、资源需求持续增加、资源供需矛盾和环境压力进一步扩大。循环经济与生态文明理念都是都致力于缓解和消除经济快速发展阶段所带来的资源环境与发展之间的尖锐冲突，区别在于生态文明是在较宏观的层次上提出的总体解决方案，而循环经济则专注于具体的经济发展模式问题。

鹤壁市是典型的资源型城市，灰蒙蒙的天，灰黑的煤矸石山，落满煤灰的道路，这是早些年鹤壁市给人们留下的印象。如今，鹤壁市城区空气质量优良天数常年保持在 330 天以上，居于全省前列，市区内绿树成荫，一派园林景色。近年来，鹤壁市单位 GDP 能耗下降幅度连续两年在 5%左右，名列全省第一，并喜获中国人居环境范例奖。这一切成就的取得跟鹤壁市大力发展循环经济是分不开的。一大批循环经济重点项目的竣工投产，取得了很好的经济效益和社会效益，有力促进了经济社会发展。主要采取的做法有：

1. "吃干榨净"

循环产业链基本形成。在鹤壁市最大的循环经济企业——鹤煤集团，煤矸石变成了节能砖，矿井开采废水通过循环利用变成了生产补充水，电厂产生的废水通过处理系统用于输煤皮带、煤场喷洒等，每年减少废水排放量 20 万 t，水泥生产、煤矸石制砖过程中产生的余热通过转换，变成了办公楼、宿舍楼和服务中心的暖气。同力水泥公司利用电厂粉煤灰、废渣作为新型干法水泥的掺和料，年消耗粉煤灰和废渣 50 万 t，利用水泥煅烧过程中的余热，建成了 2 台 0.9 万 kW 发电厂，可满足自身用电量的 40%左右，年节约标准煤 5.6 万 t。

2. "变废为宝"

农业废弃物综合利用率达 92%。近年来，鹤壁市依靠龙头企业的带动，通过培育和完善农业产业循环链，构建了以农畜废弃物综合利用为主要特征的农畜产品深加工循环经济产业体系，建设了利用动物羽毛、内脏、血水、骨头等废弃物生产蛋白酶解生物饲料、血源性生物活性蛋白、骨素等项目，全市规模化畜禽养殖企业基本完成"无害化和资源化利用"工程，围绕种植业废弃物利用，建设了年消耗 20 余万 t 农作物秸秆的生物发电厂，并以泰新秸秆科技、恒隆态等企业为重点，利用玉米秸秆分别提取低聚木糖，开发环保型造纸原料、新型有机肥。2011 年，全市农业废弃物综合利用率达 92%。

3. "穿衣戴帽"

城市建筑节能实施率保持 100%。近年来，鹤壁市着力构建循环型城市体系，大力推广新型墙体材料和地热、太阳能等可再生能源在建筑工程中的应用，使市区新建建筑节能实施率保持 100%。目前，全市已实施可再生能源建筑应用项目 35 个，示范面积 173 万 m^2，太阳能光热建筑应用率达 70%。环保基础设施建设不断加大，其中，淇滨污水处理厂中水回用工程已经建成，污水从这里回收利用后，可作为工业用水、景观用水。同时，还不断推进再生资源回收利用体系建设，积极探索城市生活垃圾、建筑垃圾、餐厨垃圾资源化利用。

政府推动，部门联动，全民行动

——扬州市创建国家生态市的实践探讨

江苏省扬州市环境保护局　金秋芬

摘　要：环境保护是生态文明建设的主战场、主阵地，创建生态市是推进环保工作的主抓手。为大力推进生态文明建设，扬州市积极探索创建国家生态市，充分发挥政府主导作用，主动联合其他职能部门，凝聚社会各界力量，打造政府推动、部门联动以及全民行动的生态市创建新格局。
关键词：政府推动；部门联动；全民行动；生态市创建

扬州是国务院首批公布的 24 座历史文化名城之一，迄今已有近 2 500 年的建城史。地处江苏中部，南濒长江、北接淮水、中贯京杭大运河，特定的区位优势孕育了扬州"人文、生态、精致、宜居"的鲜明城市特色。"烟花三月下扬州"、"绿杨城郭是扬州"等脍炙人口的诗句，形象地描绘了历史上扬州生态宜居的盛景。

近年来，扬州市牢固确立"生态立市"战略，大力推进生态文明建设，努力实现经济发展、民生改善和环境保护的"多赢"，先后获得国家环保模范城市、全国生态示范市、中国人居环境奖、联合国人居奖等多项环境荣誉称号。截至 2012 年年底，扬州市创建国家生态市通过环保部考核验收，位列全国第六；所辖 6 个县（市、区）中除广陵区（老城区）外，其余 5 个涉农县（市、区）全部通过生态县（市、区）国家考核验收，71 个涉农乡镇全部通过国家生态乡镇考核或命名。总结扬州市生态市创建工作实践，最重要的一条就是"政府推动、部门联动、全民行动"。

一、政府推动，强化政府对生态市创建的主导作用

创建生态市是对一个地区经济、社会、环境指标的综合考评，因此组织推进创建工作的责任主体是各级政府。近年来，扬州市在推进国家生态市创建过程中，市政府始终发挥着核心主导作用，具体体现在以下四个方面：

1. 坚持规划引领

2000 年，中德两国政府确定在扬州开展生态城市规划建设试点，成为江苏省第一个确立"生态强市"发展战略的城市。2003 年 8 月，《扬州生态市建设规划》通过原国家环保总局组织的专家论证，成为全国第一部通过国家级论证的省辖市生态市建设规划。随后，所辖县（市、区）和乡镇全部编制生态市建设规划，从上到下实现规划"全覆盖"。在科学规划的引领下，扬州市生态市创建工作经历了三个阶段：第一阶段为 2003—2005 年，

扬州市和所辖县（市、区）全部创成全国生态示范区，在江苏省率先实现"一片绿"。第二阶段为 2006—2009 年，主要是抓基层、抓试点、打基础的探索期。第三阶段为 2010—2012 年，进一步明确目标措施，强势组织实施，并于 2012 年年底通过国家生态市考核。

2. 注重高效组织

2010 年 6 月 11 日，市委、市政府组织召开国家生态市创建工作动员会，明确提出 2012 年必须创成国家生态市。市政府专门成立创建工作领导小组，由市长任组长；成立了生态市创建工作指挥部，由常务副市长任总指挥，下设办公室，环保局长任办公室主任，市环保局抽调 18 个精兵强将集中办公，分综合业务组、督查组、宣教组，分别由环保、纪委、市委宣传部的负责人任组长。6 个县（市、区）均成立了生态市创建工作领导机构，71 个涉农乡镇均组建了环保机构，全市上下形成了市、县、乡三级政府和 29 个市直部门组成的生态市创建工作组织架构。两年来，市创建工作领导小组和指挥部每两个月召开一次例会，先后组织召开督查推进会、现场观摩会、环保述职会 20 多次，督查创建进程、研究创建举措、协调创建难题，推进创建进程。

3. 坚持政策引导

创建国家生态市需要大量的资金投入，市政府制定了《扬州生态市建设工作奖励暂行办法》，采取"三奖一补"（奖"早"、奖"快"、奖"优"、补助"经济欠发达地区"）的方式调动各地创建积极性，对全市重点中心镇的污水处理厂、垃圾中转站等基础设施建设加大扶持力度。所谓奖"早"是指对创建进程比预定计划早达到的给予奖励，所谓奖"快"是指对在全市创建成功比较快的予以奖励，所谓"一补"是指对经济欠发达地区的创建工作予以补助。

4. 坚持严格考核

为加速生态市创建进程，市委、市政府建立了一系列严格的考核机制，有效强化了各级党政和职能部门在创建过程中的责任意识和主人翁意识。一是建立环保目标责任制。市委、市政府专门出台生态市创建工作考核奖惩办法和实施细则，考核结果与评价各地各部门的实绩挂钩。二是建立目标保证金制度。市政府分管领导、各县（市、区）政府、市直相关部门主要负责人年初缴纳一定的目标保证金，年底根据创建任务完成情况予以一定比例返还。三是督查通报问责制度。定期组织对各地、各部门创建进展情况进行督查，并将督查结果予以通报，对进展缓慢的予以警示。

二、部门联动，建立齐抓共管的生态市创建工作格局

创建生态市是一项复杂的系统工程，实践中靠环保部门"单枪匹马、孤军奋战"势必难以实现目标，必须主动联合其他职能部门协同作战，很多重点难点问题才能迎刃而解。

1. 强化责任分解和督查通报

市委、市政府每年制定详细的生态市创建推进计划，并通过签订目标责任状、下发工作任务书等方式，将国家生态市考核体系中五项基本条件、19 项具体指标分解落实到市直 12 个责任部门、17 个相关部门。由市纪委、市委督查室、市政府督查室牵头组成创建工作督查组，高频率深入基层明察暗访，采取媒体公示、简报通报、播放暗访录像等方式，通报各地创建进展情况，并将督查结果作为年终考评重要依据。

2. 大力开展"绿满扬州"全民生态行动主题活动

从 2010 年开始，在生态市创建指挥部的统一领导下，市环保、经信、民政、教育、妇联、团委、卫生等十个市直部门，在全市深入开展"十大绿色示范创建行动"，动员各行各业、千家万户投身环保实践、共建共享绿色家园。全市先后创成绿色家庭 10 000 个、绿色社区 62 个、绿色学校 163 家、绿色医院 92 个、绿色商场 10 家、绿色宾馆 11 家、绿色机关 70 家、绿色企业 62 家。市生态市创建工作指挥部每年开展绿色先进单位和个人评比活动，并在"六·五"世界环境日期间举办了"绿满扬州·生态家园"主题表彰会予以表彰和宣传推广。

3. 联合作战协调解决难点问题

针对城区黑臭河流问题，环保部门每月一次监测水质、巡查排污口，提出整治建议，建设部门采取截污、清淤、驳岸等措施进行综合整治。针对扬尘污染治理问题，环保与建设、城管部门共同研究出台《扬州市区扬尘污染防治管理办法》，每月组织对市区建筑工地开展联合执法。针对医疗废物处置问题，环保与卫生部门紧密合作，高标准建成医疗固废处置中心，联合研究出台《医疗废物集中处置管理办法》、《医疗废物处置收费暂行办法》，全市 358 个镇级以上卫生院、1 236 个村级医疗卫生单位和私人诊所的医疗废物全部得到安全集中处置。针对机动车尾气污染问题，环保与公安部门协同作战，划定黄标车区域限行区，联合开展尾气检测和执法监管。通过多部门协同作战，有效解决了一批环保部门一家难以解决的"老大难"问题。

三、全民行动，凝聚社会各界力量共建共享生态家园

生态市创建的根本目的是提高生态环境质量，让老百姓在良好的环境中生产生活。为此，本市始终坚持"生态为民、生态惠民、生态靠民、生态育民"理念，通过开展"绿满扬州"主题活动，联合全社会各行各业共建共享生态家园。

1. 依靠媒体力量

2008 年以来，我们高度重视环境宣教，不断开辟宣教工作新阵地、搭建宣教工作新载体，努力推动环境宣传教育铺天盖地、顶天立地。市环保局每年投入 100 多万元与媒体开展合作，分别在扬州日报、晚报、电视台开辟专版和专题节目，全方位宣传生态理念、环保知识和创建动态，基本做到"天天有信息、周周有新闻、月月有专版、季季有大版、年年有要版"，倾力打造出"绿满扬州"、"小六子说环保"、"绿色家庭搜搜搜"等家喻户晓的环保宣传品牌，群众对生态市创建的知晓率和满意率不断提高。

2. 依靠志愿者队伍力量

创造机会、搭建平台，激发大学生"村官"、环保志愿者、大学生等环保热心人士的积极性，引导他们广泛深入开展丰富多彩、形式多样的环保公益活动。全市先后组建了 13 支 1 万多人的环保志愿者队伍，100 多人的环保通讯员队伍，初步形成了一支"根植基层、覆盖全社会"的环保民间队伍。每年组织引导志愿者队伍开展环保形象大使选拔赛、地球 1 小时等宣教活动 30 多次。

3. 依靠人大、政协力量

环保部门善于利用人大、政协的威慑力，借威开路是打开环保工作新局面的重要举措。

近年来，本市人大、政协每年都会围绕 1～2 个环保难题开展专题视察和调研，并形成高质量调研报告向市政府建言献策，有效发挥了监督、协调和推动作用。市环保局每年多次召开全市环保工作汇报会，向人大代表、政协委员等社会各界人士汇报生态市创建进展，争取他们的理解和支持，形成最广泛的环保统一战线。

四、工作体会

经过近几年的生态市创建实践，我们深刻地体会到，环境保护是生态文明建设的主战场、主阵地，创建生态市是推进环保工作的主抓手。通过生态市创建，环保部门实现了"三个提升"。

1. 环保的地位提升了

一是政治地位。通过生态市创建，市委、市政府对环保工作予以了前所未有的关注和重视，并把生态建设环境保护工作纳入对各级党政一把手政绩考核的重要内容，有效提升了环保部门的地位和话语权。二是社会地位。通过生态市创建，生态环境质量明显提升，人民群众切身感受到生态市创建带来的实惠，对生态市创建的态度从反感到观望，再到自觉加入创建队伍，环保在老百姓心目中的影响力大大提高。省社情民意中心民调显示，2011年扬州公众环境满意率为 92.8%，名列全省第一。

2. 环保的能力水平提升了

通过生态市创建，环保部门的"自留地"得到了加强。一是农村的环境基础设施不断健全。全市约 71 个涉农乡镇实现污水处理设施、生活垃圾转运体系、医疗固废镇村集中处置、区域供水、农村河道清淤、秸秆禁烧利用、农村环保管护队伍和国家生态乡镇创建"八个全覆盖"。二是基层环保队伍不断壮大。每个村都设有环保协理，每个镇都设立环保机构，6 个县（市、区）各自建有一支农村公路养护、河道管护、村庄保洁与绿化植树"四位一体"环境长效管护队伍。三是锻炼了环保队伍。面对生态市创建的巨大压力和难度，全市环保队伍"流汗、流泪、流血"，经受了很好的历练，造就了一支能打硬仗、胜仗的环保铁军。

3. 农村环境质量提升了

生态市创建的主战场在农村，通过多年的创建活动，农村污水、垃圾、医疗固废得到有效处置，绿化不断加强，基本上消除了农村"脏、乱、差"现象，大环境明显改善，普遍呈现出一派生产发达、生活富裕、生态良好的崭新面貌。

二、总量减排与污染防治

关于粮食主产区秸秆禁烧的几点思考

安徽省阜阳市环境保护局　史　春

摘　要：本文从农业生产、秸秆综合利用途径、土地集约化程度和收集运输经济性等方面分析了秸秆焚烧屡禁不止的深层次原因。阐述解决秸秆焚烧的问题，就要改变城市周边地区的农业种植结构和提高秸秆收割农机效率，降低农民承担的秸秆收集运输成本，探索秸秆科学利用的新方法，建立健全责任制和责任追究制，并通过立法禁烧秸秆。

关键词：秸秆焚烧；原因分析；建议方法

近年来，我国在夏收和秋收季节，秸秆焚烧屡禁不止。作为我国粮食主产区的山东省、河南省和安徽省，一到夏收和秋收季节，都处在秸秆焚烧产生的烟雾之中，对环境造成严重影响。

秸秆焚烧造成的危害众所周知。秸秆焚烧产生的烟雾，造成多个城市和地区烟雾弥漫。2012年6月9日晚，宁洛高速安徽省蒙城县境内，由于高速公路两旁大量焚烧秸秆，发生多起多点车辆追尾事故。事故造成11人死亡，59人受伤。在连环车祸的同时，一些事故车辆发生火灾，造成事故路段交通严重堵塞。2012年6月11日，武汉全城被罕见的灰黄色霾笼罩。对于引发此次空气污染的缘由，湖北省环保厅发布消息说，是周边地区秸秆焚烧所诱发。烧秸秆导致北京至襄阳航班备降武汉。烧秸秆还导致一些地方水路交通停运、高速公路受阻，甚至发生交通事故。2012年我国夏收之后，秸秆焚烧面积之大、危害之重，实属罕见。

我国粮食主产区每到夏收和秋收季节，都会因焚烧秸秆所产生的滚滚烟雾，对环境造成严重污染，给人民生命财产安全造成危害。秸秆焚烧为何屡禁不止？是农民环境意识低，还是政府的作用发挥不够？下面，我们分析一下焚烧秸秆的危害，以及农民为什么要焚烧秸秆。

秸秆是可利用的资源，用之为宝，弃之为害。焚烧秸秆既污染空气，又危害健康。据专家介绍，焚烧秸秆时，产生的二氧化硫、二氧化氮、可吸入颗粒物等污染指数达到高峰值，其中二氧化硫的浓度比平时高出1倍，二氧化氮、可吸入颗粒物的浓度比平时高出3倍。当这些污染物达到一定程度时，对人的眼睛、鼻子和咽喉含有黏膜的部分刺激较大，轻则造成咳嗽、胸闷、流泪，严重时可能导致支气管炎发生。焚烧秸秆还会引发火灾，威胁群众的生命财产安全。焚烧秸秆形成的烟雾，造成空气能见度下降，可见范围降低，容易引发交通事故，影响道路交通和航空安全。焚烧秸秆还会破坏土壤结构，造成耕地质量下降。焚烧秸秆使地面温度急剧升高，能直接烧死、烫死土壤中的有益微生物，影响作物对土壤养分的充分吸收，影响农田作物的产量、质量和农业收益。

既然焚烧秸秆有这么多的危害，那么农民为什么还要焚烧秸秆呢？从表面上看，农民焚烧秸秆的直接原因，是农民朋友对秸秆的需求持续下降。因为随着生活水平的提高，家用电器电磁炉、瓶装煤气等大量进入农民家中，原来作为燃料使用的秸秆已无用武之地；其次是一些农民认为，在农田直接焚烧秸秆，产生的草木灰是肥料，可以肥田。

据作者到农村考察了解得知，农民焚烧秸秆的原因不是那么简单，其中还有更深层次的原因。

一是在农业机械方面存在问题。在我国一些地区由于机械收割留茬较高，导致下一茬作物无法正常耕种。因此，农民不得不用秸秆放在高高的麦茬上进行焚烧。据调查，因为我国生产的收割机功率不够，以及收割机机械手图省油、怕伤害收割机刀具等原因，致使许多田块留茬高达 20 cm，甚至超过 20 cm。

二是抢农时的需要。俗话说，春争日，夏争时。只要麦一收完，必须马上抢种黄豆等下一茬作物，否则会耽误农时。因此，"三夏"大忙，忙就忙在一个"抢"。也就是说，农民如果不把麦茬及时去除，就难以再耕种。但是，要想及时去除高深的麦茬，又不误农时，在没有时间和精力把秸秆从地里弄出来的情况下，农民选择将秸秆烧掉是省时、省力、省钱的一个做法。

三是农村缺乏青壮年劳动力，无力搬运秸秆。由于农村大批青壮年进城务工，导致农村劳动力大量转移。农忙时，农村劳动力仅以妇女、老人为主。如安徽省阜阳市是一个农业大市，有 1 030 万人口，常年在外打工的就有 250 多万人。这些打工者如果为了农忙往返一次的话，就需要几百元甚至上千元。收割小麦，每亩地只要花五十元钱左右就可雇农机手来收割。所以，为了省钱，家里往往舍不得让在外打工的劳动力回来。今年阜阳市每年种植的 760 万亩小麦，超过 98%采用的是机收。但是，小麦收割完以后，这些妇女、老人要想将机械收割后的秸秆，再打捆搬运离田就显得无能为力了，只好在田里就地焚烧秸秆。

四是当前农作物秸秆综合利用数量少，渠道不畅。近年来，我国找出了许多农作物秸秆综合利用的方法。如将秸秆直接焚烧用于生物质发电。或将秸秆同垃圾等混合焚烧发电。或将秸秆氨化用于牛羊的饲料；有的将秸秆用于加工食用菌基料或沤造有机肥等。但是，这些有效的做法，都难以做到在短时间内，将大量秸秆全部利用。如安徽省阜阳市有 760 万亩小麦产生的几百万斤秸秆，短短几天内，要全部利用难度很大。

五是我国农村土地大都是一家一户零散经营，导致农民土地集约化程度低。这样导致秸秆焚烧量多面广，监督难度大。如安徽省阜阳市农民的人均耕地不足一亩，一家一户只有几亩地，为了这几亩地，没人愿意去购买打捆机、旋耕机等大型农业机械，导致很多农民无农机用于秸秆的回收利用。

六是秸秆回收价格偏低，导致农民不愿意卖秸秆。安徽省阜阳市秸秆收购价格是每吨320 元。一亩地只能收秸秆 400 kg 左右，1 kg 秸秆 3 毛 2 分钱，也就是一亩田的秸秆只能卖 128 元。而雇一个人干一天农活要支付 100 元左右，再加上运输成本等，如果农民把秸秆送到收购点，只能有少量赢利，如果不能当天顺利卖掉，搞不好还是亏本生意。

一些利用秸秆发电的企业，在无政府扶持的情况下，或政府扶持力度不够的情况下，也因利润不大、经济效益差而无法维持。上述深层次的问题需要各级政府认真反思，积极寻找对策去着力解决。

在秸秆禁烧方面，政府要起主导作用，要组织各有关部门齐抓共管，疏堵结合，仅靠运动式、突击式、"人盯人"式搞禁烧，会造成焚烧屡禁不止。由此提出以下建议：

一是政府有关部门要出台和完善有关秸秆利用的优惠政策。建议政府抓紧制定和完善秸秆利用的相关配套政策，采取有效措施，对相关生物质发电企业、秸秆收购企业，加以培育、扶持，实施税收等优惠。与此同时，还应对农民秸秆的收集、运输、贮藏给予相应补贴。

二是建议采取土地流转等形式，将土地集约化经营。着力解决农民土地集约化程度低，导致的无力或不愿购买打捆机等农业机械的问题。目前，安徽省阜阳市一些地方正在开展土地流转的试点。试想，一个农民种粮大户手中有上万亩耕地，在国家补贴农业机械的前提下，打捆机、旋耕机等将会大量推广使用。

三是政府要解决农民卖秸秆难的问题。政府要尽最大努力为农民卖秸秆提供方便。比如，可以将秸秆回收点设在农村田间地头。政府可以组织专业收购人员秸秆到地头收购。试想，农民在田边就能将秸秆卖给收购企业，谁还会去烧秸秆。

建议在农村就地将秸秆加工成用于生物质发电的块化的燃料，以方便秸秆运输、储存。有条件的地方，可以建立大型库房，大量收购农民的秸秆。同时，要提高秸秆的收购价格，使农民有利可图。为此，国家可补贴一部分资金。

四是政府要组织科技攻关。首先要解决当前收割机存在因功率不够，机械收割留茬较高问题。同时，政府部门要加强监督，严格要求农机手不能为图省油、怕伤害收割机刀具留茬高于 10 cm。如果出现留茬高于 10 cm，政府可以要求农民拒付收割费用，并要求落实补救措施。

禁烧秸秆，"禁"是堵的办法，解决的只是眼前问题，从长远看，要采取"疏"的措施。要针对不同农作物秸秆特质，通过组织科研院所和高校进行科技攻关，找出低成本、高效率和少二次污染的秸秆利用方法与途径，不仅解决焚烧秸秆造成的污染问题，还要提高其综合利用价值，实现"变废为宝"。专家称，我国每年要浪费 7 亿～9 亿 t 秸秆，相当于浪费 4 亿 t 标准煤。

五是政府加强引导，在城市周边改变农业种植结构。有关部门要科学规划，在城市周边不再大面积地种植小麦，而改种城市所需的蔬菜、水果等不产生秸秆的农作物。这样可以从根本上解决焚烧秸秆的问题。

六是组织农业科技人员和环保工作者加强宣传。在宣传秸秆焚烧产生危害的同时，要宣传科学利用秸秆的方法。有条件的地方可以建一些科技示范田。比如，秸秆科学的还田方法：用机械将秸秆打碎，耕作时深翻掩埋，利用土壤中的微生物将秸秆腐化分解。或者是将秸秆粉碎后，掺进适量石灰和人畜粪便，让其发酵，在半氧化半还原的环境里变质腐烂，再取出肥田使用。另外，过腹还田也是一个好办法。过腹还田是将秸秆通过青贮、微贮、氨化等技术处理，可有效改变秸秆的组织结构，使秸秆成为易于家畜消化、口感性好的优质饲料。家畜粪便再进行还田。

七是政府要建立健全责任制和责任追究制。导致秸秆屡禁不止，秸秆焚烧成为一个老大难问题的很重要一个原因，是责任制的缺失或责任制不落实。因此，建立健全责任制和责任追究制。

每年年初，各级政府与辖区政府和部门签订环保责任状时，要把秸秆焚烧的责任明确在内。明确规定，各级政府守土有责。哪个地方焚烧得严重，空气污染得严重，就对那个地方官员进行问责。如果发生大面积秸秆焚烧，并且造成空气污染，要立即启动问责制。问责要动真格，要真正危及到官员的官帽，促使其发挥农委、农机局、环保局等各有关部门的作用，积极把资金、技术、观念送下乡，帮助农民解决秸秆的出路问题。

八是立法禁烧秸秆。秸秆焚烧影响人体健康，污染大气环境。建议国家要尽快出台有针对性的法律、法规，通过立法禁烧秸秆。这在国外已有先例。如法国面临秸秆焚烧困扰时，就采取了立法的方式。

电镀行业污染问题分析及整治对策研究

广东省江门市环境保护局　谭永强

摘　要：本文以江门市区的电镀企业整治工作为基础，从可持续发展和保护生态环境出发，以推进企业入园为重点，并从提升工艺装备、污染防治和清洁生产水平，有效削减重金属污染物排放量等方面提出了整治对策措施，以期为电镀行业的转型升级及环保管理提供技术支持。

关键词：广东江门；电镀污染；企业园区

重金属污染防治工作涉及群众健康和社会稳定，电镀行业减排及污染防治技术在近十年虽然得到了高速发展，但由电镀生产引发的环保问题、特别是重金属污染问题仍未得到有效解决。江门市现有的电镀企业中半数以上仍停留在半自动或手工生产的水平，而且分布较散，不利于产业升级，同时也严重制约着整个产业的健康协调和可持续发展。此外，随着城市化的快速推进，原来的工业区周边不断有住宅区落成，工业区环境污染引发的一些社会矛盾也日益突出。

为解决电镀厂点多、规模小、自动化程度低、生产效率低、能耗高、污染大等问题，落实有关环保政策，控制环境污染，本文以江门市区的电镀企业整治工作为基础，从可持续发展和保护生态环境出发，以推进企业入园为重点，并从提升工艺装备、污染防治和清洁生产水平，有效削减重金属污染物排放量等方面提出了整治对策措施，以期为电镀行业的转型升级及环保管理提供技术支持。

一、江门市区电镀企业概况

电镀企业作为金属加工下游行业，在江门经济发展中发挥着极其重要的作用。根据2010 年污普动态普查数据，江门市区电镀企业统计数据见下表。

江门市区电镀企业统计表

行政区域	企业数量/个		生产线数量/条	
	专业电镀	配套电镀	专业电镀	配套电镀
蓬江区	8	4	95	5
江海区	5	2	20	2
新会区	13	6	60	13
合计	26	12	175	20

从上表可知，江门市区共有 38 家电镀企业，其中专业电镀企业 26 家，配套电镀企业 12 家，共有电镀生产线 195 条。其中蓬江区白沙电镀城共有电镀企业 3 家，电镀线 68 条，批准排水量 5 090 m³/d，分别占蓬江江海两区的 15.8%、55.7% 和 53.2%，是市区电镀行业整治搬迁工作的重点和难点。

二、江门市区电镀行业存在的主要问题

随着经济社会的快速发展和人民生活水平的提高，广大群众对身体健康和生存环境越来越重视，对环境质量的要求也越来越高，加上城市的快速发展，原来属于偏远的工业区周边不断有住宅区落成，工业区环境污染引发的一些社会矛盾也日益突出，废水超标排放和居民投诉时有发生。从日常环境监管和环保专项行动中对电镀行业的检查结果来看，江门市区电镀行业普遍存在以下环境问题：

1. 点多面广、布局不尽合理

由于电镀是跨部门的加工行业，长期以来未得到统一管理，以致电镀工业的发展缺少总体的、完整的规划，存在着规划不合理、布点过多、分散的现象，同时一些非电镀企业配套电镀车间的存在以及用户需求分散，也是导致电镀布局分散的根源之一。点多面广的布局，增加了管理的难度。

2. 规模小、管理水平低

由于电镀行业主要为配套加工行业，除个别企业的电镀车间外，大多数电镀企业的规模都很小，而且很多还是厂中厂，专业化程度低，特别是私人小企业，装备水平及环保水平均较低，污染隐患多。

3. 废水是重金属污染的主要来源

近年来，电镀企业包括制造业的利润空间越来越小，而电镀"三废"的达标治理的费用却是越来越高。不仅是治理用地、基础建设和设备的投入很大，而且投产后的运行费用也都很高，绝大多数企业都难以承担。因此，部分企业出现了污染治理能力与实际不符，也就是处理能力往往只是正常生产下限的能力，或一班制生产的处理能力，而电镀大多数是三班制或两大班制生产。甚至是成倍缩小了处理能力，在实际生产中难以稳定达标排放。一些电镀等重污染企业为了降低成本，也存在偷排现象，造成环境污染。

4. 污染物排放达标率低，行业整体水平有待提高

江门市区电镀行业整体技术和环保水平不高，粗放型发展方式尚未得到根本改变，产业结构调整政策实施力度不够，部分企业污染治理设施及污染治理水平落后，运行不正常，不能做到稳定达标排放。大部分企业废水回用率偏低，甚至无中水回用设施。

5. 环境风险和安全隐患仍然存在

电镀企业废水、废气治理设施不正常运行造成的环境污染投诉时有发生。污染防治与生态修复的过程性和群众对环境质量改善的迫切性之间的矛盾比较突出，因环境问题可能引发的不稳定因素不容忽视。

6. 环境监管能力不足

环保部门监管能力有限，普遍存在监管人员不足、技术力量不强、重金属监测能力不够等问题。重金属污染物排放自动在线监控系统缺乏，重金属污染预警应急体系尚未建立，

环境应急装备水平偏低，长效环境管理机制尚未建立。

三、电镀行业污染整治对策

针对江门市区电镀行业存在的问题，分别从争取政府支持、推进基地建设、严格项目管理、推动企业入园等方面提出相应的整治对策，具体如下：

（一）政府高度重视，狠抓各项工作的落实

一个地方的环境污染能不能得到有效治理，首先要看政府的态度。政府态度坚决明确，才能集思广益，制定正确决策，依法采取果断措施，并形成环保、监管的长效机制。否则，政府态度暧昧，势必造成职能部门无所适从，监管无力，从而使得某些企业心存侥幸，甚而有恃无恐。只有在政府的领导下，各部门各司其职，密切配合，狠抓各项工作的落实，才能确保污染整治目标的实现。

江门市政府高度重视市区电镀企业的整治搬迁工作，白沙电镀城企业搬迁更是受到人民群众、市人大代表和政协委员的高度重视，并被列为 2010 年度政协一号提案。为此，市政府专门成立了由市长任组长，主管副市长任副组长，环保、经信、安监等 15 个相关部门"一把手"组成的市政协"一号提案"办理领导小组，并制定印发相应的工作计划和实施方案，为全面完成整治搬迁工作目标任务奠定了坚实的基础。

（二）因地制宜科学规划，大力推进崖门电镀基地建设

为解决电镀行业在发展过程中因生产工艺技术以及污染防治措施落后所带来的区域性和结构性污染问题，促使电镀行业实现清洁生产和绿色发展，落实节能减排和重金属污染防治工作，江门市政府根据国家环保政策要求、广东省环保厅的统一布置提出了崖门定点电镀工业基地的建设规划，并于 2009 年 3 月经广东省环保厅批准建设。

崖门电镀基地位于新会区崖门镇，总投资 26 亿元，规划用地面积 1 950 亩，是广东省目前规划最大的电镀工业基地。基地执行"高起点规划、高标准建设、高水平管理"的指导思想，按照"生态环境优先原则，统一规划和分片开发原则，集中控制和分类指导原则，因地制宜和可持续发展原则"进行规划设计，规划每 200 亩为一个组团。整个基地规划为电镀生产区、资源回收和废水处理区、港口物流区、配套产业区、滨水休憩生态园林区等五大功能区，并按照新一代产业园区的规划理念，配套建设生活、休闲、商务以及研发功能区。

电镀基地严格执行电镀项目准入门槛制度，促使搬迁企业落实组织结构整合、生产设备改造和工艺技术升级。在废水处理设施建设和运营中，以"系统可靠是首位，达标排放是根本，应急措施是关键，中水回用是重点，资源回收是追求，经济运行是保证"为指导原则，采用"集散式"废水处理架构，以"废水分流、分类处理、净水回用、金属回收"的技术路线，分别配置相应处理单元，组合应用化学反应、离子交换、微电解、活性污泥法、MBR 膜生物反应、反渗透等多种废水处理工艺和技术，并采用基于 DCS 技术的工况自动控制系统，使得电镀基地的废水回用率可达 80%，剩余 20%的废水经处理达标后排放。电镀基地对每个电镀车间的工艺废气处理设施实行统一设计、统一建设、统一运行维护，

每栋电镀厂房内的同类型废气实行"集中收集、集中处理",对车间排出的气体全部进行过滤处理,保证园区的空气无害、无味。为彻底解决电镀废水转输管道的"跑、冒、滴、漏"隐患,电镀基地采用高架输水管廊方式输配电镀废水,在雨水排放口前端设置水质监控池,对雨水排放情况实施在线监控,并按要求建设事故应急设施。

崖门电镀基地启动区于 2010 年 4 月正式动工建设,并于 2011 年 9 月正式开园投入运营。"十二五"期间基地还将分五期建设 11 项重金属污染防治工程项目,届时可削减重金属铬污染物 2 588 kg/a,对江门市区重金属铬污染物减排的贡献率达到 81%以上。

(三) 强化建设项目环境管理,严把环保准入关

对建设项目实行严格的环境管理是推动经济发展方式转型和产业升级优化的重要抓手,市环保局着力强化环评审批,严格建设项目环境管理,把好建设项目环境准入关。一是所有进入电镀园区项目均应符合江门市电镀企业环保准入门槛要求;二是在电镀园区以外不再新上电镀项目;三是严格项目的环保审批,未通过环评审批的建设项目,一律不准开工建设;四是未批先建项目一律予以关停和拆除,恢复土地原状,所需资金全部由企业承担。

按照省环保厅《关于进一步加快我省电镀行业统一规划统一地点基地建设工作的实施意见的补充规定(试行)》,对符合条件入园的企业简化审批手续,督促企业尽快入园建设和生产经营;对于申请保留的企业,对企业的选址、生产规模、清洁生产状况、"三废"处理情况进行核查,严格执行原地保留条件。确需保留的,专业电镀企业需要向省环保厅提出保留申请,由省环保厅提出审查意见,经省环保厅同意后才能原址保留;配套电镀企业需要向市环保局提出保留申请,由市环保局提出审查意见,经市环保局同意后才能保留。

(四) 全面整治非法企业,推动电镀企业入园

1. 制订实施方案,明确搬迁工作进度

以崖门电镀基地建成投入运行为契机,大力推动电镀企业入园。为做好电镀企业的搬迁整治工作,市政府先后印发了《关于推动江门市区电镀行业产业结构调整优化升级统一定点工作方案》、《关于加快白沙电镀城企业搬迁一号提案的办理工作计划》和《印发关于加快白沙电镀城企业搬迁实施方案的通知》,明确了相关企业的搬迁工作进度。

2. 建立激励机制,促进企业主动搬迁

对符合进入电镀基地的企业,市政府提出了针对入园企业的激励机制,对在限定时限前主动搬迁或关停的企业进行一次性奖励;按规模核算每家电镀企业补助 6.5 万~65 万元,白沙电镀城内企业每家补助 95 万元;原有厂房土地转换用地功能享受城中厂搬迁的有关政策,即只需补地价,不用招拍挂;对入园企业实行行政审批和政府服务"零收费"政策;同时享受 5 年的税收优惠政策,返还地方留成部分,其中头 3 年不高于 30%,后 2 年不高于 20%。

3. 依法依规攻坚克难,扎实推进搬迁工作

(1)强化执法。各级环保部门按照整治工作的要求,采用日常巡查和零点行动相结合的方式,采取定期和不定期相结合、例行检查与突击检查相结合、日间检查与晚上抽查相结合,加大对相关企业的检查频次,检查频次和监督性监测频次不少于 2 次/周,重点检查

企业污水治理设施运行情况，对现场污水治理设施运行台账和生产台账等进行核查，强化环境监察力度，依法清理、查处电镀生产企业环境污染违法、违规行为。

（2）依法查处。环保部门认真履行监督管理职能，牵头依法对企业存在的环境违法行为进行处罚，对无证无照电镀企业、非法扩建车间和生产线一律取缔，对未经审批的在建项目一律停建，对治污设施不正常运转或超标排放的一律停产整顿，限期整治后仍无法达标的一律吊销排污许可证。

根据现场调查结果，环保部门对白沙电镀城内未经环评审批擅自扩建 19 条电镀生产线的违法行为进行了立案查处；对挂牌督办的 3 家企业污染物超标排放的环境违法问题，作出了行政处罚和责令限期改正；对未能按期完成限期治理的企业，作出了吊销排污许可证的决定；对经多次督促都不落实整改措施、也不履行行政处罚决定的企业，通过法院采取强制措施，依法查封违法电镀生产车间。自 2011 年起，环保部门停止核发电镀企业的排污许可证，从而大大加快了整治工作的落实。

（3）充分利用现有政策。根据《珠江三角洲环境保护规划纲要》的规定，所有功率（蒸吨）在 4 t/h 以下（含 4 t/h）和使用 8 年以上功率在 10 t/h 以下的燃煤（含水煤浆）锅炉都应于 2010 年 9 月 30 日前停止使用煤、水煤浆等高污染锅炉燃料。相关部门加快推进相关企业锅炉的淘汰工作，迫使企业加快整改或搬迁入园。

（4）部门联动。充分发挥政府的主体作用和部门的联动机制，形成政府主导，环保、监察部门牵头，相关部门通力合作、密切配合、分工负责的管理机制，定期协商联合办案，形成合力，共同督促企业落实整改措施，推进整治搬迁工作深入开展。

目前，市区 26 家专业电镀企业已经关停、搬迁或转产企业 24 家，涉及电镀生产线 171 条，占市区专业电镀生产线的 97.7%。崖门电镀基地签约入园的电镀企业已有 60 多家，已投产的电镀企业 30 多家。整治工作取得了实实在在的效果，初步实现了环境保护与促进生产发展"双赢"的格局。

四、结论

"十二五"期间，江门市重点防控区内的主要重金属污染物要求削减 20% 以上，电镀企业面临着污染物稳定达标排放及减排的双重压力。本文在分析江门市区电镀行业现状及存在问题的基础上，从争取政府支持、推进基地建设、严格项目管理、推动企业入园等方面综合提出电镀行业整治搬迁的对策措施，可为电镀行业整治和重金属减排提供重要的技术支撑。

让循环经济循环起来

——全国首批试点单位湖南汨罗市带来的思考和启示

湖南省岳阳市环境保护局 蒋 卉

摘 要：汨罗市循环经济工业园是国家首批"城市矿山"示范基地，以全市 1%的土地，创造了全市 70%的财力。在园区循环经济的带动下，汨罗新型工业化水平已经进入湖南省三强。本文建议从加大政策支持、健全规划体系、加强工业园载体建设、加快技术研发和推广应用和强化宣传教育和监管服务等措施入手，保障汨罗市循环经济的持续健康发展，为各地循环经济发展提供有益的经验和借鉴。

关键词：湖南汨罗；"城市矿山"示范基地；循环经济

发展循环经济是我国建设资源节约型环境友好型社会的核心内容，是推动生态文明建设的重要载体。湖南省汨罗市作为国家首批循环经济试点单位，近年来加大了政策支撑力度，对以再生资源为核心的循环经济进行了一系列探索，为发展循环经济提供了样本和思路。

一、汨罗市循环经济发展的基本情况

汨罗市地处洞庭湖畔，因汨罗江而得名，总面积 1 562 km²，总人口 65 万人。汨罗市循环经济的发展主要依托于当地的工业园。汨罗市工业园始建于 2003 年，雏形是当地有多年历史的再生资源集散市场，现为省级工业园。2005 年 10 月，被国务院批准列为国家首批循环经济试点单位，2008 年，该园区及城区所在的 5 个乡镇被纳入长株潭"两型社会"试验区的"滨湖示范区"。2010 年，该园区被批准为国家首批"城市矿山"示范基地。

1. 基础设施配套齐全

近年来当地政府累计投入资金 7 亿多元，打造高规格的汨罗工业园。园区按照 18 km²的规划，编制了园区详细发展规划，分期开发建设。目前已完成核心区 6 km²的水、电、路、通信、环保及绿化、美化等基础设施建设。形成了园区三纵四横的交通网络，连通了日供水 3 万 t 的自来水厂及日供水 5 000 t 的新市自来水厂。架设了园区两回专用电网，建成了年供气 5 万 m³的天然气站，并投资 2 亿元启动以污水管网和污水处理厂建设为重点的城市污水收集处理系统。汨罗工业园地处长沙、岳阳两市之中，交通区位优势十分明显。完善的园区平台基础条件，使得园区洼地效应明显，成为湖南省最具投资潜力的园区之一，集聚了一大批来自广东、福建、浙江、河南等地的投资企业。

2. 回收交易形成规模

当地的再生资源交易市场是中南地区最大的专业市场，目前有回收企业206家，经营户3 550余家，在全国分设5 000多个网点。覆盖了除西藏、台湾以外的30多个省市。收购品种涵盖废铜、铝、不锈钢、塑料、橡胶、纸和电子废弃物在内的主要可再生资源，年回收量达130多万t，其中废铝30多万t、废铜20多万t、废不锈钢10多万t，成为了面向全国、辐射全国、服务全国的国内重要再生资源集散中心，是一座矗立在汨罗江畔的"城市矿山"。

3. 加工利用初现集群

近年来，园区基本形成了再生资源回收利用和加工产业、电子产业、机械制造业、家具制造业四大产业区。其中，重点是再生资源产业。经过多年的发展，园区已吸纳再生铜、铝、不锈钢、碳素、塑料及橡胶等各类加工企业200多家（其中规模企业58家，高新技术企业8家），年加工废铜、铝、不锈钢近50万t，再生金属加工集群成为湖南省金属行业重点发展的八大集群之一。当地仅再生铜行业就聚集规模加工企业23家，总投资规模4亿多元，年生产再生铜能力达20万t。

4. 园区效应快速显现

工业园的发展，打造了汨罗市循环经济发展的巨大平台，积累了"两型社会"建设的试点经验，加速了当地新型工业化进程和新型城市化的步伐，园区经济成为当地经济发展的主要增长极。2012年，工业园完成工业总产值132亿元，同比增长22%，实现税收7.7亿元，同比增长21%。工业园以全市1%的土地，创造了全市70%的财力。在赢得经济效益的同时，也获取了社会效益和生态效益。据统计，冶炼1 t铜，需消耗135 t铜矿石和54 t标准煤，并产生134 t尾矿和99万m^3废气，按2007年汨罗市场13.5万t铜回收量计算，可以少耗用19 225万t铜矿石和7 290万t标准煤，也避免了18 090万t铜尾矿和13 365亿m^3废气的产生，而由此节约的土地资源、矿石资源减少的有害气体排放更是无法计算。这种循环经济试点和城市矿产示范基地的带动作用，使得汨罗成了中部地区推进新型工业化的重要县市，汨罗新型工业化水平已经进入湖南省三强，县域经济综合实力排名进入全省10强，县域经济基本竞争力位居中部百强中游。

二、汨罗市发展循环经济的政策措施

近年来，汨罗市在发展本地以再生资源产业为核心的循环经济上进行了一系列的探索，加大对循环经济发展的政策支撑力度，取得了较好的效果。主要包括以下五个方面的政策措施。

1. 产业支持政策

再生资源产业是汨罗的传统产业，但以往该产业发展规模小而且分散经营，不足以发展成为当地的支柱产业。为提升当地再生资源产业的发展层次，培育地方经济发展的增长点，当地政府引导循环经济企业围绕四个环节发展成产业体系，拉长产业链条。

第一，资源回收环节。为避免零散无序的无组织废物回收危害环境和浪费资源，投巨资打造中南地区最大的集分类储存、集散、初级加工等功能于一体的再生资源交易中心，大力建设回收网络，畅通回收渠道，加快资源集聚速度，壮大回收产业发展规模。

第二，废品分类环节。引导回收企业细化废品分拣，促进产业分类，从而最大限度地提高废旧物资回收利用率。

第三，产业拓展环节。针对再生资源性能、用途分类加工再利用，投资建立了高规格的包括铜、铝、钢铁和塑料等功能性专业园区在内的湖南汨罗工业园区，引来大批企业入园投资生产，形成一批高成长性产业。建立专属的碳素行业小区，大力发展电子光伏产业并建立中小企业孵化基地，增强发展后劲，延伸产业链条，促进产业升级。

第四，环境保护环节。政府严把环境准入关，自己投资并积极鼓励企业加快环保设施建设，强制企业推行清洁生产，严防二次污染。正是在这一措施的引导下，当地循环经济的发展分工明确，回收和加工企业形成了良好的合作共赢的关系。汨罗市再生资源产业已经从最初的废弃物资单一回收、分拣、打捆、外运，发展到中期分类加工、拆解熔铸以生产再生原料，进而延伸至加工生产再生资源终端产品，初步建立起了较为完善的再生资源产业体系，循环经济发展迈上了一个新台阶。

2. 社会支持政策

循环经济的发展升级离不开相关社会化服务平台的搭建，社会化服务平台的搭建离不开政府的支持、引导甚至是参与。这一点是当地发展循环经济的最大政策亮点，当地政府通过加强中介服务极大地拉动了当地循环经济的发展。再生资源行业以中小企业为主，在信息和资金方面受到很大局限和制约，单靠企业自身的力量很难满足发展的需要。根据这一特点，为给再生资源行业提供良好的发展环境，汨罗创造性地构建了"一会三公司"平台，即再生资源行业信用协会、财智会计咨询公司、恒源资产管理公司和中小企业信用担保公司，创建产业孵化机制。由再生资源行业信用协会为企业提供全方位服务；财智会计咨询公司对再生资源行业的会计从业人员统一管理、调配和培训，为企业提供财务服务规范企业财务行为；恒源资产管理公司是银企联姻的桥梁，为企业申报融资项目当主角，同时也为银行贷款安全搭建信用平台；中小企业信用担保公司为企业融资进行担保。四者环环相扣，为企业提供各种服务。五年来，"一会三公司"已吸纳会员 350 个，累计为企业融资 11 亿元，正是这些金融和财税等方面的服务给企业发展带来了极大的便利，很好地凸显了中介服务机构的功能。凭借这些中介服务机构，汨罗市为企业架起一座一头联系政府部门，一头连接市场的"立交桥"，突破制约再生资源企业向更高层次更大规模发展的瓶颈。通过社会化的服务，构筑了一个适合循环经济产业发展的平台。

同时，为强化政府服务，汨罗市公安、国土、环保、建设等部门在园区设立了专门服务机构，对入园项目实行一站式服务，建立园区"绿色通道"，为外地客商发放"绿色通行证"，确保企业经营建设畅通无阻；连续三年开展"百名干部进企业"活动，从机关单位抽调精兵良将派驻园区各企业，落实"围墙法则"（即企业围墙内的事政府不干预，围墙外的事企业不操心），为企业提供保姆式服务，确保企业的正常生产经营；在建项目建设实行市级领导联点、相关部门包联的工作机制，从项目落地建设到投产，全程跟踪，一条龙服务到位。这一为循环经济企业服务的举措同样也得到了园区企业的普遍好评。在稳定已入园企业的基础上还引来了一大批金凤凰，如同力公司、五祥公司、万容公司等。

3. 财税支持政策

2001 年 5 月，国家对废旧物资回收环节实行免税以来，汨罗市的废旧物资回收网络迅速扩张，但因市场价格竞争激烈，再生资源回收企业利润微薄。特别是 2002 年国家取消再生资源行业"征三返七"政策后，再生资源产业更是举步维艰。为保持政策连续性，汨罗市针对再生资源行业发展的特点和产业发展的需要，对利废企业制定了与税收挂钩的财政支持政策。五年累计向企业投入扶持资金 6 088 万元，有力地高了企业的竞争力，促进了企业的再生产。为了扩大产品的精深加工，由单一的原材料产品向中间产品和终端产品发展，延伸产业链条、提高科技含量，汨罗市委、市政府还对精深产品加工企业采取了"以奖代投"等一系列扶持政策。使不少再生资源加工企业的加工链条不断延长产品种类不断增多。

另一方面，为保证政府财力，加强财税管理，全力堵塞税收漏洞。该市成立了为再生资源回收利用行业服务的综合性管理服务机构——再生资源行业财税服务所。将财政、国税、地税等部门职能归并，对再生资源行业税收统一征收。同时。实行会计委派制度，由服务所派出会计，实现再生资源行业一般纳税人企业的专家理财和财务信息公开。为进一步加强对再生资源行业企业的财务监督，该市还建立了废旧物资回收和加工企业的"一对一"管理模式，即一个回收企业对应一个加工企业。在双方自愿的基础上，要求回收企业不得向对应加工企业以外的其他企业供货，加工企业也不得向对应回收企业以外的其他企业进货，从而杜绝了虚开、代开增值税发票的行为，确保国家收入及时足额入库。财务信息的公开，监管机制的健全，有效地堵塞了税收漏洞。使诚信纳税成为了再生资源行业纳税人的自觉行为。

4. 金融支持政策

企业要发展，必须寻求资金支持。汨罗市政府在为企业上提供资金支持做了大量的工作。截至 2012 年年底，当地政府成立的"一会三公司"，先后为该市再生资源行业争取国家开发银行贷款 18 280 万元，争取工商银行、建设银行、上海浦东开发银行、福建兴业银行等其他商业银行贷款 13 000 万元，引进域外资金 4.9 亿元。

5. 技术支持政策

要促进产业的持续发展，必须不断实施技术改造，提高产业科技含量，所以该市着力建设"以企业为主体、以市场为导向、产学研相结合"的技术创新体系，初步形成了自主创新的基本框架，主要包括以下几个方面的技术支持：

一是资源化技术。重点是实施物料闭路循环和多级利用，不单使现有的废铜、废铝等转化为新产品，同时还挖掘共生伴生资源的综合利用。在废金属和废旧家电回收处理中开发对贵重金属和稀有金属的多重处理，逐一置换提取，靠科技来提高废弃物再资源化的含金量。

二是再利用技术。以资源效能的最大化为目标，不断延伸循环链条。一方面，按照"资源—产品—可再生资源"的流程，大力推进闭环式生产，坚持生产清洁化、废物资源化的取向。逐步建立水循环、能源重复利用、物质多级利用等良性循环系统，对其他通用资源都考虑串联利用，实现无废弃物生产。另一方面开发新能源技术，在垃圾处理上引进新型焚烧设施、设备和技术，实施废弃物集中处理，垃圾发电供能。

三是系统化技术。从系统工程角度出发，构建合理的产品组合、产业组合、技术组合，优化配置资源，实现多品联产和产业共生。

在明晰三大技术的基础上，加快产学研合作和科技成果转化。近年来，汨罗市政府每年从奖扶企业资金中拿出 1%设立科技创新引导资金，计划在园区成立科技研发中心，安排专项科研经费，安排专人负责科研工作。积极加大与科研单位的合作。目前，汨罗已经与湖南大学、中南大学等联合组建了再生资源经济管理与研究中心，通过开展企业技术需求调研，组织产学研对接，确定重点攻关项目，辅之以政策激励，加快产学研合作和科技成果转化。

由于当地政府对于再生资源产业的高度重视和积极支持，使得这一产业能迅速地从无到有，由小到大，进而成为当地经济的一大支柱，引领县域经济发展，在这一过程中当地政府所进行的一系列有益的探索和成功的做法，是当地的工业园能成为首批国家级循环经济试点并列入国家首批"城市矿山"示范基地的重要支撑，为我国循环经济的发展提供了有益的借鉴。

三、对循环经济发展的思考与建议

汨罗市循环经济发展中存在着政策环境不够稳定、融资瓶颈约束加剧、土地供求矛盾突出、企业的持续发展能力不足、环保压力与日俱增、市场秩序有待规范等问题，制约着汨罗循环经济的持续健康发展。笔者建议应从以下几个方面着力，破解循环发展瓶颈。

1. 加大促进循环经济发展的政策支持

目前，日本、德国、法国、英国、新加坡等国已立法强制推动循环经济发展。建议出台更多的《循环经济促进法》实施细则，加大财政支持和项目扶持力度，对循环经济试点基础设施建设、再生资源回收利用市场、环保设施建设和因"二次污染"造成的环境治理安排相应的专项基金。提高再生资源产业增值税地方留成比例，增强地方财政对循环经济建设的支持能力。对循环经济试点用地实行计划单列，以保证试点用地需要。建立有利于节约资源的产品价格形成机制，提高企业资源开发成本和环境污染代价，调动企业发展循环经济的积极性。

2. 健全科学的循环经济规划体系

要按照生态经济、循环经济理念，充分考虑自然资源和环境容量的承载能力，科学进行城市规划和功能布局，形成循环经济的产业体系。特别是循环经济工业园区的规划要科学合理，项目关联度要大，空间布局要有利于形成循环经济产业链。要建立循环经济评价指标体系和统计核算制度，遏制盲目投资、低水平重复建设，提高产业集中度和规模效益。

3. 加强循环经济工业园载体建设

高标准、高起点抓好循环经济工业园建设，把循环经济工业园区建设成为最适宜循环经济企业创业发展的沃土。政策随着项目走，采取一系列优惠政策，推动园区经济做大做强。创新园区管理体制，促进园区经济快速健康发展，使园区真正成为硬件最完善、政策最优惠、机制最灵活、成本最低廉的平台，成为专业集成、企业集群、投资集中、要素集聚、资源集约的循环经济基地。

4. 加快循环经济技术研发和推广应用

要积极消化、吸收国内外循环经济技术，支持循环经济共性和关键技术的研究开发。要积极组织废物综合利用、能源节约和替代、零排放、可回收利用材料和回收处理等技术的研发和推广，提高循环经济技术支撑能力和创新能力。通过开发、应用和推广先进成熟技术，培育企业核心竞争力，提高企业抗外部因素影响的能力，提高资源利用率，推动企业可持续发展。

5. 强化宣传教育和监管服务

加强宣传，扩大影响，开展多种形式的节约资源和环境保护宣传教育活动，提高全社会对发展循环经济重大意义的认识，把节约资源、保护环境落实到每个企业、每个家庭，变为每个人的自觉行动，为循环经济发展营造良好氛围。建立健全推进循环经济发展的协调工作机制，做好组织协调和指导推动工作，及时解决推进循环经济发展中遇到的重大问题。加大依法监管力度，引导企业树立经济与资源、环境协调发展的意识，海关、检验检疫、环保等各部门要加强沟通和合作，不留监管死角，监管到位，服务到点，配合默契，形成合力。

党的十八大首次将生态文明建设纳入社会主义事业"五位一体"总体布局，新一届中央高层对生态文明建设作出了一系列重要指示。这些充分宣示了中国生态文明建设新时代的到来。循环经济作为生态建设的重要抓手，对建设生态文明的意义十分重大。我国循环经济开展时间不长，但发展速度十分快，希望湖南省汨罗市的循环经济开展模式能创出一条具有中国特色的发展之路，为各地循环经济发展提供有益的经验和借鉴。

南宁市机动车排气污染防治工作探讨

广西南宁市环境保护局　陈伟刚

摘　要: 开展机动车排气污染防治,是国家"十二五"削减氮氧化物的重要措施和手段。本文在总结南宁市机动车排气污染防治工作的基础上,通过工作试点提出南宁市机动车污染防治工作需要从分步实施、完善政策法规、鼓励升级改造、颁布排放标准、建立数据监管体系和推进各方协调等方面入手,以解决实际问题为出发点,全面推进机动车防治工作。

关键词: 机动车; 排气; 污染防治

实施机动车环保标志管理制度,基本淘汰 2005 年以前注册登记的黄标运营车,建立机动车排气环保检测体系,改善燃油品质,深入开展机动车排气污染防治,是国家"十二五"削减氮氧化物的重要措施和手段,也是推进生态文明建设的重要内容之一。本文在立法、机动车排气污染检测试点站建设、地方机动车污染防治工作实施方案制定,监管机构的建立等方面进行探讨。

一、南宁市机动车排气污染防治工作基本情况

南宁市机动车排气污染防治起步于 20 世纪 90 年代末,南宁市政府曾以政府令的形式,颁布过《南宁市机动车排气污染监督管理暂行规定》,2005 年根据 2004 年自治区颁布的《广西机动车排气污染防治办法》,和相关城市建设及法律法规变化情况,对《南宁市机动车排气污染监督管理暂行规定》作相应修改发布,再次以政府令的形式重新颁布于"十一五"时期。进入"十二五",国家明确污染减排增加氮氧化物指标,在区环保厅的指导下,南宁市加快了推进机动车排气污染防治工作的步伐。

1. 开展立法调研,推动相关政策法规建立

2007 年制定了《南宁市机动车排气污染防治办法》起草工作方案,市人大进入立法调研过程,形成《南宁市机动车排气污染防治办法(送审稿)》及制定说明。两年来,市人大和有关部门开展了立法调研,市政协提出关于加强汽车排气污染控制议案,专题对运输交通管理、公安交管部门咨询,逐步形成共识,提出了很多有益的建议和意见。我们及时与市法制部门沟通,再次推动《办法》的修改,并列入下一年立法计划。

2. 编制规划方案,推动环保检测建站工作

根据推进机动车排气污染防治的工作计划安排,结合国家减排形势要求,遵循"统筹规划,合理布局,方便群众,数量控制,社会化运作"的原则,按照相关文件和规范,编制了《南宁市机动车简易工况检测系统建设规划》,制定了《南宁市机动车排气污染物检

测试点站建站方案》和《南宁市机动车排气污染防治工作实施方案》，将机动车排气污染防治工作分为准备阶段、试运行阶段和正式运行阶段，并将机动车排气污染防治工作任务分解到公安、交通运输、技术监督、工信、发改、商务等相关部门，共同推进实施。并完成了城南及城北两个机动车排气污染检测试点站建设工作。

3. 抢抓减排机遇，推动监管机构组建

我们抓住机动车的氮氧化物是南宁市"十二五"减排硬指标，抓住市委市政府提出推进生态文明建设创建环保模范城市，以及进一步提高市民环保满意等工作要求，抓住市政府常务会议专题听取环境保护工作专题汇报的契机，提出必须建立南宁市的机动车环保检测系统，必须设立机动车排气污染防治监管机构，才能总体推进机动车环保标志管理工作，为今后推动发标、限行进而加快淘汰黄标车等工作奠定的基础。

二、南宁市城市环境空气质量和机动车保有量情况

1. 城市空气质量

近年空气环境监测数据表明，南宁市区环境空气中三项主要污染物二氧化硫、二氧化氮、可吸入颗粒物平均浓度分别为 0.028 mg/m³、0.030 mg/m³ 和 0.069 mg/m³，均达到国家二级老标准要求。二氧化硫浓度逐年下降，但二氧化氮浓度近三年呈上升趋势。

2. 在用机动车现状保有量

南宁市近几年来机动车产业发展迅速，2007 年汽车保有量 224 521 辆，2008 年为 272 954 辆，2009 年为 340 659 辆，2010 年保有量达到 432 199 辆。从统计数据看，南宁市汽车保有量增长较快，年平均增长率为 23%，今后每年还将以较高的速度增长。

3. 在用机动车污染现状

近年来，机动车流动污染源在逐年增加，机动车排气污染所占空气污染的份额不断上升。据第一次污染源普查数据，2009 年全市机动车每年排放一氧化碳约 221 859 t、碳氢化合物约 24 769 t、氮氧化物约 29 003 t，总颗粒物 3 183 t，这些污染物已经成为影响全市大气环境质量的重要污染因子，南宁市的空气污染已由过去的煤烟型污染转变为机动车尾气和煤烟混合型污染，机动车排气污染已是城市环境空气污染的主要源头。机动车污染状况已是我们城市不可回避的问题，必须积极创造条件，启动试点站的运行，为正式运行探索积累经验，有序稳妥推进南宁市机动车污染防治工作，实现减排目标。

三、推进机动车排气污染防治试点工作体会和存在问题

1. 必须分步实施，稳妥有序推进

国家要求"十二五"基本淘汰 2005 年前注册登记的黄标运营车，公交、邮政和环卫车辆，以及城市间的长途客、货运车辆是重点。但是这些车与城市生活密切相关，一些车辆属于公益事业，财政补助不足，效益状况不佳，车况不好，的确是环境整治的重点，但积累和隐藏矛盾的较多。如果考虑不成熟，或急于求成，或者部门没形成合力，有可能成为不稳定的爆发点。因此必须树立为车主服务，便民利民的思想。比如目前南宁市的物价处于高位运行的状态，是否提高收费标准，有待物价专家评估和发改委物价部门批准。有

些城市运行操作不成功，仓促行事，造成罢运、停运事件，严重影响了社会秩序。我们认为要稳妥，有序，条件成熟，可以在部分出租车，部分公交车试运行。

2．完善政策法规，统一部门认识

当前国家、自治区、南宁市能够适应当前机动车排气污染防治工作需要的相关法律法规尚未出台。公安部门提出没有法律规定机动车排气环保检测不合格就不给年检；物价部门提出现有的安检线已获得了机动车尾气检测的收费项目，尾气检测不可能开设两次收费项目。通过《条例》或《办法》的出台，明确公安交警、交通运输、物价、质检、环保等部门的职责。促进认识统一，形成合力。目前的《大气法》、《道路交通安全法》都没有明确规定机动车环保检测是机动车入户和年检的前置条件。先进省市的经验是出台省级条例，各市出台相应办法，具体操作。

3．鼓励升级改造，实施社会化运作

机动车排气污染检测站是机动车排气污染防治工作的核心，如何建设和管理机动车排气污染检测站是当前急需解决的问题。按照南宁市原来规划设想，只建设4个排气污染检测站，一方面由于站点太少不能适应车辆日益增长的需要；另一方面完全忽略原有的机动车安全检测站的尾气检测的机构将会造成社会矛盾，引发部门"利益"博弈。在新建排气污染检测站的同时，应考虑对符合环保检测线建设基本条件的现有机动车安全检测站可以升级改造，达到环保厅委托的要求，体现"方便群众"和"社会化运作"的原则。环保部门做好监督管理，推动社会资源合理配置，不参与利益分配，南宁市城北、城南环保检测线，实质是在原有安检站的基础上升级改造而成。需要解决现有13家汽车安全检测站，如何确定其升级改造环保检测线的基本条件。

4．结合燃油品质，颁布执行标准

南宁市按照《在用机动车排放污染物检测机构技术规范》中有关要求，编制了《南宁市机动车排气污染物检测试点站建站方案》并建成2个排气污染检测站，但检测方法应该及时发布，以利于试点站开展检测工作和其他站点建设。执行标准不明确是制约南宁市机动车排气污染防治工作进一步开展的一个重要因素。一方面要认真研究制定适合自治区实际情况、易于操作的执行标准；另一方面应及时予以发布，否则极大影响工作进程。由于燃油品质与机动车排放的状况关系密切，在制定执行标准时，应充分考虑当前我国油品品质比国家颁布标准滞后2~3年的实际情况，颁布使大多数状况良好的机动车达到绿标标准，使在用车达标率在较高水平。

5．建立数据监管体系，实现信息部门共享

机动车排气污染防治工作的重要一环是对检测站点的监管，而监管的一项重要工作是检测数据的传输管理，实现相关部门检测信息共享，有利于部门协调合作。要建立统一数据传输端口技术标准，确保检测数据传输畅通，更易于公安、交通运输、环保等有关部门信息共享及环境监管。

6．推进各方协调，解决实际问题

机动车排气防治工作需要多方面共同协作才能做好，所需统一协调几个问题：

（1）机动车排气污染管理问题。必须明确机动车排气污染管理问题是机动车管理的一项内容，作为机动车管理行政主管部门的公安交警部门，应该对机动车排气污染工作实施具体的日常管理，环保部门实施统一监督管理。

（2）检测收费问题。机动车排气污染检测收费是检测业务持续开展的关键，若能够在省级层面上解决，避免各市自行协调产生诸多问题。当前是物价高位运行的敏感时期，机动车排气环保检测设备投入成本高，收费也应该有所提高，省内城市应该统一收费标准。

（3）油品问题。油品改善问题是机动车排气污染防治工作的一项重要措施。若能在省级层面协调中石油、中石化分公司，做好油品改善计划，有利于各市推行燃油品质升级工作。

四、全面推进机动车环保标志管理的基本思路

1. 加快立法步伐

加快制定出台《南宁市机动车排气污染防治办法》，对新车准入、机动车排气检测与治理、环保标志管理、职责分工与污染责任等加以明确规范，通过出台《办法》明确将机动车取得环保检测合格标志设为机动车上牌入户和通过年检的前置条件，规定在道路上行驶的排放黑烟或浓烟的机动车辆由公安机关交通管理部门进行查处。

2. 严格新车准入门槛

国家将于 2011 年 1 月 1 日起，新车上牌将全面执行国 IV 排放标准，从源头上控制机动车尾气排放。本市将研究提高新车准入标准措施，对新购车辆实行国Ⅲ标准，力争提前实施国 IV 标准；对不符合排放标准的车辆，公安交通管理部门应不予办理有关登记上牌手续。

3. 完善机动车尾气污染监管机制

市机动车排气污染监管中心已经建立，仍需尽快落实专职人员，派驻各机动车检测线按启动、试运行、正式运行个阶段发标管理工作。要加强业务培训，强化相关法律学习，提高监管水平，提高机动车排气污染管理队伍能力水平。

4. 做好全面开展机动车排气污染防治基础工作

（1）推进试点站上岗人员培训并取得上岗证，完成计量认证工作，力争尽快获得自治区检测业务委托。

（2）发布检测方法标准、排放标准和标志管理办法。

（3）发布实施《南宁市机动车环保检测机构建设发展规划》，使检测站点建设布局合理，有序建设，避免可能出现投资过度而引发恶性竞争，全面推进开展机动车排气污染检测站建设健康发展。

（4）建立全市机动车排气污染监督管理数据库和数据传输网络，对检测数据等信息进行统一管理。

5. 加强宣传，营造氛围

利用新闻媒体对机动车排气污染防治法律法规、标准、污染现状和机动车排气污染防治等进行广泛宣传，增强公众的环保意识和参与意识，使市民尤其是机动车驾驶员和车主明确在机动车排气污染防治工作中应承担的责任和义务。教育公众加强对机动车维护保养，减少机动车污染的排放，鼓励市民购买低排放低能耗环保型新车，共同做好机动车排气污染防治工作。

6．开展试运行，积累工作经验

南宁市现有公交车 2 680 台、出租车 5 070 台、营运客货车 12 000 台，这些属交通运输部门管理，作为排气污染检测的运行对象。加强环保部门与公安、交通、物价部门沟通，年内利用试点站对到期年检的公交车、出租车、营运车实施排气污染检测，也可以先行对两年内入户新车实施免检免费发放环保合格标志。外地二手车转入登记时，必须达到国Ⅲ标准才能在本市注册登记；对周边省份已经实施机动车环保标志管理而淘汰的残旧机动车严禁进入本市。在机动车环保标志管理的试运行阶段，未预知的隐藏问题充分暴露出来，要积累运行经验，逐步稳妥有序推进，确保"十二五"时期内机动车环保标志管理工作全面铺开，完成机动车减排任务目标，改善市区空气质量。

关于加强无锡市大气污染防治工作的
相关对策和建议

江苏省无锡市环境保护局　汪　春

摘　要：大气污染防治关系人民群众身体健康，关系经济持续健康发展，关系各级政府的形象和公信力。本文从四个方面对影响无锡市大气环境质量的主要因素进行了分析。为切实改善大气环境质量，提高公众对大气环境质量满意率，必须实施多污染物协同减排，解决细颗粒物、臭氧、酸雨等突出大气环境问题。文章分别从源头控制、调整能源结构和加强立法六个方面提出了无锡市大气污染防治的对策和建议。

关键词：无锡市；大气污染防治；环境空气质量

近年来，无锡市在大力治水的同时，不断加大大气污染防治工作力度，全面实施"蓝天工程"三年行动计划（2010—2012 年），加快推进能源结构调整、工业废气治理、扬尘污染防治、机动车排气污染防治、油气回收、秸秆禁烧等九大重点工程，取得阶段性进展。

尽管无锡市的大气污染防治工作取得了一定成效，但环境空气质量仍不容乐观。由于监测指标代表性不强、标准不高等因素，空气质量公报数据与人民群众对环境空气质量的感受反差较大，灰霾现象和酸雨情况还比较严重。按照新《环境空气质量标准》（GB 3095—2012），2012 年无锡市区环境空气质量指数（AQI）优良率下降为 64.5%，可吸入颗粒物（PM_{10}）超过年均二级标准（70 $\mu g/m^3$）19.4%，细颗粒物（$PM_{2.5}$）超过年均二级标准（35 $\mu g/m^3$）69.5%。2013 年以来，灰霾污染尤为突出，1～3 月出现 13 天的重度污染天气，空气质量优良率仅为 38.9%。

一、影响无锡市大气环境质量的主要原因

1. 大气污染成因复杂

相对于水污染，大气污染的成因更加复杂，基础性研究更加薄弱，特别是对 $PM_{2.5}$、灰霾等污染因子的污染程度、来源解析、形成机理等缺乏系统性的研究，国内外至今没有形成权威性解释，同时各个地区的污染成因也不尽相同，这些因素造成大气污染防治工作思路不清、方向不明，制定的防治措施针对性不强。

2. 大气污染排放负荷巨大

"十一五"以来，无锡市二氧化硫排放总量虽然大幅削减，但全市大气污染物排放基数仍然很大，2012 年无锡市单位国土面积二氧化硫、氮氧化物排放强度分别达到

18.17 t/km², 34.57 t/km², 是全省平均水平的 1.9 倍和 2.4 倍。全市机动车保有量达到 138 万辆, 其中汽车 101 万辆, 机动车排气污染已成为城市污染的祸首。同时, 挥发性有机物 (VOCs) 排放量也较大, 据统计, 无锡市 VOCs 排放量 15.50 万 t, 在全省仅次于南京。

3. 产业结构和能源结构依然偏重

高污染、高耗能产业仍占较高比重, 冶金、电力、交通设施制造、化工、造纸、印染等行业在无锡市的工业总产值排名中仍排名前十, 其污染物排放总量也位居前列。2012 年全市煤炭消耗总量达 2 577.2 万 t, 其中电力、钢铁、水泥等行业煤炭消耗量占总量的 95%以上。据调查, 全市还有锅炉 3 400 多台、窑炉 3 900 多台, 燃烧过程中废气排放量较大。

4. 大气污染防治工作基础薄弱

大气环境管理模式滞后, 各部门之间的合作机制尚未形成。污染控制对象相对单一, 控制重点主要为二氧化硫和工业烟粉尘, 对细颗粒物、氮氧化物、挥发性有机物等污染物控制薄弱, 挥发性有机物、扬尘等尚未纳入环境统计管理体系, 底数不清; 工作重点主要集中在工业点源, 对扬尘等面源、机动车等移动源的重视不够。大气监测能力薄弱, 大气自动监测系统不完善, 不能全面反映无锡市总体空气质量状况, 重点污染源在线监控能力薄弱。同时, 法规标准体系不完善, 在区域大气污染防治、移动源污染控制等方面缺乏有效措施, 缺少挥发性有机物排放标准, 车用燃油标准远滞后于机动车排放标准等。

二、加强无锡市大气污染防治的相关对策和建议

切实改善大气环境质量, 提高公众对大气环境质量满意率, 必须实施多污染物协同减排, 努力解决细颗粒物、臭氧、酸雨等突出大气环境问题, 当前应着重抓好六个方面的工作:

1. 加强分析研究, 科学预警应急

加强对大气污染特征、污染物来源解析、区域复合型污染形成机理的分析, 开展无锡市大气污染物的来源专项研究, 制定大气污染源清单编制工作总体方案, 启动工业源、生活源、移动源等重点行业大气污染源清单编制工作, 分析细颗粒物、臭氧等首要污染物的质量浓度和化学成分, 得出各主要源类对大气污染的贡献, 为针对性制定城市污染控制措施、对策及空气质量预报预警工作提供基础数据和技术支撑, 为大气污染防治工作提供科学依据。建立重污染日预警和应急响应机制, 当出现极端不利气象条件时, 及时启动应急预案, 实行重点大气污染物排放源限产、建筑工地停业、机动车限行等紧急控制措施。

2. 强化源头把关, 优化产业布局

一方面, 严格环境准入。提高"两高一资"行业的环境准入门槛, 严格控制新建高耗能、高污染项目。停建火电厂, 限制现有火电厂扩能。严格控制新建、扩建石化、化工、涂装等高挥发性有机物排放项目。实施钢铁、水泥产能总量控制, 实施等量或减量置换落后产能。另一方面, 淘汰落后产能。加快淘汰电力、钢铁、造纸、印染等行业中的落后产能, 确保完成国家和江苏省下达的淘汰落后年度任务。合理确定重点产业发展的布局、结构与规模, 重点推动专业园区的发展壮大, 强化产业配套, 缓解要素制约, 切实提高环境承载力。

3. 调整能源结构, 推广清洁能源

控制煤炭消费总量, 将全市原煤总量控制在 2 800 万 t 以内, 其中规模以上工业原煤使用量控制在 2 685.83 万 t 以内, 万元 GDP 能耗削减到 0.5 t 标煤。推进火(热)电行业

整合整治，制定实施热电联产规划，实施"以大代小"、"上大压小"和小机组淘汰退役，推进火电厂节能技术改造。划定高污染燃料禁燃区，将城市建成区及省级以上开发区划定为禁燃区，禁燃区内禁止新建、扩建燃用高污染燃料的锅炉、窑炉、炉灶等燃烧设施；禁止使用高污染燃料，锅炉等燃烧设施改用清洁能源；禁止销售高污染燃料。大力推广清洁能源，推动能源结构由单一煤电向综合能源结构方向发展，提高绿色能源和可再生能源比重。

4. 深化大气污染防治，实施多污染物协同控制

严格控制并削减二氧化硫、氮氧化物、工业烟粉尘、重点行业现役源 VOCs 排放总量。推进电力、钢铁、水泥行业脱硫脱硝工程建设，实施工业窑炉锅炉专项整治，开展重点行业 VOCs 治理试点，探索 VOCs 监测、治理技术和监督管理机制。加强机动车排气污染防治，扩大"黄标车"区域限行，加快淘汰老旧机动车。同时实施扬尘综合整治，强化生物质禁烧和综合利用，加强秸秆禁烧巡查，推进餐饮业油烟污染防治，加强城市绿化建设，提高绿地总量。

5. 完善空气质量监测体系，提升大气污染监管能力

完善区域环境空气质量监测体系，根据区域、气象和环境管理的需求，在原有国控自动监测站基础上增设市控自动监测站，使得监测数据更全面、更客观、更具代表性。加强重点污染源监控能力建设，重点污染源全部建成在线监控装置，并与环保部门联网。加强机动车排污监控能力建设，开展机动车污染监控机构标准化建设，建成市级机动车污染监控中心，推行电子化、智能化监管体系建设，实现机动车环保检验机构及在用机动车的在线联网监控。提高大气污染预警应急能力，在重点敏感保护目标、重点环境风险源、环境风险源集中区和易发生跨界纠纷的重大环境风险区域，建立大气环境风险监控点，实现视频监控、自动报警功能。加强大气污染监察执法能力建设，配备必要的大气污染现场执法、应急监测仪器和取证设备，提高环境执法队伍素质，提高快速反应能力。

6. 强化部门责任，加大资金投入

进一步落实各市（县）、区人民政府和市各相关部门的责任。建立长效工作机制，要将大气污染防治工作成效纳入各级党委政府的考核。各级财政要统筹安排现有环保专项资金，支持区域大气污染防治基础性研究、重点项目治理、空气质量监测能力建设等项目的补助。要积极探索建立多元化投资机制，拓宽融资渠道，引导社会和企业资金投入大气污染防治相关领域。

7. 推进地方立法，鼓励全民参与

适时出台《无锡市机动车船排气污染防治条例》、《无锡市建筑扬尘污染防治条例》、《无锡市大气污染防治条例》等地方性法规，为大气污染防治工作提供法律支撑。发挥政府引导作用，积极营造崇尚节约、勤俭办事的良好风气，构筑绿色文明的政府形象，为全社会做出表率。强化企业主体责任，完善环境行为信息公开制度，接受社会各界监督。制定重点排污企业清单，在空气达到重污染时，督促采取降低生产负荷、停产限产、提高污染防治设施运行效率等方式，减少大气污染物排放。营造全民参与氛围，以"同呼吸、共命运"为主题，结合"6·5 世界环境日"、"环境月"等纪念活动和科普宣传周，积极开展环保主题宣传活动，切实增强广大市民自觉的生态环境意识，形成全社会关心、支持、参与大气污染防治的良好氛围。

污染减排问题及对策分析

广东省茂名市环境保护局　刘普新

摘　要： 茂名是广东省经济落后地区，环保基础设施建设滞后，污染治理水平低下。在预测未来三年由于城镇人口、GDP 和畜禽养殖增长带来的化学需氧量和氮氧排放量增长的基础上，提出了为完成"十二五"减排任务而采取的非常措施。文章还提出需要在加快污水处理设施及管网的建设、推动进机动车减排、挖掘石化行业减排潜力和加强与完善部门联动机制等方面开展工作，稳步推进茂名市的污染减排工作。

关键词： 茂名；氨氮排放量；增量测算；减排措施

茂名市地处广东省西部，下辖三市一县二区，国土面积 11 000 多 km^2，常住人口近七百万人，属广东省东西北欠发达地区。

"十一五"期间，顺利完成了广东省政府下达的"十一五"主要污染物总量减排任务，完成了一县一厂的城市生活污水处理厂建设。但是，由于茂名市是经济落后地区，环保基础设施建设滞后，城镇生活污水处理能力不足，配套污水管网不完善，农业畜禽养殖量大，污染治理水平低下，要完成"十二五"主要污染物总量减排任务，存在相当大的困难。

一、2012 年减排任务完成情况及"十二五"目标任务

2010 年茂名市化学需氧量和氨氮排放量分别为 12.65 万 t 和 1.32 万 t。二氧化硫和氮氧化物排放量分别为 3.31 万 t 和 3.21 万 t。

按照省下达给茂名市"十二五"主要污染物总量减排任务要求，到 2015 年年末，茂名市化学需氧量和氨氮排放总量分别控制在 11.01 万 t 和 1.15 万 t 以内，二氧化硫和氮氧化物排放总量分别控制在 3.27 万 t 和 3.17 万 t 以内。

根据初步测算，2012 年全市 COD 排放总量约为 12.20 万 t，氨氮排放总量为 1.25 万 t，分别比 2011 年下降 0.650 3 万 t 和 0.107 7 万 t，同比下降 5.06% 和 7.96%；二氧化硫排放总量为 3.22 万 t，氮氧化物排放总量为 3.10 万 t，分别比 2011 年下降 0.325 9 万 t 和 0.265 9万 t，同比下降 9.20% 和 7.92%，全面完成广东省下达的年度减排任务。

在 2012 年基础上，要完成"十二五"减排任务，COD 要减排 1.19 万 t，氨氮要减排 0.1 万 t，在未计算新增量情况下，平均每年 COD 要净削减 4 000 t，氨氮要净削减 330 t。在未计算新增量的前提下，二氧化硫、氮氧化物已完成"十二五"目标任务，未来三年主要控制新增量（即削减量能有效抵消新增量），防止总量突破。

二、未来三年增量测算

1. 城镇人口增加带来的增量

2012 年，茂名市常住人口 596.76 万人，城镇人口 223.37 万人，城镇化率为 37.43%，城镇人口比 2011 年增加 12.1 万人。根据《茂名市国民经济和社会发展第十二个五年规划纲要》中相关指标，到 2015 年，茂名市常住人口将达到 623 万人，城镇人口将达到 280.35 万人，城镇化率达到 45%。按照这一城镇人口增量数据测算，到 2015 年，因新增城镇人口带来的新增化学需氧量排放量约 13 103 t，新增氨氮排放量约 1 685 t。

2. GDP 年增长带来的增量

随着经济快速增长，按照 GDP 年增长率 12%测算，预计未来三年因 GDP 年增长带来的新增化学需氧量排放量约 1 200 t，新增氨氮约 90 t。

3. 畜禽养殖增长带来的增量

按照《茂名市畜牧业"十二五"发展规划》的发展规划目标，畜禽肉类产量"十二五"期间年均增长 4.5%。据此测算，未来三年新增化学需氧量排放量约 9 770 t，氨氮约 1 000 t。

以上三项合计，预计未来三年带来的增量：化学需氧量约 2.41 万 t，氨氮约 0.28 万 t。

要完成茂名市"十二五"水污染物减排任务，污染物削减量必须完成减排任务和新增量之和，即化学需氧量削减 3.60 万 t，氨氮削减 0.38 万 t。每年化学需氧量要削减 12 000 t，氨氮要削减 1 267 t。

三、减排潜力分析

1. 生活污水处理设施减排

茂名市现有已建成投产的污水处理厂共 5 座，日处理能力合计 24.5 万 t，2012 年实际污水处理量为 18.31 万 t/d。按照目前污水处理厂运行情况测算，每新增 1 万 t/d 污水处理量年新增 COD 削减约 400 t，氨氮削减约 48 t。现有污水处理厂仅能新增 COD 削减 2476 t，新增氨氮削减 297 t。

茂名市计划新建污水处理设施有：茂名市河西城区生活污水处理厂，设计能力 5 万 t/d（估计 2013 年年底建成）。茂南区污水处理厂，设计能力 2.5 万 t/d。茂港区污水处理厂，设计能力 2 万 t/d。新增污水处理能力仅 9.5 万 t，按 60%负荷运行也只能新增 COD 削减量 2 280 t，新增氨氮削减量 273 t。

中心镇污水处理设施建设虽然也是"十二五"减排要求完成的项目，但由于茂名市中心镇常住人口少，污水量少，镇级污水处理设施工艺简单，按照减排核算的要求也难以有较大的减排量。

预计未来三年城镇污水处理设施带来的削减量合计为 COD 约 4 756 t，氨氮约 570 t。

2. 工业减排潜力

2012 年，茂名市工业 COD 排放量为 12 015 t，占全市总量的 9.84%，氨氮排放量为 669 t，占全市总量的 5.37%，经"十一五"和"十二五"前两年减排后，工业持续减排能力已基本没有空间。

3．农业减排潜力

2012 年茂名市农业 COD 排放量 65 809 t，占全市总量的 53.92%，氨氮排放量 6 374 t，占全市总量的 51.17%。

畜禽养殖污染物排放分三部分：规模养殖场、专业户养殖和散养。规模养殖场可以通过治理计算减排量，专业户只用养殖总量计算排放量，按照减排核算细则的规定，即使通过治理也无法计算减排量，散养不计污染物排放量，全部粪尿按综合利用计算。

2012 年全市规模场生猪养殖量 356.93 万头，已完成治理 45.48 万头。如果规模化生猪养殖场全面完成治理，按鼓励模式去除率（COD 去除率 90%，氨氮去除率 70%）计算，预计 COD 可削减 11 212 t，氨氮可削减 1 682 t。

以上三项合计，预计未来三年削减量：COD 约 1.60 万 t，氨氮 0.22 万 t。

四、完成减排任务的应对措施

综合上述预测计算结果可知，在正常情况下，茂名市要完成"十二五"COD 及氨氮总量减排任务，COD 尚缺口 2.0 万 t，氨氮尚缺口 0.16 万 t 的削减量。即正常情况下不可能完成总量减排任务，要完成总量减排任务必须采取非常措施。建议采取如下之一非常措施：

1．严格控制专业户及规模场畜禽养殖增长率

严格控制专业户及规模场畜禽养殖增长率，确保未来三年内规模场畜禽养殖总量增长率为 0，专业户畜禽养殖总量增长率为-50%。

2．在控制畜禽养殖量的同时，适当调控城镇化人口增长速度

适当调控城镇化人口增长率，控制到 2015 年常住人口城镇化率不超过 42%，同时确保未来三年内规模场畜禽养殖总量增长率为 0，专业户畜禽养殖总量增长率为-25%。

总之，要完成"十二五"总量减排任务的非常措施，在全面完成各项污染治理任务的前提下，关键是要在常住人口城镇化率和畜禽养殖增长率中取得平衡。

五、未来三年减排工作建议

污染减排是国务院考核各省的硬任务，并明确主要污染物总量减排的责任主体是地方各级人民政府，考核结果作为对地区领导班子和领导干部综合考核评价的重要依据。对考核未通过的，暂停该地区所有新增主要污染物排放建设项目的环评审批，即区域限批，将严重影响地方经济的发展。

为做好茂名市减排工作，确保完成"十二五"减排任务，建议：

一是适当调控城镇化人口增长速度。

二是严格控制专业户及规模场畜禽养殖增长率，同时大力推进规模化畜禽养殖工程治理建设。全面推进畜禽规模场污染治理，建设生态畜牧养殖场，开展畜禽排泄物生物发酵处理与有机肥生产相结合的新型养殖模式。启动区域畜禽养殖粪便综合处理设施建设。减少专业户养殖量。严格执行畜禽禁养区、限养区和适养区的管理规定，推进畜禽养殖业合理布局。

三是加快污水处理设施及管网的建设。经过"十一五"大规模的减排工程建设,"十二五"头两年在推进工程减排方面出现了松懈的倾向,特别是污水处理设施及污水管网的建设进度比前两年明显慢了下来。如不能加快工程建设进度,势将影响"十二五"整个减排计划的推进。重点加快推进茂名市河西城区污水处理厂、茂南污水处理厂、茂港区污水处理厂、全市中心镇污水处理设施建设。

四是采取综合措施推进机动车减排工作。认真贯彻落实国家关于老旧汽车报废更新财政补贴政策。根据本地实际制订减排补助或者奖励政策,明确鼓励"黄标车"淘汰的补贴或奖励标准,对提前淘汰"黄标车"给予一定的财政补贴或奖励;严格新车准入,禁止不符合国家机动车排放标准车辆注册登记,加强机动车定期检验,实施机动车环保标志管理,严格执行黄标车区域限行的管理规定,加强对机动车管理,达到管理减排作用。

五是充分挖掘石化行业减排潜力。加快推进茂名石化供热锅炉烟气脱硫工程和催化裂化脱硫工程建设,进一步提升茂名石化烟气治理水平。

六是加强与完善部门联动机制。总量减排工作离不开财政、发改、统计、农业、公安交警等部门的支持与配合。特别是减排领域和指标的增加给减排工作提出了更高的要求,必须进一步明确并落实相关部门的减排责任。一方面要政府出面协调,建立政府负责,部门配合的联动工作机制;另一方面各级环保部门也要主动同这些部门进一步加强沟通才能解决根本问题。

对构建污染源分类管理模式的探索和思考

上海市宝山区环境保护局　韩　婷

摘　要: 宝山区是上海市重要的工业基地和人口导入区。为缓解工业生产与生态需求矛盾，在"科学治污，管理创新，资源节约、总量减排"的指导思想下，宝山区探索出一条工业污染源定性管理向定量管理转变的新路。通过建立企业污染指数，对区内的污染源进行分类管理，对企业实行分级管理。经实践评估，该方法促进了地区节能降耗，治污降污，污染物总量减排，有利于实现环境、经济、人的协调发展。

关键词: 上海宝山；企业污染指数；污染源分类管理

宝山是上海市传统的工业基地，因其临江近海的独特区位优势，钢铁冶金业和港口物流业较为发达，也因毗邻中心城区而成为上海市的人口导入区。因此，宝山生产、生活、生态的矛盾成为环境保护的重要组成部分。

宝山有工商注册企业近万家，500 万元以上的规模企业有 900 家，排污申报企业已有 1 300 多家。从排污总量来看，有年二氧化硫排放量万 t 的大型钢铁企业，也有仅一台锅炉的仓储业；从企业管理水平上看，有通过清洁生产审计的企业，也有没有任何环保意识的非法窝点；从空间布局看，有分布在成熟工业区的现代企业，更有被城市快速发展的包围其中的历史企业。

如何使宝山的环境保护工作走出困境，适应新时期环境形势的要求，如何聚精会神地抓污染整治工作，缓解宝山生产与生活这对矛盾的压力；如何使环境管理从企业被动强制管理走向主动内在需求，成为生产过程不可分割的一部分；如何使大而同的低效环境管理转变为分类的差异化的管理模式，提高环境管理效能；如何使封闭的环保专业化管理转变为企业的、社会公众化的大众监督，共商共推环保大计……

一系列的问题和思索，要求我们在"科学治污，管理创新，资源节约、总量减排"的指导思想下，探索一条工业污染源定性管理向定量管理转变之路——通过建立定量评估的企业污染指数（Enterprise Pollution Index，EPI）来实施污染源的分类管理。

一、构建污染源分类管理模式的设计与实践

企业污染指数是全面落实科学发展观、建设资源节约型和环境友好型社会的具体举措，是生态文明理念的实践运用，是顺利完成宝山区"提高环境质量、保障群众健康，预防环境风险"的重要保障，是宝山区环境保护工作的重要组成部分。开展企业污染指数的评定工作，将对宝山区分类管理污染源，促进企业经济与社会可持续发展，降低区域污染

物排放总量，提高区域环境质量，保障区域和谐稳定具有深远的意义。

污染源分类管理模式的设计原则主要包括三个方面：

一是突出近期环保工作重点原则。企业污染指数指标体系实际上是环境创新管理的实用工具，因此指标涵盖的内容应注重管理的重点和根本，因此，在指标体系中，强调了控制总量、清洁生产、循环经济、"三集中"、污水纳管、扬尘控制等近期关注的热点问题。

二是强调法律支撑原则。环境管理是一个依法履职的过程，因此指标体系的常设应充分考虑法律法规赋予环保管理的职责，对企业的要求也应在法律的框架内进行。因此，在指标体系中，强调了法律的规范要求，如"无组织排放"：《上海市环境保护条例》第三十四条第二款规定，禁止生产企业无组织排放粉尘和生产性废气；"环境面貌"：《上海市扬尘污染防治管理办法》第十七条第1项规定，单位范围内的裸露泥地，由所在单位进行绿化或者铺装。

三是注重简明扼要易操作原则。通过三个一级指标、八个二级指标、十四个三级指标简明扼要进行监察评判。企业污染指数实行百分制，低分为优，高分为劣。根据宝山区企业现实情况和管理经验，将排污企业分成五色，绿、黄、橙、红和黑。并对已掌握的企业历史状况进行模拟打分，应用统计学原理，设计出不同颜色的分值段，确立分类标准。

同时，企业污染指数（EPI）是通过"工业污染源污染物排放强度、企业内部环境管理水平和对社会影响程度与范围"三个方面对污染企业进行全面考量，这三项指标是所有环境保护工作者对污染企业最为关心的主要方面。三者之间存在必然逻辑关系：企业在生产过程中是否产生了污染，产生污染后的内部管理和控制的能力，控制之后是否还对社会产生危害和影响？三者之间污染是因，影响是果，管理和控制能力则是关键性措施。

在此基础上，我们用总量和浓度来表征排污强度，用反映企业的历史（档案）、现状（环境面貌和管理体系）和未来（清洁能源）来评判企业环保管理水平，从水（污水纳管）、气和声（敏感目标距离）以及渣（固废，突出危废）四个环境因素来界定企业排污对社会生活的影响。

污染源分类管理模式的方案实施主要从以下几方面进行：一是确定评定（重点管理）对象。梳理出占宝山工业污染负荷95%的330户进行重点评定，其指数动态变化反映宝山工业污染态势。二是确定评定频度。主要分为初评和复评。年初，由宝山区环境监察支队进行全面EPI监察；每月企业根据治理改造进度或变色信息上报，并有支队核查。三是确定职责分工。排污企业主要任务是控制排放总量，提高环境管理水平，减少对社会的影响程度，创建资源节约型、环境友好型企业；积极制定变色计划，努力降低污染指数；积极主动地申报企业变化信息，为评定工作奠定基础。宝山区环境保护局以总量控制为目标，运用法律、行政、经济、宣传等各种管理手段，以企业污染指数为管理依据，分类管理，促进企业治污减排。四是建立信息管理系统。根据环境管理业务的特点、应用的部门特征、环境管理的工作流程以及部门内部和外部之间的关系，建立EPI应用系统的功能体系。五是建立信息定期公布制度。定期公布区域企业污染总指数（ΣEPI），衡量区域污染物排放总量和污染控制水平，用单个企业的EPI来表征某企业的环境保护现状。通过综合指数和单点指数的曲线绘制，展示宝山区污染走势；通过变化原因的分析，及时反映地区主要环境问题；通过EPI排行榜和红色黑色企业违规违法事实的信息公布，促进全社会共同关注和督促企业污染治理。

企业污染指数评价体系确立后，在工作计划的推动下，经过两年实践和效果评估。结果表明，对企业开展 EPI 的评定，对企业的环境状况进行综合性、多角度的评价，有利于实现环境、经济、人的协调发展；通过 EPI 评定，有利于发挥评价体系的法律监督作用，行政管理作用，激励鞭策作用和心理暗示作用；通过 EPI 的改善，企业颜色等级的提升，最终实现地区节能降耗，治污降污，促进区域污染物排放总量控制目标实现。

二、对构建污染源分类管理模式的思考

1. 企业污染指数成为污染源管理的风向标、企业环保工作的指示牌

用企业污染指数描绘了地区污染态势，凸显了地区环境问题。企业污染指数 EPI，实行每月评分制，用区域企业污染总指数（ΣEPI）衡量区域污染物排放总量和污染控制水平，用单个企业的 EPI 来表征某企业的环境保护现状。通过综合指数和单点指数的曲线绘制，展示宝山区污染走势；通过变化原因的分析，及时反映地区主要环境问题；通过 EPI 排行榜和红色黑色企业违规违法事实的信息公布，促进全社会共同关注和督促企业污染治理。

从 EPI 评定结果我们发现，宝山工业污染源主要存在以下几大方面的问题：环境意识薄弱：企业经营者的环境意识差，黑色企业中因未办理环保相关手续的占 82%；环境管理水平较低：环境管理体系和检测体系不完善，基本处于初级阶段，持续改进能力不强；冶金、化工等制造行业，污染严重，特别是无组织排放严重，结构性污染仍是宝山的环境特点；企业与居住区混杂，布局性环境污染矛盾成为环境信访重要组成部分，难以根本解决。

用企业颜色等级刺激了企业污染的整治，控制了污染总量的突变。任何一届政府都不希望在自己的管辖土地上大量存在黑色与红色企业，任何一个居民都不愿在自己的左邻右舍存在黑色与红色企业，企业主也不会因为被评为黑色与红色企业而无动于衷。正是抓住这种心理特点，我们通过 EPI 形象的判定企业颜色等级，从政府、社会、投资者的角度来刺激污染企业加快治理改造进步和污染控制能力。在年度评定结果的基础上，我们及时多次开展宣传培训，灌输环保理念，宣传环境政策法规。我们又借"六·五"世界环境日之际，以书面形式反馈给企业法人，引起极大反响。今年我们又适时将一批红色和黑色企业组织起来，用限期治理、加大执法力度、上门服务指导、环保资金补贴等多种方式促进企业治理改造。目前这些企业均提交了治理改造计划，为下一步的颜色提升打下了扎实的基础。

用企业污染指数实现污染管理的三个转变。

一是企业污染指数（EPI）的创立，用管理创新理念和实用性管理工具来改变污染源管理现状，实现污染源管理的三个历史性转变。从被动强制管理走向主动内在需求。通过 EPI 体系的设立，使环境保护从外部的、强制的、监督的行政主管部门的管理转变为企业内在的，生产过程不可分割的一部分，使企业生产的外部不经济性得到自动校正，增强企业的社会责任感。

二是从大而同的管理转变为分类差异化的管理。以前环保局较多的是从执法监督角度来管理企业，鼓励、引导、服务性不强，通过 EPI 的评定，对现有工业企业从崭新的角度进行梳理分类，用不同的方式进行管理。绿色企业：鼓励支持、自主管理为主；黄色企业：

引导、规范为主；橙色企业：监督管理为主；红色企业：严格执法为主；黑色企业：关停整顿为主。

三是从环保管理专业化转变为企业社会公众通用化。企业的污染状态，管理水平和对社会的影响，公众、政府和企业都是非常关心的这些信息，通过 EPI 的评定、企业污染指数的改变、企业颜色类型的变化，使企业、公众、政府直观、公开地了解企业的环保现状和发展，有利于提高公众的参与度，政府的决策力和企业的环境保护力度。

2．分类管理模式，提升了污染源管理水平和环境管理成效

通过分类管理，污染源管理目标更为清晰。根据年度 EPI 评定结果，我局制定全区的变色目标，也构建了 30—100—200 家企业的塔形监督结构，促使被高高挂起的 30 户企业制定变色目标，以保证全区总目标的实现，也使 100 家企业不敢懈怠松气，积极保色变色。通过目标的确认，即使环保局管理人员和执法人员明确工作的方向，也为企业环保管理人员明示了管理要求和阶段性目标。围绕目标任务，各方积极制定工作计划，落实工作措施，掀起了污染控制的新高潮。

通过分类管理，污染源管理重点更为突出。根据 EPI 评定结果，我们锁定了污染源"三重"：重点地区：以 20 世纪 80 年代化工为主体的罗店大场地区的环境综合整治；重点行业：以冶金生产为主体及其相关延伸业，以港口业、集装箱制造为主体及其相关物流业，以化工生产为主体及其相关仓储业；重点污染源：污染负荷占 95%以上的 330 户重点企业，特别是其中的 30 户和信访矛盾突出的生产性企业。通过"三重"聚焦，强化污染源分类管理，促使污染治理、技术改造或产业结构调整，实施等级提升。

通过分类管理，污染源管理实效更为明显。EPI 不是一个简单的分值，也不是一种单纯的颜色，通过它可了解不同企业存在的环境问题，了解各区域网格内的环境现状，使环境管理、监察、监测方向性更强，为可实现污染源分级管理，提升区域等级打下基础。环保局各部门在 EPI 工作中既各司其职，又形成统一整体，提高合力。

通过分类管理，污染源管理形式更受欢迎。通过 EPI 的评定，对不同等级和颜色的企业进行不同形式的管理，对绿色等级企业，我们采取契约式管理，认同企业环境行为。对连续两年被评为绿色企业的，将授予"宝山区环境友好企业"的称号，可以享受环保优惠政策；对黄色企业，定期约见，共同推进和解决存在的环境问题；对橙色企业，不定期突击检查，监督企业实施总量削减目标；对红色企业，以加强执法、加大处罚和排污费征收力度、实施限期治理等环境保护强制措施为主，迫使企业改进生产工艺，从源头控制污染；对黑色企业，作为区域劣势企业予以关停整顿，通过政府有序实施产业结构调整等。

通过对不同颜色等级企业的分类管理，将企业污染指数引入企业环境管理，大大激发了企业环保工作积极性，降低 EPI、提升企业颜色成为区域环境主流工作，企业纷纷向区环保局提出企业污染指数降低计划，提升企业环保水平。同时也使人力、物力相当有限的环保部门能腾出精力，聚焦重点，切实提高管理实效。

3．量化监管，分类疏导，等级提升，强化企业、政府、社会的全民参与，实现污染减排新突破

企业污染指数量化了企业治污减排目标。根据上年度的评定结果，确定年度"∑EPI 降低点，污染物总量削减百分点"的管理目标，分解并落实了任务与措施，通过确立产业结构调整、污染治理工程措施、截污纳管名单，建立了主要污染企业一厂一方案的环境管理措施。污染企业在明确目标任务后，积极行动，污染减排，实现颜色等级的提升。

分类管理优化了环境执法资源。严格执法仍然是当前污染管理的重要组成部分，在企业污染指数引领下，执法资源可以更为有效地使用，联合联手联动，快速，有针对地，高效。近年，我们建立"三监联动"工作机制，强化污染源管理合力，建立了每季度一次的三监联动工作例会机制，畅通污染源管理信息；建立典型案例会审机制，突出污染源管理重点和管理目标；建立双月联合执法机制，保证重点工作的集中高效实施。

信息公布引入了污染管理公众参与。企业污染指数的设立，为企业的环境行为公示与众奠定了良好的基础，公众能直观地清晰地对企业的良莠进行评判，参与度更高，监督性更强。企业也因其品牌效应、社会形象越来越注重自身在公众中的形象，因此，2013 年我们利用 EPI 信息公开，使环境信息作为污染源管理的日常工作之一，实现污染管理公众参与的目的。

荆门城区空气中颗粒物变化趋势及应对措施

湖北省荆门市环境保护局　许道伦

摘　要：本文通过对 2006—2012 年荆门城区环境空气质量资料统计分析，探讨了近几年荆门城区的颗粒物污染状况、主要来源，分析了荆门城区颗粒物污染的主要特征、变化趋势及其变化原因，并结合荆门的实际提出了优化工业结构和布局，加强环境管理和环境监管能力建设，提升环境管理水平等方面的应对措施。

关键词：湖北荆门；颗粒物污染；应对措施

颗粒物是造成我国多数城市环境空气污染严重的首要因素。由于经济社会的发展，荆门城区降尘量居高不下，对人体健康和空气环境质量影响较大的 PM_{10} 年均值超标，颗粒物污染形势相当严峻。因此，有必要对近几年荆门城区颗粒物变化特征及其影响因素进行研究，以提出荆门城区空气中颗粒物污染应对措施。

一、颗粒物污染特征及变化趋势

1. 城市概况

荆门地处湖北的中部，现辖京山县、沙洋县、钟祥市、东宝区、掇刀区和漳河新区、屈家岭管理区、荆门高新区，国土面积 1.24 万 km^2，人口 300 万人，2012 年 GDP 1 085 亿元。荆门城区西、北、东三面环山，向南敞开，常年主导风向为北风，年平均风速 3.3m/s，城区包括东宝区、掇刀区、荆门高新区和漳河新区，是一个以三线企业为支撑建立起来的老工业基地，随着经济的快速发展，城区聚集了水泥、火力发电、化学原料及化学品制造、石油加工等高污染行业。

2. 主要来源

荆门城区降尘主要来自建筑施工和道路运输扬尘，葛洲坝水泥厂排放的粉尘，以及荆门热电厂、中石化荆门分公司自备电厂和城区燃煤锅炉排放的烟尘；PM_{10} 除了来自扬尘、水泥飞灰、燃煤烟尘、机动车尾气等一次颗粒物以外，水泥厂、电厂和石化企业排放的二氧化硫、氮氧化物、挥发性有机物等相互作用形成的二次颗粒物也是其重要来源；$PM_{2.5}$ 主要来自燃煤排放的二氧化硫和氮氧化物、机动车尾气、石化企业排放的挥发性有机物等经大气化学转化形成的二次气溶胶，以及少量小粒径的扬尘、水泥飞灰、燃煤飞灰。

3. 降尘、PM_{10} 变化趋势分析

（1）2006—2012 年荆门城区降尘变化趋势分析。荆门城区目前共有 6 个降尘监测点，分别为监测站、市委、白庙街办、605 研究所、市财政局、掇刀。2006—2012 年的降尘年

均值统计结果见表 1，变化趋势见图 1。

表 1 荆门市城区降尘年均值统计结果一览表　　　　　单位：t/（km²·月）

统计项目	2006	2007	2008	2009	2010	2011	2012
降尘年均值	9.32	8.52	11.94	8.68	7.06	7.10	6.23

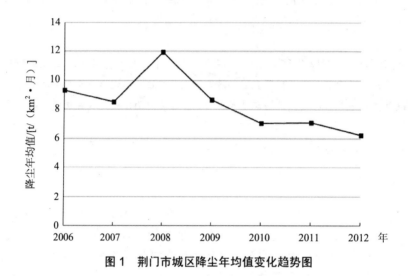

图 1 荆门市城区降尘年均值变化趋势图

从表 1 和图 1 可以看出，荆门城区 2006—2012 年降尘年均值呈下降趋势。2008 年为年际最高[11.94 t/（km²·月）]，2012 年为 6.23 t/（km²·月）为年际最低。同时，根据荆门市环境保护监测站的研究成果，降尘中地面扬尘约占 60%，水泥飞灰约占 30%，燃煤飞灰约占 10%。

（2）2006—2012 年荆门城区 PM_{10} 变化趋势分析。荆门城区目前共有 4 个空气自动监测站，分别为竹园小学子站、掇刀子站、石化一小子站、市政府子站，其中石化一小子站、市政府子站设立于 2010 年。2006—2012 年 PM_{10} 年均值统计结果见表 2，变化趋势见图 2。

表 2 荆门市城区各子站 PM_{10} 年均值统计结果一览表　　　　　单位：μg/m³

子站名称	统计项目	2006	2007	2008	2009	2010	2011	2012
竹园小学	年均值	72	78	98	103	105	88	78
	达标情况	达标	达标	达标	超标	超标	达标	达标
掇刀	年均值	90	71	101	102	107	102	98
	达标情况	达标	达标	超标	超标	超标	超标	达标
平均年均值*		81	75	100	103	106	95	88
石化一小	年均值	—	—	—	—	—	120	125
	达标情况						超标	超标
市政府	年均值	—	—	—	—	—	103	109
	达标情况						超标	超标

注：*为竹园小学子站和掇刀子站两个站的平均值。

从表 2 可以看出，荆门城区 2006—2012 年 PM_{10} 年均浓度总体呈上升趋势，从 81 μg/m³ 上升到 106 μg/m³，2012 年下降到 88 μg/m³。2006 年、2007 年（为年际间最低）、2008 年 PM_{10} 年均值达到国家二级标准，2009 年、2010 年（为年际间最高，超标 0.06 倍）、2011 年、2012 年的年均值超标。

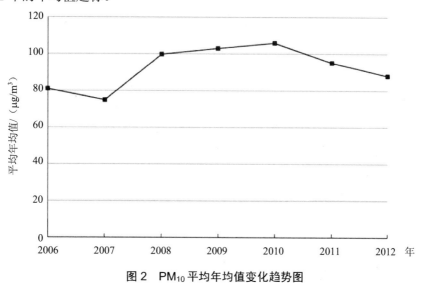

图 2　PM_{10} 平均年均值变化趋势图

4. $PM_{2.5}$ 预测分析

根据南宁市、南京市、济南市、南昌市、淮安市、上海市宝山区以及北京市海淀区的监测统计结果来看，对人体危害更大的 $PM_{2.5}$ 是 PM_{10} 的主要组成部分，$PM_{2.5}$ 和 PM_{10} 的平均比值为 0.63。据此预测，2012 年，荆门城区竹园小学、掇刀、石化一小、市政府四个子站 $PM_{2.5}$ 年均值浓度范围分别为 49、62、79、69 μg/m³，均远远超过《环境空气质量标准》（GB 3095—2012）中的二级标准限值要求（35 μg/m³）。

总体来说，荆门城区降尘量大，地面扬尘污染严重，PM_{10} 年均值总体呈现上升趋势，且 PM_{10} 年均值和 $PM_{2.5}$ 预测年均值均超标，工业污染比较严重，导致位于城东工业集中区的石化一小子站超标 25%，颗粒物污染形势比较严峻。

二、原因分析

荆门城区颗粒物污染特征及变化趋势出现上述情况的原因主要有以下几个方面：

1. 特殊的地形、气候特点使城区污染物不易扩散

荆门城区气候特征有二：一是主导风向为北风，年静风频率为 12.1%。年平均风速高达 2.5 m/s，最大风速为 11.1 m/s。二是城区三面环山，地处半开口的盆地之中，白天太阳辐射量大，日照时数长，夜间冷却快，昼夜温差较大。加上垫面影响，白天具有"热岛效应"，夜间盆地内易形成"冷湖"，使城区 100～200 m 的上空，往往形成较强的"辐射逆温层"，像盖被子一样阻止废气污染物扩散。

近年随着城市规模的不断扩大和人口密度的不断增加，高层建筑越来越多。高楼在提升城市文明程度的同时，也带来了"高楼峡谷效应"，同时也加大了"热岛效应"形成的

频率，不利于污染物扩散。

2．不合理的工业结构及布局影响城区空气质量

荆门市是一座以建材、石油化工为主的新型工业城市，城区集中了水泥建材、火力发电、化学原料及化学品制造、石油加工等行业，主要大气污染物为烟尘、工业粉尘和二氧化硫、氮氧化物、挥发性有机化合物等。"十一五"期间，主要行业的工业废气等污染负荷占全市重点污染企业工业废气的 95% 以上，虽然工业大气污染物排放总量逐年下降，但污染物排放基数仍然较大。城北的葛洲坝水泥厂、城东的热电厂以及荆门石化构成了影响荆门城区空气环境质量的主要污染源，导致位于城北的市政府子站和城东的石化一小子站超标，其中石化一小子站超标最严重。

3．建筑施工、市政建设扬尘影响城区空气质量

伴随着荆门城市建设步伐加快和经济的发展，道路运输和建筑施工扬尘已经成为影响荆门城区空气环境的重要因素。房屋建设、道路改造、市政建设，这些工程都不可避免地带来扬尘污染，加上管理不善，致使地面扬尘污染更加严重。

4．机动车尾气污染呈上升趋势

2010 年荆门市机动车保有量为 471 534 辆，比上年增加 58 178 辆，并正在呈逐年大幅增加趋势。机动车排气中的一氧化碳、碳氢化合物等产生的气溶胶长期悬浮空气中不易扩散或消失，也是影响城市环境空气质量不容忽视的因素。

5．秸秆焚烧产生周期性、季节性污染

每年 4 月下旬至 5 月上旬城区周边农村大量秸秆集中焚烧产生的污染物对城市空气质量造成周期性、季节性的影响加剧，在出现不利于污染物稀释扩散的气象条件下造成中度甚至重度污染。

6．矿山生态破坏后未得到及时有效恢复造成空气污染

在已关停的城市上风向的石灰岩开采区，由于还未采取有效的生态恢复措施，裸露的石灰岩开采区在大风天气下会产生大量无组织排放颗粒物。

7．沙尘天气影响城区空气质量

春季沙尘天气和全国性的沙尘暴，以及时有发生的灰霾气象也是严重影响荆门城区环境空气质量的重要因素。

三、应对措施

目前，荆门市正在全力创建国家环保模范城市，2016 年 PM_{10}、$PM_{2.5}$ 又将执行新的质量标准，为确保荆门城区 PM_{10} 稳定达标，并逐步达到新的《环境空气质量标准》的要求，提出以下建议措施：

1．加强污染源治理，优化工业结构和布局

（1）加强城市规划：对于厂矿企业（尤其是污染严重的厂区），严禁建在市区的上风向，尽可能减少新的污染源。同时强化城区生态建设，提高绿地覆盖率。

（2）尽早完成葛洲坝水泥厂异地技改搬迁工作：对裸露的石灰岩开采区采取植树种草等生态恢复措施，减少粉尘排放量。2013 年 2 月，荆门市政府已与葛洲坝集团水泥有限公司、福建麒麟建工集团就葛洲坝水泥厂异地技改暨老厂区地块开发签署正式协议，并召集

国土、民政、财政及各县市区相关负责人召开了协调会，预计 2014 年年底完成。通过预测，实施葛洲坝水泥厂异地技改后可以削减烟（粉）尘排放量 539.8 t/a，竹园小学、掇刀区、石化一小和市政府 4 个常规监测点 PM$_{10}$ 年平均浓度值可以分别降低到 0.069、0.096、0.089 和 0.088 mg/m^3，达到国家二级标准要求。

（3）加大荆门石化和热电厂污染治理：在控制烟、粉尘排放量的同时，进一步实施锅炉烟气的脱硫、脱硝工程，减少硫的氧化物、氮氧化物的排放；对荆门石化加强无组织排放的管理，提高工艺水平，采取有效措施减少挥发性有机化合物等的排放。

（4）加快华能热电联产项目建设：关闭供热管网覆盖范围内的燃煤锅炉，据初步统计，华能热电供热管网建成之后，城区可关停锅炉 77 台，总出力 343.6 t/h，每年可以减少烟尘排放量约 1 000 t。

（5）加强机动车尾气达标治理：建设机动车尾气检测线，并督促其获得省级环保主管部门授予的检验资质证书，强制实施机动车环保定期检验，对检测不合格的车辆，责令其限期治理，严把尾气排放关，减少机动车尾气排放。

（6）进一步加快城区燃气、天然气管网配套建设，积极推广使用清洁能源，优化城市能源结构，进一步减少烟、粉尘排放。

2．协同其他部门加强环境管理，减少颗粒物来源

（1）协同交管、城管、城建等部门加强对拆迁、建筑施工、道路施工等产生的建筑施工扬尘管理，加强垃圾清运车辆、建筑渣土运输车辆等颗粒物运输车辆的管理，实施密闭运输。

（2）协同环卫部门，进一步采取有效措施，降低道路运输扬尘、逐步提高道路清扫保洁的机械化程度，提高道路冲洗、洒水的频次，扩大保洁范围。

（3）联合国土、林业、安监、公安、工商等部门开展城区周边矿山企业环境综合整治专项活动，建立长效机制，坚持"谁破坏、谁治理"的原则，责令相关企业对裸露的矿山植树种草，恢复生态。

（4）鼓励餐饮、娱乐、服务业使用清洁能源，取消或限制部分特殊路段餐饮业，取缔露天餐饮业，对餐饮业要求全部安装油烟净化装置。

（5）加大秸秆综合利用力度，防止秸秆焚烧等人为排放导致的空气环境质量超标。

3．加强环境监管能力建设，提升环境管理水平

（1）按照标准化建设的要求，提高环境监管能力，尽早开展 PM$_{2.5}$、VOCs 监测，掌握其污染现状。

（2）建立科学的环境保护管理机制，严格按照功能区划进行选址，严格执行环境影响评价制度，重点大气污染源安装在线监测系统，确保达标排放。

（3）开展 PM$_{10}$ 和 PM$_{2.5}$ 研究，弄清其粒径分布和成分，为颗粒物污染治理提供理论依据。

（4）加大荆门城区周边的大气环境管理，逐步建立和完善区域大气污染联防联控工作机制，实施区域联防联控。

通过采取以上措施，荆门城区空气中颗粒物可达到新的《环境空气质量标准》要求，空气环境质量会有明显改善。

关于万州区农民新村污染防治存在的问题及对策建议

重庆市万州区环境保护局　钟章华

摘　要：近年来，重庆市万州区已建成农民新村 160 个，涉及农户 9 060 户，入住率达 72%。各部门通过严把环评审批、注重环保设施建设和制订《万州区农民新村管理试行办法》等措施在污染防治方面取得了一定成效。但仍存在污水治理设施不足、垃圾收运不及时和管理责任体系不健全等问题。对此，区环保局提出了用科学发展理念指导农民新村建设和管理的建议，通过加大投入、建立健全管理责任体系和提高农民环保意识等具体措施，提升农民新村的环境质量。

关键词：重庆万州；农民新村；治理设施；管理体系

近年来，重庆市万州区积极推进农民新村建设，截至目前，已建成农民新村 160 个，涉及农户 9 060 户，目前入住率达 72%。农民新村的建设对于提升农房形象、满足农民需求、节约土地资源、发展现代农业、推进现代文明起到了极其重要的作用。在农民新村的污染防治上，区里作了积极探索，取得了一定成效。但存在的问题不容忽视，必须努力加以解决。

一、主要做法

1. 严格选址，明确规范，把好审批关

为抓好农民新村污染的源头预防工作，区有关部门从选址和环评审批开始即严格把关。

一是严格选址。按照《中华人民共和国环境影响评价法》和《万州区农民新村建设工作领导小组办公室关于农民新村建设工作的意见》中的选址要求，农民新村建设要避开地质滑坡、危岩、山洪、风口、泥石流、洪水淹没等地质灾害和自然灾害危险性影响的地段；避开风景名胜区核心景区、自然保护区、有开采价值的矿产资源和地下开空区；避开铁路、重要公路和高压输电线路的穿越；避开建设用地和蔬菜用地不足的区域；避开饮用水水源地保护区。二是规范排放标准。根据《中华人民共和国环境影响评价法》、《建设项目环境保护管理条例》、《污水综合排放标准》（GB 8978—1996）等法律法规的规定，污水能进入城镇污水处理厂的农民新村执行《污水综合排放标准》三级标准，不能进入城镇污水处理厂直接进入地表水体的执行《污水综合排放标准》一级标准。新村的生活垃圾要集中收运集中处置，不可随意倾倒。三是要求落实环保"三同时"制度，即环保设施必须与主体工

程同时设计、同时施工、同时竣工投入使用，农民新村项目中的污水处理设施应委托有资质的单位进行设计施工。四是适度控制规模。鉴于农民新村的污染治理设施建设及运行的现实可能性，为避免更大规模的集中污染，在规划设计农民新村时，注重适度规模，如160个新村，50户以下的就占120个。

2. 整合部门资源，注重环保设施建设

整合区级有关部门资源，共同建设农民新村环保设施。区城乡建委督促指导农民新村建设单位修建垃圾池235个。区农委将"一池三改"项目和清洁家园项目向农民新村倾斜，争取资金1 800多万元，修建联建沼气池756口。区卫生局改厕项目在农民新村实施，每户村民享受国家补助500元，市级补助200元，目前农民新村基本上普及卫生厕所。区水利局在农民新村实施农村安全饮水项目，截至目前，已向农民新村所在村（居）投入2 457万元，其中大部分用于改善和提高农民新村的水质和水量。区环保局积极争取上级资金，开展农村环境连片整治示范项目，目前已在33个行政村实施了项目，涉及农民新村点位的有6个。万州区长岭镇板桥村农民新村、高梁镇沙坝村农民新村等都是部门资源整合，共同实施，打造亮点的典型。

3. 按村民自治原则，健全环境管理制度

万州区制订了《万州区农民新村管理试行办法》，农民新村按照"业主自治、自我管理"的原则，对居住点各种用途的建筑物、构筑物及其设备、公用设施、公共场地以及居住点环境卫生、公共秩序、安全保卫进行管理。该办法规定，居住点业主实行"门前三包"卫生责任制、垃圾袋装收集和垃圾清扫保洁制度。居住点设置垃圾收集池，袋装垃圾和清扫垃圾集中投放到垃圾收集池，并定期转运至垃圾处理点。居住点内的商店、摊贩要按工商行政管理部门指定地点经营，每个摊、店均须设置垃圾容器，收集垃圾废物，并及时清运处理，保证经营场地和摊位收摊后整洁。居住点业主在建筑和装修期间的建筑垃圾应及时清运，并负责打扫堆放点。居住点不得随地便溺、乱扔果皮核、杂物、纸屑和抛撒各种废弃物。办法规定，不得向居住点河沟、排水明沟、检查井、雨水口内倾倒垃圾；不得在居住点焚烧沥青、油毡、皮革、橡胶、垃圾等产生有毒、有害烟尘和恶臭气体的物质。

二、存在的问题

1. 污水治理设施不足，达标排放难

按照环境保护的要求，居民集中区生活污水必须处理后达标排放，经生化处理达《污水综合排放标准》三级标准后排入城镇污水处理厂。目前，全区41个镇乡建成污水处理厂的只有13个，农民新村建设比较分散，除极少数已经建成污水处理厂的场镇附近的农民新村项目外，其余绝大部分生活污水都不能进入污水处理厂进行深度处理。或者，居民区污水经有动力的污水处理设施处理达《污水综合排放标准》一级标准后直接外排。但是，治理设施一次性投入和日常运行费用高，没有得到落实。现实情况是绝大多数农民新村污水经过沼气池处理，处理后尽管对污染物有较大去除，但仍会对环境造成污染，客观上形成集中居住、集中排放、集中污染的局面。

2. 垃圾收运不及时，二次污染较重

垃圾污染是农民新村最重要的污染源。目前，居民、物管、村镇（乡）、区在垃圾收

运处置中的责任未完全落实，导致清扫、收集、运输、处置不及时。现阶段，一些垃圾集中在新村垃圾收集池里，形成集中污染点；另一些垃圾散堆在村头院落，形成二次污染，群众意见很大。

3. 管理责任体系不健全，正常运行难保障

按照环保工作中通用的"谁污染，谁治理；谁受益，谁付费"的原则，入住的村民作为农民新村的受益者，过上了城市人一般的生活就应该为其造成的污染付费。但农民自古以来都没有这种为生活垃圾和污水付费的习惯，再加上"户分类、村收集、镇转运、区县处理"的垃圾收运处置系统还没有完善，导致垃圾和污水处理设施的有效使用无法得到根本保障。

4. 村民环保意识相对薄弱

农民普遍接受教育的程度不高，环保意识相对薄弱。在之前，少量的生活垃圾随意倾倒，不久之后就腐烂，淘米洗菜的水可以浇花灌菜，厕所水是最好的农家肥，均不会对环境造成太大的影响。但现在情况变了，人口集中，污染就集中，而居民的观念和习惯却还没有随之改变。污水乱倒、垃圾乱放就造成了严重的二次污染，并且这种状况难以在短期内得到有效改善。

三、几点建议

1. 用科学发展理念指导农民新村建设和管理

牢固树立科学发展观，做到循序渐进，水到渠成，可持续发展，防止急于求成。一是与经济社会发展相适应，积极而不冒进；二是尊重农民意愿，防止"被上楼"；三是与农村生产方式相适应，方便生产；四是严格审批，防止违法建设；五是环保等基础设施建设有保障，并与房屋主体工程同时设计、同时建设、同时投入使用；六是面对现实，尽力而为，加强污染防治和管理。

2. 加大投入，确保农民新村环保设施到位

要从建设"美丽中国"、"美丽乡村"的高度，充分重视农民新村的建设，把加大对农民新村基础设施建设的投入，尤其是环保设施的投入作为重要的"民生支出"纳入各级财政预算，同时多渠道筹集资金，保证农民新村污染防治设施的建设，防止出现农民新村房子修得很漂亮很美观，而环保基础设施不完善，甚至欠缺的情况。还要注重研究、引进契合农村特点的污染治理新技术，以使污染防治设施能长期运行、有用有效。

3. 建立健全管理责任体系

一是居民作为新村的受益者，应当承担主体责任，按照规定缴纳一定的物管费、垃圾处置费、污水处理费等。二是认真落实"户分类、村收集、镇转运、区县处理"的模式，使该系统长期有效运行。三是鼓励建立农村生活污染防治专业化、社会化技术服务机构，完善村、镇乡、区县一体化农村生活污染防治技术服务体系，鼓励专业技术服务机构运营维护农村污染防治设施，提高农村生活污染防治水平。四是制定和完善运行监督、运行考核等机制，推动镇乡、农业、水利、扶贫、市政、村建、环保等部门协作，齐抓共管，共同监督，确保农民新村环境保护各项工作措施落实到位。

4. 提高农民环保意识

　　加强环境保护、环境卫生方面的宣传教育，有关部门通过走进新村家家户户，拉横幅，办专栏，发放环保小册子，举行以环保、卫生为主题的宣传活动，使环境保护、健康卫生的观念深入人心。逐渐改变落后、粗放的生活习惯。对于环境保护、环境卫生做得好的新村农户予以多种途径的鼓励，提高农民的参与度和积极性。

三、政策法规与农村环境保护

关于在中心城市区域开设餐饮服务业
进行环评审批前置的建议

四川省成都市青羊区环境保护局　卢　涛

摘　要：餐饮业的油烟、噪声污染成为近年来环境信访投诉的热点、社会公众对城市环境质量关注的焦点，同时也是环境执法监管的难点。本文以青羊区餐饮业为例，针对其环境管理存在的问题进行了分析，并提出在中心城市区域开设餐饮服务业进行环评审批前置的建议。
关键词：餐饮业；环评审批前置；噪声污染

青羊区是成都市的中心城区，拥有优美的自然环境和众多的文化旅游景观，高等院校、科研院所云集，银行、酒店、商场、住宅区、餐饮娱乐等场所罗列其中，是成都乃至四川政治，经济，科技，文化中心，是成都市投资最活跃的区域之一，也是成都市重要的商品集散地。

随着区域经济建设的快速发展、人民生活水平的不断提高和城市化进程的不断加快，服务业特别是餐饮业得到了快速发展，对繁荣城区市场、发展经济和便利群众发挥了重要作用。但也由此而产生了污染扰民等许多现实问题，餐饮业的油烟、噪声污染成为环境信访投诉的热点、社会公众对城市环境质量关注的焦点，也是环境执法监管的难点。如何从环境管理角度出发，做好城市中心区餐饮行业的污染防治，提高群众对区域环境质量的满意度，已成为当前迫切需要解决的问题，尽快实施环评前置审批势在必行。

一、青羊区餐饮服务业现状分析

青羊区餐饮服务业环境管理的重点主要是未改造的城中老社区、商住集中区和安置房小区，整治的难点是新开设的因选址不当的餐饮店和大量的个体餐饮户，由于经营点离最近居民居住点直线距离太近，不符合国家有关规定，其经营过程中产生的油烟、异味和噪声污染没有得到有效地防治而影响居民正常生活，引起居民群众大量反复的投诉。由于城市功能区规划不清晰、布局不合理，居住区沿街楼房"楼上住人、底层开店"的现象比较普遍，部分餐饮业经营户不重视油烟治理或治理设施不到位、不规范，导致污染扰民问题难以彻底根治，据成都市环保局 2012 年 9 月 15 日统计数据显示，中心城区 6 000 余家餐饮企业，安装油烟净化设备的只有 2 500 家。

中心城区餐饮业的环境特点是：规模不等、数量众多、分布较广、商居混杂、纠纷很多。就管理体制而言，这些行业由区工商、卫生、环保部门审批、监管。最初，区环保部门作为前置审批对环境影响评价及防治发挥了较好的作用，2004年我国《行政许可法》出台后，为减少行政审批程序，废除了一批行政审批前置条件（其中包括环评审批）；2008年金融危机以后，国家工商行政管理部门对餐饮业管理取消了前置审批。《食品安全法》第二十九条："国家对食品生产经营实行许可制度。从事食品生产、食品流通、餐饮服务，应当依法取得食品生产许可、食品流通许可、餐饮服务许可"，环评审批并没有否决权，这就造成"批的人不管环保，管的人又没辙无奈"的局面。就其污染程度而言，该行业的油烟污染对区域性环境质量影响较小，但对周边居民环境权益影响较大，因而居民环境信访投诉较多，近年来呈逐年上升态势。且由此引发的纠纷很难处置，整治过程也很艰难和漫长。

二、青羊区饮食服务业环境管理问题的原因分析

近年来，我们虽然采取了一些整治措施，但成效不尽如人意，细究原因，主要有：

1. 缺乏操作性强的政策依据

《中华人民共和国环境影响评价法》2003年9月1日起施行，《成都市城市管理相对集中行政处罚权暂行办法》（市政府 95号令）2003年2月8日起施行，在当时对环境污染治理和保护起到了积极作用，10年过去了，这些法律、办法已远远不适应服务业环境管理中出现的新情况，也很难解决其污染防治中的新问题，更不能满足居民群众日益提高的环境质量要求。现行国家、省、市有关污染防治方面的相关规定，在我们实际执行过程中监督整治效果不明显。

2. 缺乏专项布局规划

就青羊区乃至成都市餐饮服务业的布局而言，政府缺乏统一科学规划，这是餐饮服务业环境污染未能有效控制的主要诱因之一。行业的选址往往只依据投资者的意愿和招商引资的急切心理决定，没有从环境保护角度出发提出制约要求。由于经营项目有一定的市场，且建设周期短，投资回报快，往往投资者和地方都有积极性，直接导致在临街两侧出现"上宅下店"现象。但是这些经营场所在开发建设时并没有预先考虑餐饮功能，没有设置专用排烟通道，与居民住宅区紧邻，不具备国家规定餐饮业开设的基本条件，即使整改，先天不足的各种因素往往导致污染防治治标不治本。加上居民群众环境质量要求的不断提高和维权意识的不断增强，成为重复信访投诉的重点区域。

3. 缺乏有效监管的联动机制

长期以来，餐饮服务、广告加工业污染防治工作缺乏有效的联合监管机制，这是其污染问题难以根本解决的另一个重要原因。行业面广量大，规模不一，业主流动性大，需要多部门协作配合，齐抓共管。现实中各管理部门"各自为政"，相互间缺乏信息沟通。同时，又未真正落实"谁审批、谁负责"和"谁许可、谁监督"的管理责任，有环境污染扰民后群众往往只向环保反映。而环保部门由于监管手段不多，对未经环保审批造成环境纠纷的，只能依照环保法律法规要求其进行整改，对于拒不履行整改要求或整改不到位依然造成环境污染的，缺乏必要的行政强制措施和手段。由于取消了环保审批前置，对于一些不适宜开办餐饮服务业的区域和场所无法从源头予以制止。

4. 基层社会组织参与管理作用不够

街道社区居委会、物业、业主委员会等基层社会组织环境保护意识和责任心明显不够，存在重招商引企、轻环境保护的情况。经营项目入驻前，没有向经营者告知相关环保等法律法规要求；项目入驻后不及时劝止违规行为并及时报告相关行政管理部门；发生环境扰民纠纷时，也不能积极协同调解，任其发展或一推了之。

5. 业主环保意识不强

工商部门取消了环保前置审批后，一些业主自认为持有工商、卫生等部门的证件就可合法经营了，没想到还要环评审批，更没有想到要承担环境防治的社会责任，从而造成大量经营项目刚开门经营，群众就投诉上门的被动局面。有的业主虽然办理环保审批手续，但对污染防治不重视，环保设施未及时配置安装和运行。有的餐饮店污染防治设施维护不力，不能正常有效运行，甚至擅自停运，造成环境污染，信访纠纷不断，影响社会稳定。

三、加强中心城市区开设饮食服务业进行环评前置审批的建议

1. 加强源头控制，建立联合会审制度，实施环评前置审批

工商、消防、食药监局等前置许可部门应严格审批，严禁在居民楼下新开设餐馆。建议有关行政主管部门科学规划建设项目的选址、建设用地规划许可及建设工程规划许可。实施环评前置，建立建设项目环境审批分区管理制度，将中心城区按照餐饮服务业敏感程度不同划分为禁止性区域、重点管理区。居民住宅楼、商住楼为禁止性区域，禁止在上述建筑物内新建餐饮项目，已有的项目应逐步淘汰。敏感建筑物周边一定范围区域为重点管理区，环境保护部门在审批时根据经营性质、项目选址、污染防治等方面详细考察，严格建设项目环境审批，把好入口关。环境监测站应加强验收监测和监督性监测，为执法部门提供执法依据，杜绝新污染源的产生。

2. 建立联动机制，确保污染监管取得实效

各有关部门应加强联动协作，落实后续管理，促进行业健康有序发展。定期召开联席会议，建立问题督办、信息互通等制度，对违法行为组织联合执法，加强协作配合，齐抓共管，形成合力。根据部门权限与分工，对于无证无照无审批的"三无"单位，由工商部门牵头处理；餐饮经营项目在建设过程中严重违法的，由城管部门牵头处理；造成环境污染、群众反响强烈的，由环保部门牵头处理。对居民小区内商业用房入驻项目特别是餐饮服务业项目加强常态监管，在项目投入正式运营前，必须通过环保"三同时"验收，确保其油烟、噪声、废水污染防治设施建设到位，各项污染防治设施运行正常，污染物达标排放。

3. 加大宣传力度，提高环保责任意识

大力宣传有关环境保护的法律、法规和制度，营造全社会参与防治的氛围。对污染治理做得很好的企业予以宣传和表彰，对问题突出且长期不治理或治理不达标的进行公开曝光，直至停业或责令关闭。同时做好审批信息公开，让群众知道在什么地方，符合什么条件可以兴办餐饮行业。各审批部门可以事先将法律、法规、规章及相关技术规范中规定的环境污染防治条件、标准、要求以及项目经营者的责任和义务等内容，以书面形式告知申请人，业主在申领工商营业执照、卫生服务许可证时作出环保承诺。通过提高环保意识和

社会责任性，促使其自觉遵守有关法律法规，合法诚信经营。

4．强化公众参与，减少污染纠纷

项目环境管理问题归根结底是企业有序发展与居民环境权益保护这一对矛盾的协调问题，引入公众参与机制可以及时化解这一矛盾。对于在重点管理区域内新建项目并符合环境保护法律法规的，如果公众反响不大的，可以酌情批准，以方便群众生活需要。反之，如果群众普遍反对，应不予批准。基层社区居委会、物业、业主委员会要积极参与餐饮业社会化管理，及时将居民反映的意见和诉求向有关部门反映，使有关行政部门能在第一时间进行调查处理，减少居民对环境污染不满意度。

5．推进油烟净化装置的专业化维护，确保油烟排放达标

油烟净化装置的有效维护是落实油烟污染防治的重要技术环节。可以借鉴工业污染治理设施运行经验，对油烟净化装置的维护、清洗推行专业化运行，实行资质准入管理。对具有一定相关专业技术人员、具备条件的专业服务机构进行评估，符合要求的，授其运营资质，公示名单，由餐饮企业在其中自主选择。同时，在餐饮企业或一定规模的餐饮业中推行油烟在线监控，督促餐饮业主落实油烟污染治理措施，确保达标排放，为城市环境质量的改善履行好应尽的责任。

内蒙古鄂尔多斯农村环境污染问题及
防治对策研究

内蒙古鄂尔多斯市环境保护局　韩　伟

摘　要： 随着新农村建设和农业经济的快速发展，鄂尔多斯地区农业耕作和工业生产对农村生态环境造成破坏，并产生了相应的环境污染问题。本文主要分析了鄂尔多斯地区农村的环境卫生现状和成因，并针对以上情况提出农村环境污染防治的对策和建议。

关键词： 新农村建设；农村环境污染问题；农村环境污染防治

近年来，鄂尔多斯地区新农村建设取得显著成效，农村面貌发生了很大的改变。农业经济快速发展，农民收入大幅度增加，农民生活水平大幅度提高。但是，在经济快速发展以及农民生活现代化的背后，农业耕作和工业生产对农村生态环境造成的破坏也不容小觑，用"污水乱泼、垃圾乱倒、粪土乱堆、柴草乱垛、畜禽乱跑"来形容一点都不为过。

一、鄂尔多斯地区农村环境卫生现状

1. 生活垃圾污染问题

目前还未形成垃圾集中处理机制，还是"垃圾靠风刮，污水靠蒸发"听之任之的处理方式。据统计，全市只有不到25%的农业家庭的垃圾能得到统一收集处理，其余都是投放到附近河沟、房屋周围或土粪坑。其中，投入到垃圾桶、垃圾道或专人处理的只占23.1%，投入到附近河沟的占29.8%，投放到房屋周围和土粪坑的分别占22.2%和13.5%；随处投放的占6.4%。由于大量垃圾露天堆放，污水随意排放，大量农田因固体废弃物堆存而被占用和毁损。农村"脏、乱、差"现象普遍存在。

2. 交通污染问题

城乡结合部基本上都有公交车往返于城乡之间，但线路、班次都很少。除此以外，大多数农村地区目前尚未建立公共交通运输体系。由于农业家庭住所较为分散，到最近公交站点的平均距离为2.1 km，是非农家庭的3倍。候车时间较长，在最近公交站点平均候车时间需要29～34分钟，农村居民出行较为不便。近年来，随着农民收入的提高，农民出行除了依赖自行车、摩托车以外，汽车成了主要的交通工具，汽车数量也不断增加。汽车、摩托车在农村的使用越来越普遍，随之而来的是废气污染、噪声污染问题也日益突出。

3. 化肥农药污染问题

为了提高农作物的单位产量，化肥、农药、农用地膜被大量应用于农业生产，普遍存在滥用化肥、农药现象。

4．能源污染问题

长期以来，全市农村家庭燃料都以传统能源为主。据调查，全市农村有 50%以上的农业家庭使用柴草、秸秆作为炊事燃料；煤气、液化气和天然气为第二大炊事燃料，占 20%；电和煤炭各占 10%。大量使用传统燃料，不仅向大气排放大量温室气体，还对碳汇造成损害，是破坏农村生态环境的行为。

5．畜牧业污染问题

2012 年全市大牲畜中牛、马、猪、羊和家禽的出栏量分别是 2.2 万头、0.8 万匹、8.6 万头、32.9 万只、106.1 万只。畜禽每年排放粪便总量达到 9 000 t。而牛、羊等反刍动物在消化食物时需要排出甲烷，1 个甲烷分子吸热能力是 1 个二氧化碳分子的 21 倍，是最有害的温室气体。因此，畜禽的环境污染问题不容忽视。

6．农林废弃物污染问题

全市农业生产每年产生大量废弃物，其中农作物秸秆 700 000 t，蔬菜废弃物 100 万 t，肉类、农作物加工厂产生的废弃物 500 000 t。这些废弃物仅有一小部分被资源化加工再利用。数量巨大的废弃物被随意丢弃或排放，成为生态环境的一大杀手。

7．工业污染问题

全市规模以上乡镇企业总数为 0.12 万个，总产值达到 1 700 亿元，利润总额为 879 亿元。另外，在城市环境治理力度不断加大的情况下，城市"高能耗、高排放、高污染"加工业以及劳动密集型的钢铁、造船等制造业在成本压力下逐渐向乡镇转移。随之而来，工业生产所排放的废气、废水和废渣，使农村的环境卫生雪上加霜。目前，全市工业污染排放总量 25%以上来自于乡镇企业。

8．建筑物污染问题

宽敞是全市农村建筑物的共同特征。有关数据显示，2012 年农村居民现居住房自有率为 99.3%，人均 33.6 m^2，比非农家庭高出 3.6 m^2。超过一半的家庭拥有两套以上的房产。其中平房占 50.7%、小楼房占 24.1%、单元房占 21.3%。而建筑业是高能耗行业，在二氧化碳排放总量中，建筑排放量占 50%，远高于运输和工业。有数据显示，我国每建成 1 m^2 的房屋所释放的二氧化碳为 0.8 t，另外，拆除混凝土建筑物时产生的废弃物极难处理。可想而知，建筑是全市农村生态环境的一大污染源。

二、成因分析

1．农村环保体制不完善

全市农村环境治理体系的发展滞后于农村现代化进程，环境管理机构匮乏、职责权限分割并与污染的性质不匹配、基本没有形成环境监测和统计工作体系。由于农村环保体系的缺陷，导致相关部门监管不到位，农村环境卫生整体上呈无政府状态。

2．农村环境污染治理资金投入不足

一直以来，鄂尔多斯市环境污染防治政策都以城市和重点污染源为重点，在财政资金投入方面几乎全部被城市和工业所占有。农村基础设施的投资几乎没有。由于资金严重不足，农村环境治理工作难以开展。

3．乡镇企业多为粗放型发展模式

全市乡镇企业数量多、规模小、设备简陋、工艺落后，总体技术层次较低。以农副产品加工业、技术含量较低的加工制造业和劳动密集型工业的比重最大；技术密集、投资量大、集约化程度高的大工业和重工业比重较小。因此，农村工业发展模式以粗放经营为特征，以牺牲环境为代价，加上布局分散，传统的末端治理模式难以奏效。

4．农民卫生观念十分淡薄

据统计，目前全市 15 岁以上的农村居民中文盲（半文盲）的比例为 29.8%，受过高等教育的只占 6.6%，小学、初中、高中文化程度的比例分别为 21.1%、29.2% 和 13.2%。由此可见，全市农村居民的文化素质总体偏低，很大程度上影响他们对事物的认知程度。另外，农村居民对国内、国际政治时事的关注度不高，尤其是环境保护方面的新闻，关注度最低。不难理解，大部分农村居民对环境污染问题持漠然态度。

三、鄂尔多斯农村环境污染防治的对策

目前，不断恶化的环境卫生情况已经严重威胁农村居民的身体健康，制约农村经济的可持续发展，并引起了党中央及社会各界的高度关注。

1．农村环保法律法规体系的建立与完善

加紧制定并完善农村环境保护的法律法规，在土壤保护、交通运输管理、畜禽养殖污染、工业污染排放等方面，制定翔实可行的实施细则。建立健全项目节能评估审查和环境影响评价制度，规范环境保护行政管理，建立环境保护责任制和问责制，加强环境保护队伍建设，建立健全高效的环境监管体系。

2．农村生活垃圾的资源化和无害化处理

参照城市生活垃圾治理办法，对农村生活垃圾实行资源化、无害化处理。建立农村垃圾处理收费标准，农村居民定期缴纳相应费用。居民按规定地点、时间，将垃圾分类存放到收集场所，由专人统一负责清扫、收集、运输和处置，禁止随意倾倒、堆放。政府应投入资金配置垃圾处理设备，有机垃圾可通过发酵生产沼气，实现生活垃圾资源化。部分可循环利用的物资应坚持"再利用"原则通过物质再生公司回收利用，危险物品等不可回收废弃物则统一集中处理。

3．变废为宝开发绿色能源新产品

农林废弃物中蕴含大量有机质和氮、磷等植物营养素，可制作有机肥、有机复合肥、沼气燃料、饲料等。如利用秸秆、畜禽粪便等废弃物生产有机肥、有机复合肥、沼气、饲料和电能，既节省清理垃圾的人力和资金，还为农民生活和工业生产提供大量的绿色能源，并增加就业岗位，为农民创收。

4．大力发展生态农业和循环经济

按照我国生态农业的"整体、协调、循环、再生"原则以及循环农业的减量化、再利用、资源化"3R"原则，合理组织农业生产，达到生态与经济两个系统的良性循环。如套作、轮作、以沼气为纽带的"大棚—养殖—沼气—蔬菜（果）、"果—沼—牧"、"畜—沼—果—鱼"的循环农业生产模式和生态共生产业链。又如跨产业循环模式，其典型例子为集农业生产和旅游观光于一身的农家乐经济模式及果汁加工循环模式。

5. 加强土壤和水源保护工作

全面推广测土配方施肥技术，提倡使用有机肥和复合肥，减少化肥使用量。使用高效、低毒、低残留的化学农药或生物农药，禁止高毒农药的销售和使用。农业技术推广站应肩负起宣传引导农民正确施药的责任，避免滥用农药现象出现。严格监督工业废水排放，从源头保护水体安全。建立污水处理系统，并切实投入运作，不设"空城计"。

6. 加强建筑和交通污染管理

推行绿色建筑和绿色交通是解决农村环境污染的主要途径：一是实施建筑能效测评和竣工验收备案措施，推广环保型建筑。推动可再生能源在建筑中规模化应用，推广新型墙体材料，禁止违规使用实心黏土砖，推广高强钢、高性能混凝土等新型建筑材料，有效控制建筑污染源。二是完善公交车路线设置，增设停车站点，提高村民乘坐公交车的便捷性，从而降低电动摩托车和汽车的使用率；控制高能耗、高排放机动车的发展，严格执行乘用车、轻型商用车燃料消耗量限制标准，并适当调高机动车和船舶污染物排放标准；实行财政激励政策，鼓励农村居民购买和使用新能源机动车。

鄂尔多斯农村环境恶化问题关系到广大农村居民的身心健康，影响着全市社会主义新农村的建设成效，应加大力度，采取一系列有效措施防止其进一步恶化。具体防治措施应以完善环境监管制度、实现垃圾资源化和无害化处理、开发绿色能源、发展生态农业和循环经济、保护土壤和水源、加强建筑和交通管制等方面的工作为重点，并逐步淘汰生产工艺、生产设备严重落后的乡镇企业，促进乡镇企业转型升级并由分散发展向集约化发展转变，加强宣传教育，增强农村居民的环境保护意识和责任感，培养农村居民勤俭节约的行为习惯和简朴的消费方式。

以评估指导生态文明建设，

打造"智慧生态宜居"新闵行

——闵行区开展《生态文明建设规划》实施情况评估

上海市闵行区 环境保护局　刘家欣

摘　要：上海市闵行区被环境保护部列入第二批"生态文明建设试点地区"。本文分别从六大领域及具体任务出发开展项目评估、从评价指标体系出发开展指数评估、从指导推进下阶段工作出发进行科学研判这三方面总结评估闵行区生态文明建设工作阶段性进展与成效，分析存在的困难与不足，进一步有力推进建设进程。

关键词：生态文明建设；国家环保模范城区；低碳转型

2009 年 6 月，闵行区被环境保护部列入第二批"生态文明建设试点地区"。为指导全区生态文明建设全面、系统、有序推进，按照环保部的工作要求，区政府于 2009 年委托中科院生态环境研究中心与上海市环科院联合组成的课题组研究编制《闵行区生态文明建设规划》（以下简称《规划》）。课题组历时一年，于 2010 年 3 月由环保部总工程师在沪主持召开《规划》专家评审会，经通过以中国工程院李文华院士领衔的专家组的集体评议，《规划》进一步完善后，正式成为指导闵行组织实施生态文明建设的总纲领。

为总结评估闵行区生态文明建设工作阶段性进展与成效，分析存在的困难与不足，进一步有力推进建设进程，2012 年年初，区环保局委托上海市环科院（第三方）开展了《规划》实施情况评估工作，并在 2012 年 9 月召开"闵行区生态文明建设规划实施情况评估项目"专家验收会，专家们对闵行区在上海市乃至全国范围内率先开展《规划》实施情况评估的做法表示赞赏，对评估取得的研究成果表示肯定与认可。专家组一致认为项目评估成果对于闵行区正确定位当前生态文明建设进程、深入推进各项后续工作具有较好的参考价值和指导意义。

一、从六大领域及具体任务出发，开展项目评估，系统总结生态文明工作进展

本次评估工作围绕《规划》确定的六大生态文明建设领域，通过部门调研、现场调查、资料分析等手段，对闵行区近年来各项工作进行了系统梳理和总结，同时，对《规划》中所确定的 117 项近中期重点实施项目进行了逐一分析评估。

评估结果表明，近年来闵行区生态文明建设取得明显成效。一是生态效率提升，经济发展低碳转型加速。"十一五"以来，全区加快产业结构调整步伐，促进产业能级和经济结构不断优化提升，2011 年闵行区第三产业增加值占 GDP 比重达到 36.5%，比"十五"末提高了近 30%，全区土地产出率 3.67 亿元/km²，明显高于上海市平均水平。与此同时，产业集聚效应进一步凸显。全区累计培育企业、园区等不同层面循环经济试点 83 个（其中国家级试点 1 个，市级试点 3 个），2010 年莘庄工业区获"国家生态工业示范园区"命名（闵行经济技术开发区 2013 年 6 月也将通过国家三部委的创建验收）。

二是生态建设深化，环境质量稳步改善。自 2000 年至 2011 年，通过四轮"环保三年行动计划"的成功实施，全区基本形成了污水、固废、废气治理等环境基础设施体系和城市生态绿化格局。全区空气环境质量已连续 4 年稳定在 90%以上，先后荣获"国家生态区"、"中国人居环境范例奖"、"全国绿化模范城区"等多项荣誉，并于 2012 年 5 月成功通过环保部"国家环保模范城区"复验。

三是生态机制完善，生态文明调控水平提升。2011 年闵行区升格组建"闵行区生态文明建设与环保三年行动计划推进领导小组"，强化领导，形成了部门联动、综合管理的生态文明建设推进工作格局。同时，以推进环境绩效综合考核和污染源分级管理为核心，生态文明建设"区镇协同机制"进一步完善；依托闵行区城市管理大联动体系建设，形成了对环境风险实时、全面监控和有效处理的环境管理大联动机制。

四是生态文明理念广泛传播，生态文化氛围渐浓。全区大力推进开展"节约型机关"、"绿色小区"等一系列绿色创建与评选活动；推动实施"生态文明校园行"等一系列生态文明意识与实践项目；不断发展壮大环保志愿者队伍。通过多种举措，逐渐形成了"政府掌舵、社会划桨"的生态文化形成格局。

对《规划》确定的 117 项近中期生态文明建设重点实施项目进展情况的逐一评估表明（图 1），117 个项目启动率 100%，顺利完成 17 项（占 14.5%），顺利开展 97 项（82.9%）。总体来说，闵行区生态文明建设各项任务具体实施情况良好。但是，全区还存在着资源环境压力依然存在，经济转型面临压力，以及总体环境质量有所改善的同时，部分环境指标尤其是水环境质量有待进一步提升等问题。

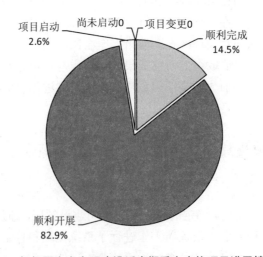

图 1　闵行区生态文明建设近中期重点实施项目进展情况

二、从评价指标体系出发，开展指数评估，科学定位生态文明建设进程

《规划》立足闵行区实际和特点，形成了包含 4 大目标层、12 项主题层，共计 30 项指标的闵行区生态文明评价指标体系，并提出通过对指标的分类测算而形成反映不同目标层及不同主题层特征的一级、二级指数，并最终产生一个综合性指标——"闵行区生态文明建设综合指数"（MHECI），用以直观表征闵行区生态文明建设进程（图 2）。

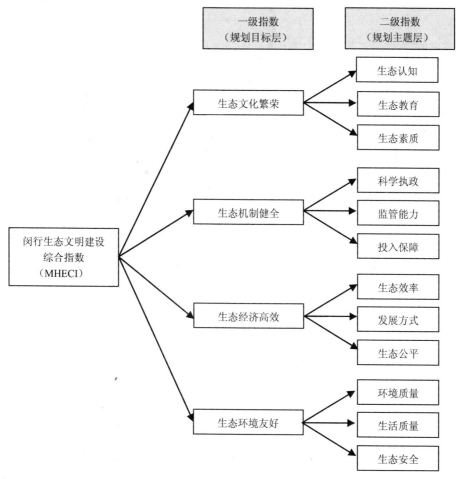

图 2　闵行区生态文明建设评估指数结构图

本次评估按照《规划》中确定的生态文明评价指标体系以及生态文明指数评估方法，对近年闵行区生态文明建设各项指标及指数开展测算，并与规划确定的基准年及规划目标相比较，对闵行区生态文明建设进程和趋势进行分析和判断。

测算结果表明，闵行区生态文明建设各项指数呈逐年稳步增长趋势。从综合性指标（MHECI）来看，2011 年 MHECI 达到 0.6 以上，比基准年 2008 年提升了 14%，闵行区生态文明建设总体进程已经从启动阶段迈入发展阶段；进一步分析可以看出，近三年闵行区生态文明建设二级指数总体呈稳步上升趋势，其中的生态安全、生态效率、监管能力、发

展方式等主题指数提升得较快，相对而言，生态素质、环境质量等主题指数处于相对较低水平，有待进一步提升。四项生态文明建设一级指数中，生态经济指数增长幅度最快，从2008年到2011年提升了19%，表明伴随近年来产业结构调整、循环经济建设、污染减排等工作的推进，全区在生态经济建设方面取得的成效最为明显，但生态机制指数相对稳定，变化幅度较小（图3、图4和图5）。

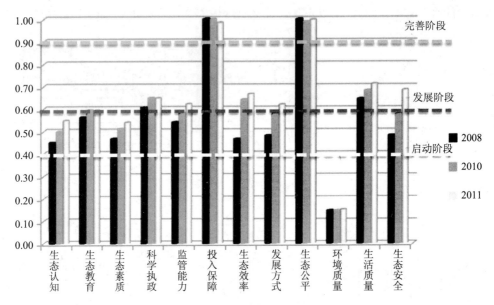

图3　闵行区生态文明建设二级指数变化情况（2008—2011年）

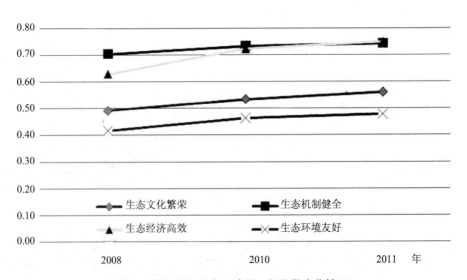

图4　闵行区生态文明建设一级指数变化情况

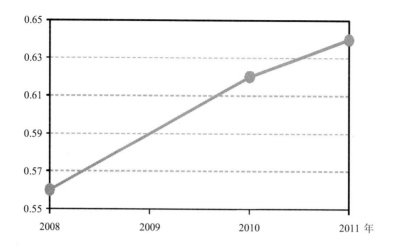

图 5　闵行区生态文明建设综合指数变化情况

在对生态文明建设指标及指数进行测算基础上,本次评估还从能源消耗角度出发,对近年来全区工业、生活、交通领域碳排放情况进行了测算与分析,结果表明,三大领域中闵行区工业碳排放量所占比重最大,占全区碳排放总量的80%以上。与世界其他国家相比,闵行区人均碳足迹总体处于中游水平。按照全区现有的经济、人口增长速度进行预测,闵行区碳排放强度要达到国家确定的 2020 年减排 40%~50%的目标,仍需要在碳减排方面采取切实措施(图 6 和图 7)。

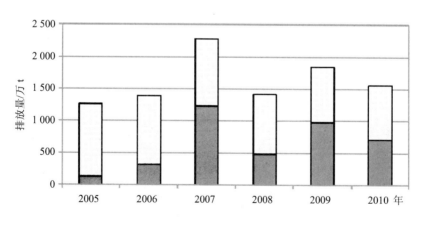

□ 工业 CO_2 排放(不包含电力)　▨ 电厂 CO_2 排放(扣除外输电力)

图 6　2005—2010 年闵行区工业碳排放量变化情况

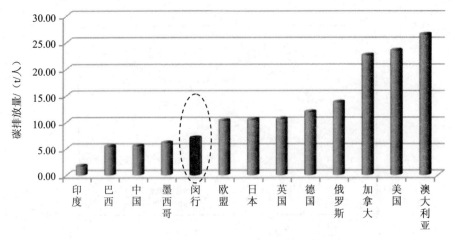

图 7 闵行区人均碳排放量与世界各国比较

注：世界其他国家人均碳排放量数据来自世界资源研究所（WRI）。

三、从分析闵行实际出发，开展特色评估，深入调研企业与公众环境责任体系现状

伴随近年来工业化城市化进程的快速推进，产业集聚、人口导入成为闵行区推进生态文明建设的基本背景，全区 372 km²，污染源普查的工商企业数量近 6 000 家，2011 年年末，常住人口达到 248 万人。如何调动广大企业和公众在推动生态文明建设中的主体作用，发挥社会协同作用，成为闵行区生态文明建设的重要内容。为此，近年来，闵行区将强化企业环境责任以及提升公众生态文明意识作为生态文明建设的重要任务扎实推进。

而本次评估也在深入分析闵行现状基础上，将企业和公众作为两大不同群体对闵行区企业和公众环境责任与生态文明意识现状进行了评估，对强化企业和公众社会环境责任提出对策建议，并形成特色报告。

调研评估表明，闵行区企业环境管理体系建设总体构建与运行情况良好。全区通过 ISO14001 认证的企业总数达到 330 余家，131 家重点企业通过清洁生产审核评估或验收。根据开展的"闵行区企业生态文明文明与环境责任意识问卷调查"，在随机抽样的 100 多家样本中，68.6%的企业建立了有效的企业环境管理体系，92.0%的企业建立员工环保培训机制，59.6%的企业定期发布企业环境报告，大多数企业在近两年中自主实施了系列节能减排技术改造措施，有效减少污染物排放。此外，全区公众环保认知逐步提升，其中绿色出行理念得到广泛认可，绿色消费行为逐步推广。对近 600 名公众开展的"闵行区公众生态文明意识问卷调查"结果显示，近 10 次一公里以上的外出活动中，绿色出行比率占 64.9%，被调查家庭中，节水器具使用比例占了 51.75%，节电器具使用比例为 64.62%，居民对生态文明理念知晓率达到了 95.4%。

总体而言，生态文明理念已在闵行区企业和公众中形成广泛共识，但是与此同时，企业环境参与的平台还比较有限，此外，公众层面对生态文明理念的理解水平以及环保参与主动性有待进一步提升（图8～图12）。

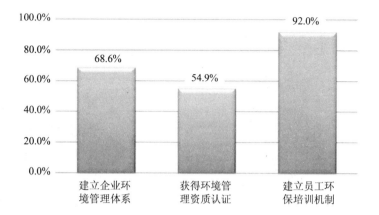

图 8 闵行区企业环境管理体系建设情况调查结果

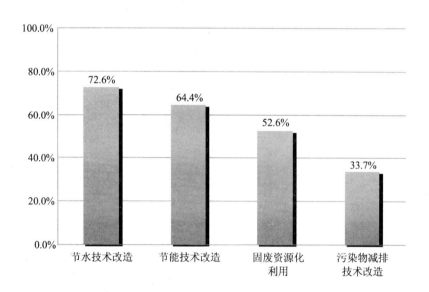

图 9 闵行区企业生态经济建设自主技术创新情况调查结果（2010—2011 年）

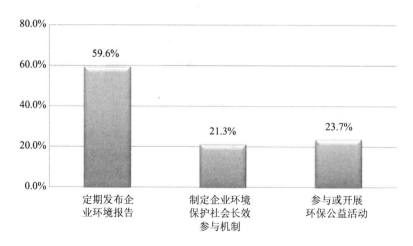

图 10 闵行区企业环保公益活动参与情景调查结果（2010—2011 年）

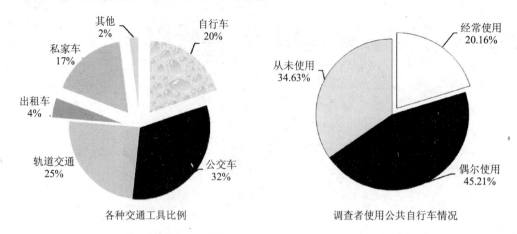

各种交通工具比例

调查者使用公共自行车情况

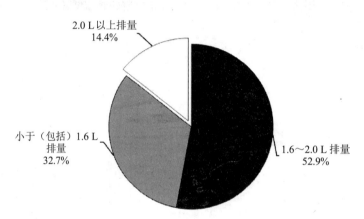

闵行家庭汽车排量情况

图 11 闵行区绿色出行情况调查结果

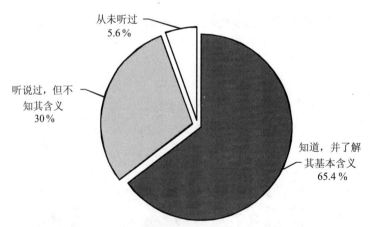

图 12 闵行区居民生态文明知晓率调查结果

四、从指导推进下阶段工作出发，进行科学研判，系统提出系列对策与建议

作为开展本次评估工作的落脚点和归宿，在系统梳理工作进展、总结经验与特色的基础上，本次评估对闵行区目前推进生态文明建设中存在不足和困难进行了深入分析，认为：政府在推进生态文明建设中的主导作用有待进一步加强；包含公众、社会组织、媒体等在内的社会各方监督力量有待进一步激发；企业环境意识以及在环境管理中的主体作用有待进一步发挥；同时，在更高层面上，法律法规有待进一步完善，法律法规标准体系约束力与威慑力有待进一步提升。

针对存在的困难与不足，本次评估提出闵行区后续生态文明建设重点需要在以下方面实现突破：一是强化政府主导，促进社会协同。进一步提升政府在环境规制和环境管理方面的执行力，进一步多渠道深入弘扬生态文明价值观，多元化搭建公众监督和参与平台；进一步提升对企业环境服务水平，充分发挥生态文明建设社协同作用。二是强化环境整治，改善环境质量。继续以环保三年行动计划滚动实施为载体，提升环境基础设施建设和管理水平；针对局部突出环境矛盾与问题，实施深度治理，保障环境民生；进一步推动河道整治和生态化修复力度，推动上下游区域水环境联合整治，促进水环境质量总体提升。三是发挥示范引领效应，深度推动经济转型。进一步深化产业结构调整，有序推进传统产业向低碳产业转型；进一步拓展循环经济建设领域，引导社会各领域循环经济建设实践；积极鼓励企业自身技术创新，提升生产效率等。四是强化政策引导，加强政策整合。进一步整合目前分散于各个部门的节能技改、循环经济、清洁生产等工作的资金补贴政策，进一步整合环境管制与科技创新激励政策，形成政策合力。同时，促进更高层面上的政策设计，加大发挥诸如税收、信贷等经济杠杆在推进生态文明建设中作用。

党的十八大明确了生态文明建设作为我国"五位一体"社会主义事业总体布局组成部分的战略地位和具体要求，而当下闵行区已经进入"全面调结构，深度城市化"的关建时期。站在新的历史起点上，闵行区将以十八大精神为指引，以本次评估成果为借鉴，立足实际，乘势而为，凝神聚力，扎实推进生态文明试点区建设，切实将生态文明要求落实在全区经济社会发展各个领域，将生态文明建设与转方式、调结构、惠民生、促和谐有机结合起来，在实践中不断探索深化工业型城区建设生态文明的"闵行之路"，确保"十二五""智慧、生态、宜居"新闵行建设目标的顺利实现。

新时期新形势下如何做好环境影响评价工作

黑龙江省绥化市环境保护局　孙晓玲

摘　要：环境影响评价工作在实现经济和环境效益共赢中起着重要作用，本文针对新形势下如何做好环境影响评价工作提出四点意见和建议，认为做好环境影响评价工作要提高服务意识，依靠专家支持，严格环境执法，同时加强多方参与、部门联动。

关键词：服务意识；环保执法；科学管理；部门协作

　　"十二五"阶段，全国各地都进入了产业聚集和体制创新的黄金发展时期。各地经济在快速发展的同时，如何防止环境的污染与生态的破坏，实现经济、社会和环境效益的共赢，如何服务于经济建设的可持续发展，是每一位环保工作者必须明确的战略性思考。如何把好经济发展的大门，化解开发与保护的矛盾，寻找严格执法与积极服务的平衡点，力求通过一些严格、科学、规范、有效的管理措施和执法方式，使"环评"和"三同时"制度在经济发展中得到全面落实更是环保工作者应不断思考的重点。作为主管环境影响评价工作的人员，如何做好当前形势下的环境影响评价工作，结合工作实际，简单谈几点自己的看法。

一、增强服务意识，为经济的发展当好参谋

　　党的十五大报告明确提出实施可持续发展战略。党的十六大以来，在科学发展观指导下，党中央相继提出走新型工业化发展道路，发展低碳经济、循环经济，建立资源节约型、环境友好型社会，建设创新型国家，建设生态文明等新的发展理念和战略举措。十七大报告指出：要"建设生态文明，基本形成节约能源资源和保护生态环境的产业结构、增长方式、消费模式"。党的十八大报告首次单篇论述生态文明，"把生态文明建设放在突出地位，融入经济建设、政治建设、文化建设、社会建设各方面和全过程，努力建设美丽中国，实现中华民族永续发展。"各级政府都高度重视环境保护工作，不断增加环境保护投入，加强环保机构建设，确保环保部门依法行使职权。但如何坚持经济社会环境协调发展，处理好环境与发展的关系，这需要我们环保工作者要当好参谋助手。环境执法和服务经济具有相辅相成的辩证关系，要全面贯彻落实"环评"和"三同时"制度，必须强化服务职能。

　　目前各地正处在实现跨越式发展的新阶段，但要坚持把环境保护纳入经济与社会发展计划和城市总体规划，制定有利于环境保护的产业政策，提倡引进技术先进、工艺清洁、能耗物耗低的项目，限制引进技术落后、污染严重、能耗物耗高的项目。在经济发展战略中，要坚持"经济建设、城乡建设、环境建设同步规划、同步实施、同步发展"的指导方

针、走经济与环境协调一致、科学发展的道路；按照城市建设的性质、环境条件和功能分区，合理进行布局；实行资源优化配置，严格执行产业政策，对严重污染扰民又缺乏有效治理措施的工厂，视其情况予以关闭或有计划地搬迁；项目建设和资源开发，都必须按法律规定，先评价，后建设。要全方位、多层次地把环境保护与经济发展结合起来，实现经济效益、社会效益和环境效益的统一。如何做到上述几个方面：

1. 做好项目的规划，夯实环境影响评价工作基础

一是要在项目落地前，主动提早介入，就选址的可行性和污染可控性等方面问题为决策部门第一时间提出建设性意见。二是要及时主动地向建设单位告知履行环评审批手续的程序、项目建设环保"三同时"的要求、环评审批在所有行政许可事项中的先行性以及项目不执行"三同时"所带来的环境风险、投资风险和信贷风险。三是要针对实际工作中发现的企业在建设污染防治设施期间因选择设计及施工单位不当，蒙受经济损失的实例，及时提醒指导企业慎重施工建设。四是要对拟申请试生产和验收的建设项目，提前深入企业进行工作指导和服务，督促企业按照环评文件及批复要求全面逐项落实污染防治措施。

2. 分类管理，特事特办，提高审批效率

对符合国家拉动内需重点投资方向、符合环保要求的民生工程、基础设施建设、生态环境建设项目及符合产业政策、选址合理、污染可控的项目，开通审批"绿色通道"，环评之前出具环保初审意见，支持企业先期办理相关手续；对国家重点资金支持的节能减排、污染源治理、清洁生产、自身建设等类建设项目，采取快捷办理方式，随到随办；对一些污染因子简单、污染较轻的项目，减少环评文件专家评审环节，尽可能地缩短审批的时间。

3. 人文服务，为企业办实事

对于企业出现项目违法问题，不能一罚了之，企业达不到行政许可条件，也不能只是一句不予受理。要在服务过程中注入柔性人文因素，用我们的真诚感动温暖企业，激发他们自觉守法的意愿。实际工作中，要充分考虑企业资金的困难，在污染防治设施能够满足主体工程需要的大前提下，尽可能地帮助企业优化污染处理工艺和方法，减少设施建设环节。

二、依靠专家的技术支持，强化建设项目科学化管理

环境影响评价管理工作既有新建项目的环评审批，还包含着建设项目"三同时"监管和竣工环保验收，不仅工作任务繁重，而且工作技术性要求较高，涉猎的行业较广，这就要求我们管理者必须具备较丰富的实践经验、较高的管理水平和较扎实的技术理论基础。但鉴于希望与现实之间的差距，为弥补管理能力的欠缺，在实施新建项目环评管理工作中，要把省级专家库中的环评及各行业专家作为实际工作的导师，依靠他们的学识和经验进行项目把关、咨询和指导。一是聘请专家参与政府重大项目招商的意见咨询，对选址、选线提出建议和意见；二是聘请专家参与重点项目环评文件的技术审查，就项目选址、产业政策、环境承载力、执行标准的确定、污染防治措施和技术的可行性、环境风险程度等问题提出建设性意见；三是聘请专家参与项目试生产污染防治设施技术核查，对项目所建设的各项污染防治设施的技术参数与污染进行认真核算，提出项目防治设施运行的可行性和可靠性意见或进一步完善设施建设的改进意见；四是聘请专家参与项目竣工环保验收，对项

目配套建设的各项污染防治设施的处理能力和运行效果进行认定。

依靠专家作为环评管理的技术支撑，加强了建设项目全程科学化管理，一是避免了引进项目的盲目性，强化了项目的落地选择。二是保证了环评文件的客观和准确，强化了项目环保措施实施的可靠性。三是杜绝了企业防治设施建设不当的问题，强化了环保设施运行效果。四是提升了行政管理人员的素质，强化了业务能力水平。每次组织有专家参加的技术把关活动对管理人员来说都是一次学习培训的过程，都有一定的收获，广泛了解了各行业的技术特点、污染防治重点环节及相应的治理技术。

三、严格环保执法，进一步强化环境监督管理

习近平在中共中央政治局第六次集体学习时强调，坚持节约资源和保护环境基本国策努力走向社会主义生态文明新时代。要牢固树立生态红线的观念。在生态环境保护问题上，就是要不能越雷池一步，否则就应该受到惩罚。要建立责任追究制度，对那些不顾生态环境盲目决策、造成严重后果的人，必须追究其责任，而且应该终身追究。

1. 严把准入关，依法科学审批

作为项目引进的第一道屏障、环境保护的第一个关口，要依法加强环境监督管理。在项目引进中，环境保护具有一票否决权，每一个项目在办理营业执照之前，必须进行环境审查，对不符合产业结构或污染严重的项目，环保部门不予批准，工商管理部门不予办理营业执照。要求项目设计方案必须包括环境保护篇章，落实环境影响报告书（表）提出的污染防治技术的措施，并且做到污染防治与主体工程同时设计、同时施工、同时投入使用，项目投产前必须进行环境保护验收，对污染物排放不符合标准要求的，要求限期整改，否则不允许正式投入生产。

2. 预防与治理并重，控制环境污染

在加快经济发展、追求经济效益的同时，必须坚持以防为主的方针，防止产生新的污染。在新、扩、改建项目时，技术起点要高，环保设施要配套，尽量采用物耗能耗小、污染物排放量少、并有可行治理方案的清洁工艺；在审批项目时严格把关，坚持环境影响评价制度和"三同时"的规定；积极推进污染的集中控制，提高治理投资效益和污染防治能力；老企业的改、扩建要坚持"以新带老"的原则，结合技术改造，做到"增产不增污，增产要减排"；要坚持引导和限制的原则，积极防治出现新的污染；积极推动循环经济发展，最大限度地实现"三废"资源化，减少向环境排污；在吸引外商投资、引进产品和项目时，要注意引进高、新、尖技术。

3. 加强督察，保障各项防治措施全面落实

首先，建设项目环评审批之后，各项污染防治措施能否按要求建设落实到位，加强对项目设计与施工环节的有效参与和管理。其次，管理和监察人员从项目破土动工开始就及时进入施工现场，对项目需配套设施建设的厂区平面布置和设备的选型、购进、安装等阶段进行跟踪管理，避免防治设施不建、建设滞后或建设不当。最后，强化环保设施竣工验收，根本实现项目"三同时"。环保设施竣工验收一直是建设项目管理的薄弱环节，一定程度上影响着"三同时"制度的贯彻和落实。要对审批过的项目进行环保设施建设现状调查，确定出应完成验收的项目明细。要根据企业环保设施建设的进度，分清不同情况有针

对性地进行监管和指导。

4. 多项措施并进，严肃查处建设项目违法行为

法律是严肃的，执法不严、违法必究是我们多年来一贯遵循的法则。要采取多项硬性措施，严肃查处违法事实。要定期或不定期地组织开展建设项目专项检查，对发现的问题及时予以纠正或查处。针对检查中发现的区域性违法问题，在严格处罚的同时致函当地人民政府，严肃提出整改意见及区域性限批告诫。对一些违法严重的企业要采取了企业限批、责令停产、挂牌督办、行政处罚等硬性手段来打击其违法行为，遏制违法现象。

四、全社会的共同参与，提高工作效率

环保工作是一个涵盖着其他经济工作的综合体现，环评管理也是如此。因此，为有效地发挥政府相关部门对污染型经济的遏制作用，共同维护环保第一审批权，要注重与相关职能部门的联系沟通，并与之建立起运行顺畅有效的协作机制。事实证明，部门联动彰显了第一审批权的威严，极大地提高了环评管理工作的效率，可以说是事半功倍。

（1）与工商部门协商，与之建立了"营业执照发放环保制约机制"和"营业执照年检环保年审复核机制"。明确规定新建项目没进行环评审批，工商部门一律不予核发工商营业执照；企业没有进行环保年审复核，工商部门一律不予工商营业执照年检。这两个机制的有效实施，一方面提高了缓化市新建项目环评执行率；另一方面，拉网式排查了那些已投入运行但没落实环保"三同时"的项目。根据我们统计和掌握的情况，全市近五年来共有 240 多个项目没有通过环保年审复核。

（2）与发改委和经委协商与之建立了"核准及审批类建设项目环保前置机制"。凡属于核准或备案类的新建项目、技术改造项目，如果没有进行项目环评审批，那么发改委或经委将不予立项。

（3）与国土资源局、城市规划局协商，分别与其建立了"新建项目环保第一审批权协同机制"。凡是没有进行环评审批的项目，国土资源局不予办理相关土地手续或矿产开发许可，规划局不予办理相关的规划许可。

（4）与建设局协商，与之建立了"基本建设项目环保验收综合联动机制"，凡是没有经过环评审批和竣工环保验收的基本建设项目，建设部门不予受理项目综合验收，不予办理房屋证照。

（5）与发改委、财政局、人民银行协商，分别与其建立了"建设项目资金拨付环保限制机制"。对没有经过环保审批的请资项目，发改委、财政局不予受理上报；对存在建设项目违法记录的企业，各银行不予受理或发放贷款。

（6）公众的参与。公众是环境保护中的主力军，是推动环境保护事业发展的一支重要力量。要在环境影响评价工作要中充分听取公众的建议和意见，提高环境保护中公众参与的力量，最终实现保护环境的目的。

探索延伸农村环境保护，努力建设生态美丽乡村

——浅谈新疆奇台县农村生态环境保护工作

新疆奇台县环境保护局　杨向武

摘　要：本文介绍了新疆奇台县的基本概况以及奇台县农村生态环境保护工作的现状，分析了环保工作中存在的主要问题和产生原因，最后提出了解决奇台县农村环保问题的建议和对策。奇台县以生态示范创建为载体，开展农村环境综合整治的做法，对于解决各类危害人民群众生活健康的突出环境问题以及促进农村环境质量不断改善具有重要意义。

关键词：农村环保；畜禽养殖；居住环境

近年来，新疆奇台县以科学发展观为统领，认真贯彻国家、自治区、自治州关于社会主义新农村建设的各项方针政策，坚持环保优先、城乡统筹发展，以生态示范创建为载体，把开展农村环境综合整治作为农村环保的切入点和突破口，不断加大农村环境污染治理设施建设与环境保护力度，着力解决各类危害人民群众生活健康的突出环境问题，促进农村环境质量不断改善，实现生态环境与社会经济协调持续快速发展。

一、基本情况

奇台县位于新疆维吾尔自治区东北部，昌吉回族自治州东部，天山东段博格达峰北麓，准噶尔盆地东南缘，东邻木垒哈萨克自治县，南隔天山与吐鲁番、鄯善县相望，西连吉木萨尔县，北接阿勒泰地区的富蕴县、青河县，东北部与蒙古国接壤。边境线长 131.47 km。县城西距首府乌鲁木齐市 195 km，总面积 1.93 万 km²，辖 6 镇 9 乡，县域总人口 23 万人，有汉族、维吾尔族、回族、哈萨克族等 22 个民族，其中少数民族占总人口的 24%，农村人口达到 17 万人，人口自然增长率控制在 7.46‰以内。

二、奇台县农村生态环境保护工作现状

1. 生态示范创建工作积极推进

生态示范创建是农村环境综合整治和生态环境建设的基础工程，是解决农村环境污染问题的重要手段，是实施农村小康环保行动计划的重要载体。考核指标体系涵盖了农村水环境质量、畜禽养殖粪便处理、农田化肥及农药施用量、水土流失治理、农村生活污水处理等方面的内容和要求。自 2010 年开展生态村镇和环境优美乡镇创建工作以来，全县共

成功创建自治区级环境优美乡镇 1 个，自治区级生态村 2 个，州级生态乡镇 4 个、生态村 3 个，县级生态村 5 个。2013 年，申报州级生态乡镇 5 个、生态村 8 个。

2. 畜禽养殖污染防治逐步开展

奇台县严格规模化畜禽养殖场的环境影响评价，配套建设沼气工程等污染治理设施，推进畜禽粪便资源化、无害化进程。奇台县是养殖大县，2009 年全县牲畜最高饲养量达到 304.1 万头（只），建有规模化养殖小区（场）13 个，规模化养殖场污染物主要采用沼气方式进行处理，其他部分村组小型养殖场也建有沼气池，但大部分养殖户养殖粪便污染以还田形式处理；经多年推广测土施肥、生物防治病虫害技术，建设无公害农产品生产基地，目前奇台县农药化肥亩均使用量呈现逐年下降态势。如半截沟镇腰站子村大中型生态沼气池项目示范点，该示范点是一项集养殖废物处理、蔬菜大棚施肥、污水处理、沼气利用"四位一体"的生态环保工程，目前已成为全县畜禽养殖污染治理的示范工程，有效推进了各地畜禽粪尿资源化利用，减少了对水、大气环境的污染。

3. 农村环境综合整治开始启动

2010 年以来，奇台县在区、州环保、财政部门的关心指导下，以中央农村"以奖促治"、"以奖代补"资金项目为契机，大力开展农村环境综合整治。县委、县人民政府高度重视，成立了项目领导小组，在 2010—2012 年相继申报、实施了一批农村环保专项资金项目，农村环境质量明显提升。但总体来看，奇台县农村环保专项资金项目还处于起步阶段。截至目前，共争取环境综合整治专项资金 1 588 万元，农村生活污水处理和垃圾处理开始启动。一是坚持城乡统筹，已经把农村生活污水纳入区域生活污水处理规划，离城镇较近的村庄，生活污水就近纳入县城污水管网，由县城污水处理厂统一处理。二是对远离县城的村庄，因地制宜，积极争取农村环境连片整治资金和新农村建设等其他资金，开展农村生活污水、垃圾处理试点，配备了垃圾压缩车、清运车等，目前有 11 个示范区的 23 个村庄开展了农村生活污水、垃圾处理试点。

三、存在的主要问题及原因分析

随着奇台县经济持续高速发展，环境与经济之间的对立统一关系正发生着微妙的结构性变化，面临着环境压力日益加大，而经济实力尚难以完全支撑污染治理需要的双重困境，对立性逐步大于统一性，已经到了环境与经济之间的矛盾最尖锐和最敏感的时期，并且在农村表现得尤为明显。近年来，奇台县的农村生态环境建设和保护工作虽然取得了一定的成绩，但由于长期以来，环境保护工作重城轻农，农村生态建设和环境保护工作始终没有得到应有的重视，加快农村发展和保护生态环境之间的矛盾仍然十分突出，面临的形势依然十分严峻，还存在不少问题。主要有：农村生活污水未经处理直接排放，导致环境质量逐年恶化；畜禽养殖污染治理不配套造成周边环境局部污染，引起上访投诉；生活垃圾分类收集难以推广，转运成本居高不下，农村财力难以承受，严重制约垃圾无害化处理和村容镇貌的整洁。

1. 农村生活污水和人畜粪便污染问题突出

畜禽养殖污物排放问题没有完全解决，养殖小区大量排放的粪便、污水，日积月累形成了庞大的污染源。由于有机物含量多、浓度高、含有大量的悬浮物和病菌，因此造成的环境污染，已成为城镇周边地带和人口稠密地区的主要污染源，这些都将影响到畜禽养殖业自身发展和当地人民群众生活。问题的根源在于：一是农村环境基础设施建设供需矛盾突出，投入相对不足、建设严重滞后。大多数农村的老房子，没有三格式化粪池，更没有生活污水处理设施。另一方面，农村生活污水处理设施建设需要强大的经济实力作支撑，建设一个 300 户左右规模的村级生活污水处理设施需投入 100 万元以上，如包括通户管网投入，通常要超过 300 万元，经费不足已成为农村生活污水处理一道迈不过去的"门槛"。目前，有些乡镇修建污水处理配套管网及污水处理设施的条件还不成熟，农村环境整治项目难以安排。这些原因导致粪便和洗涤水等农村生活污水基本未经处理进行直排，污染从表象转入地下与河网，污染地表水和地下水水质。二是水资源开发过度造成质量性缺水。随着工业经济的快速发展，工业用水需求急剧增长，主要河流源头上游都已建库拦蓄，导致许多山溪断流、河网来水不足，水体得不到更换，自净能力下降。农民生活水平的逐年提高，人口不断增多，而粪便还田数量逐年下降，加上化肥、农药的不合理使用等，增加了对水体的污染；农村生活污水处理技术支撑不足，缺乏适应农村需要的、成本低廉的污水处理模式，垃圾资源化利用和减量化处理技术也不尽成熟，一定程度上制约了农村污染治理设施建设。

2. 畜禽养殖业的快速发展与相应的污染防治配套严重失衡

全县规模化畜禽养殖场粪尿综合利用率较高，但大量小规模和散养的畜禽养殖场没有任何治理设施，畜禽粪尿仍然直接排放。这些未经处理和利用的畜禽粪尿严重影响周围环境，甚至造成污染事故，引起群众投诉，是导致大气污染的重要原因之一。主要原因在于：一是禽畜养殖业是一个微利行业，禽畜污染治理投资较大，运行费用较高。据调查，通常一个万头养猪场，按标准化的粪便处理模式，设施建设至少需要投入 100 万元以上，每年的运转费用至少需要 25 万元，仅运转费用就相当于养殖场全年利润的 20%至 30%，依靠养殖企业自身难以承担。二是相关政策法规出台滞后，政府政策扶持力度和资金投入不足，污染治理力度不够。如利用畜禽粪便生产有机肥、沼气企业等纷纷兴起，在一定程度上减轻了农业环境的压力和污染，但在政策等方面没有给予足够的重视和扶持，对社会投资的吸引力不大，加上化肥广泛使用，畜禽粪便的施用操作和直观肥效不及化肥，农民对畜禽粪便直接还田利用的积极性不高，畜禽粪便资源化利用程度较低，某种程度上助长了畜禽养殖污染。此外，由于人民群众的环境意识不断提升，对环境质量的要求不断提高，使畜禽养殖污染成为当今环境问题的一个焦点。

3. 农民居住环境的脏乱差现象依然不同程度存在

虽然"村收集、镇运输、县处理"农村生活垃圾三级处理体制已经基本建立，但这种模式也有一定缺陷，实际操作还难以达到全覆盖，垃圾清运尚不彻底，河道沟渠垃圾随处倾倒现象时有发生，影响村容整洁。问题的根源在于：一是垃圾三级收集处置网络的覆盖面、运行效率、清理程度受制于运行成本。要维持日常运行，财力更是难以支撑，难免存在卫生死角；二是农村居民的生态环保意识尚未真正树立，不良的生活习惯难以在短期内改变，还较难推行垃圾分类和资源化利用、减量化处理；村庄建设理念落后，缺乏长远规划，存在目标定位模糊、环境管理缺位、产业布局混乱的困惑。

四、关于解决农村环保问题的建议与对策

农村环保工作是一项长期任务，是一个系统工程。当前奇台县的农村环保工作，应着力在完善机制、加大投入、强化基础设施、加强农村环保力量等几个方面进行。

1. 强化责任，密切配合，完善农村经济发展与环境保护综合决策机制

一是强化各部门对本行业和本系统有关农村环境保护的责任；明确资源开发单位、法人的生态环境保护责任，对各个环保责任主体实行严格的考核、奖罚制度；把生态环境保护和建设纳入经济社会发展的长远规划和年度计划。二是各部门要积极协调配合，通力协力，从全局和战略的高度，积极配合，建立长效工作联动机制，形成分工明确，协调有力，齐抓共管的工作格局。

2. 以政府支持为主，逐步增加社会环保投资渠道，切实加大农村环保投入

一是政府应每年安排一定农村环境保护的财政预算，确保资金到位；可安排一定比例的排污费专项资金用于农村环境保护；加大对全县九大河流和水源地的区域污染治理的投入力度；积极争取国家、自治区环保专项资金用于农村环境治理。二是采取政策倾斜，对于环保类项目及其他环保设施完善的企业优先考虑资金补助。三是调整财政投入结构和方式，逐步建立政府、企业、社会多元化、多种类投入机制，引导社会资本对农村生态、公益事业的投入；探索资源有偿使用、区域生态补偿等方式，建立和完善多元化投融资渠道。

3. 完善农村环境基础设施，着力解决农村环境热点、难点问题

推进农村产业结构和生产方式的调整，完善农村污水、垃圾处理等环境基础设施，认真做好饮用水水源地保护、畜禽养殖、农业面源污染防治，加快推进农村生活污水、垃圾、畜禽养殖污染无害化处理技术，建立健全农村环境保护长效机制。

4. 加强基层环保力量，强化农村环保舆论引导

在乡镇政府建立环保检查员制度，不断加强农村环境监管能力；开展多层次、多形式的农村环境保护知识宣传教育，树立生态文明理念，提高农民的环境意识，调动农民参与农村环境保护的积极性和主动性，推广健康文明的生产、生活和消费方式。

加强环评管理，促进优化发展

河南省郑州市环境保护局　李　保

摘　要：环境影响评价是实现生态文明建设的重要手段，它能从源头减少环境污染和生态破坏，起到推动产业结构调整和经济发展方式转变的调节作用。本文总结了河南省郑州市环评工作的开展情况，分析了环评工作存在的问题，在党的十八大精神的指导下积极寻求改善环评管理工作的措施，并针对如何更好地开展环评管理工作，提出有针对性的建议。

关键词：环评管理；"三同时"管理；可持续发展

党的十八大报告把生态文明建设放在突出地位，同经济建设、政治建设、文化建设、社会建设一道纳入中国特色社会主义事业"五位一体"的总体布局，对大力推进生态文明建设进行了全面部署。环保部门是生态文明建设的主阵地，必须深刻领会，认真贯彻落实，大力推进生态文明建设，努力实现环境保护工作新跨越。环境影响评价是环保部门参与宏观调控的重要手段，是从源头减少环境污染和生态破坏的"控制闸"，是推动产业结构调整和经济发展方式转变的"调节器"，是维护广大人民群众环境权益的"杀手锏"。郑州市环保系统在环评审批同时，大力支持符合产业政策和环保要求的项目建设。

郑州市作为河南省省会城市，辖 6 区 5 市 1 县和郑州新区、郑州高新技术产业开发区，全市总面积 7 446 km²，是中部地区重要的工业城市，其六大优势产业为：汽车、装备制造、煤电铝、食品、纺织服装、电子信息。

2011 年至 2012 年，郑州市共审批项目 5 291 个，其中省厅审批建设项目 42 个，市局审批建设项目 587 个，县（市、区）局审批建设项目 4 659 个；环境影响报告书项目 321 个，环境影响报告表项目 2 623 个，登记表项目 2 347 个。项目审批总投资 6 116 亿元，其中第一产业投资 87 亿元，第二产业投资 1 272 亿元，第三产业投资 4 757 亿元。以上项目审批中无一家违反国家、省产业政策，全部执行"环评"制度，环评执行率 100%。

一、全市环评工作开展情况及成效

2011 年以来，郑州市环评管理工作紧紧围绕郑州都市区建设和环保中心工作，充分发挥环评在促进污染减排、调整产业结构、优化产业布局、转变发展方式中的重要作用，主动参与宏观决策，积极服务发展大局，有效控制污染增量，努力使环评工作由单纯把关向服务与把关并重转变。

1. 加强建设项目环保管理，严把环评准入关

一是强化目标责任制，坚持把建设项目监管工作纳入县市区政府及市直各有关部门的

政府环保目标考核体系，与其他中心工作同时部署，同时检查，同时考核。

二是加强沟通与协调，与发改、工信、规划、国土、商务、工商等部门密切配合，联合把关，从郑州都市区战略规划的高度，优化产业布局和功能分区，从源头上控制污染。

三是完善技术评估，规范开展环评技术评估工作，实行重大和环境敏感项目联合审查制度，联审采取灵活的工作机制，如联席会议、业务专题会议或书面征求意见等形式，由各业务部门联合把关。

四是严格总量控制，总量控制指标作为建设项目审批的前置条件，所有建设项目环评审批前由总量部门核定总量指标，否则不予审批。

五是严控排放标准，对废水不能进入污水处理厂的项目，化学需氧量和氨氮等污染物指标必须达到污水处理厂一级 A 标准。

六是规范建设项目公众参与内容。根据《环境影响评价公众参与暂行办法》、《环境信息公开办法（试行）》等有关规定，结合郑州市环境影响评价工作实际，制定印发了《关于加强环境影响评价公众参与的通知》，对开展公众参与的范围、要求等内容进行了细化，更加具有可操作性。

2. 强化"三同时"管理，推进建设项目环保验收

各级环保部门严格按照《建设项目竣工环境保护验收管理办法》和《河南省建设项目环境保护条例》的有关规定，强化建设项目"三同时"管理，建立了比较完善的管理职责和工作机制。郑州市环境保护局专门制定了《郑州市建设项目环境监察办法》，建立环评审批与环境监察联动机制，开展现场监察。对"未批先建"、未落实"三同时"长期不验收的项目加大查处力度，使郑州市"三同时"环境监察工作在执法力度、执法能力、执法手段上有了进一步的提高。在 2012 年，郑州市共验收项目 1 149 个。其中，省厅验收项目 4 个；市局验收项目 92 个；县（市、区）局验收项目 1 053 个。全部执行了"三同时"制度，污染物实现达标排放。

3. 主动服务经济建设，促进经济社会可持续发展

郑州市作为省会城市，是中原经济区建设的龙头，重大项目建设一直是市委市政府关注的重中之重。郑州市开展"企业服务年"活动，畅通环评审批"绿色通道"，将为企业服务精神落到实处，采取环保服务分包责任制、提前介入加强调度、加强各部门协调、全过程服务和管理、跟踪问效等多种措施推进省市重点项目环评审批工作，切实提高办事效率，将联审联批工作落到实处。近两年，经过不懈努力，全市省重点项目完成环评审批 548 个，市重点项目完成审批 445 个，当年开工重点项目做到了应报尽批，审批率达到 100%。

4. 以规划环评为抓手，加强产业集聚区环保管理

产业集聚区作为独立的环境管理单元，纳入了市县两级环保部门的重要议事日程，基本建立了"上下纵向对口，横向全面覆盖"的产业集聚区环境管理体系。通过采取与项目审批挂钩等措施，督促加快集中供热、污水处理等环保基础设施的建设，督促指导郑州新区污水处理厂和马寨污水处理厂完成环评审批工作。

与此同时，规划环评工作取得显著进展。河南省新港产业集聚区规划环评和郑州国际物流园区规划环评已通过省环保厅审查。中牟汽车产业集聚区因规划正在修编，园区规划环评工作正在同步开展。至此，郑州市 13 个省级产业集聚区除中牟汽车产业集聚区外，其他园区都已完成规划环评的审查工作。同时，郑州市积极推进专项规划环评工作，郑州市造纸工业"十二五"发展规划环境影响报告书于 2012 年 3 月通过专家技术审查，目前已进入审批程序。

5. 积极参与宏观决策，为市政府决策提供有力支撑

作为市政府控规联审联批成员单位之一，郑州市环保局主动参与宏观调控，积极服务于那些自主创新能力强、经济附加值高、符合主体功能区要求、污染物排放量小的产业和项目的发展，控制高耗能高污染行业的发展，促进经济发展方式的转变。2012 年，已按照市政府要求参加市政府控规联审联批会 160 余次，为市政府控规联审联批提出环保意见，为市政府领导科学决策提供环保政策依据。

6. 开展环评统计分析工作，为宏观决策提供参考

我们坚持建设项目环境影响评价统计分析结合郑州市重点区域的资源环境要素和重点行业的环境影响，对相关统计数据进行综合分析，尽量准确地描述当前郑州市建设项目的基本状况，从一个侧面了解郑州市产业发展的趋势，发现新增污染源的分布、规律及共性问题，并有针对性地提出对策建议，为经济发展方式调整提供参考。

经过不懈努力，郑州市环评管理工作取得明显成效。对新建重污染项目实施严格控制，积极引导与推动产业结构调整。用有限的环境资源，支撑了更多的符合产业政策的建设项目。2011 年至 2012 年，郑州市审批项目环境要素平均投资强度分别是：化学需氧量 0.27 亿元/t，氨氮 2.61 亿元/t，二氧化硫 4.29 亿元/t，氮氧化物 4.46 亿元/t。与全省环境要素平均投资强度化学需氧量 0.21 亿元/t，氨氮 2.05 亿元/t，二氧化硫 0.48 亿元/t、氮氧化物 0.45 亿元/t 相比，分别高出全省环境要素平均投资强度的 30%、27%、790%、890%。

7. 深入开展行风建设，认真做好环评领域廉政建设工作

环评审批部门作为环保系统的服务窗口，处在廉政建设关注的重点部门和重点岗位。对此郑州市环保局党组高度重视并作出安排部署：一是开展廉政教育，大力营造廉洁从政的氛围。认真学习廉政各项规定，从思想上高度重视党风廉政建设和政风行风建设的重要性和必要性。二是建立环评信息纪检监察共享机制。市局办事大厅环评窗口受理的建设项目环评审批和验收许可，项目清单和联系人当天同时上报纪检监察部门备案，主动接受纪检监察部门的监督。三是明确职责，相互监督。按照"谁主管、谁负责"、"管行业必须管行风"的要求。实行每项工作落实到人，限时办结，避免工作推诿扯皮。四是落实政务公开，做到公开公正。实行建设项目环保管理公示制，每月审批的建设项目的办理情况一律在网上公布，接受人民群众监督。

二、环评工作存在的问题

近年来，郑州市环评工作积极参与宏观调控，服务经济发展大局，在控制污染增量、优化产业布局、调整产业结构等方面发挥了重要作用，环评管理水平得到不断提高，环评队伍自身建设得到不断加强。对照新形势、新任务、新要求，我们仍然面临着严峻的形势与挑战：一是经济增长势头强劲，污染减排指标继续提高，环评把关的压力进一步加大；二是承接产业转移方兴未艾，转变发展方式是首要任务，环评服务和优化项目建设的任务更加艰巨；三是群众环境维权意识不断高涨，政务公开乃是大势所趋，提高环评管理水平的紧迫性日益凸显。当前郑州市环评工作还存在一些亟待解决的问题，主要有以下几点：

1．建设项目的"三同时"监管机制有待完善，验收工作仍需加强

监管不到位、监管缺位情形在郑州市建设项目"三同时"监管过程中不同程度的存在。此外，验收监测能力不足，监测时间周期过长的问题日益突出，个别县（市）监测站编制验收监测报告把关不严，质量不符合要求，一定程度上影响到验收进度。

2．环境质量标准与污染物排放标准的矛盾问题

按照河南省政府 2013 年环保目标责任书要求，郑州市贾鲁河出境断面水质目标为化学需氧量 45 mg/L、氨氮 4 mg/L。贾鲁河（中牟陈桥断面处）为Ⅳ类水域，根据《污水综合排放标准》（GB 8978—1996），排入Ⅳ类、Ⅴ类水域的污水，执行二级标准，此标准与省政府关于贾鲁河出境断面的水质目标有相当大的差距，即便按《城镇污水处理厂污染物排放标准》（GB 18918—2002）一级 A 的要求，仍与目标有差距，同时在执行过程中也存在技术可行性的问题。贾鲁河目前无天然水体汇入，本身自净能力较差，即使所有涉水污染源全部达标排放，也很难达到省政府贾鲁河出境断面水质目标要求。

3．高速铁路两侧防护距离问题

目前我国高铁线路迅猛发展，路网密度不断增加，列车运行速度不断提高。在给人们带来交通便利的同时，高铁在运行过程中产生的噪声、振动、电磁辐射等会对周边环境产生一定的影响，其中噪声污染被认为是高铁对社会产生的最大的环境污染因素。而郑州则是多条高铁的交会枢纽，所以沿线两侧的住宅、医院、学校等敏感建筑物受到较大的影响。

由于我国高铁处于发展起步阶段，尚未针对高铁制定相应的环境管理执行标准。所以高铁与周边敏感建筑物需设置合理防护距离争议性较大，各地执行的防护距离从 30～390 m 不等，这对周边及邻近土地的开发与管理造成了技术困扰。

4．产业集聚区、县（市）基础设施滞后，规划调整频繁

县（市）建成区及产业集聚区环保基础设施配套情况差别较大。部分地方配套设施不健全，污水不能集中处理，也进一步影响项目审批和建设。污水集中处理、集中供热等基础设施严重滞后，影响项目落地，甚至专业园区配套基础设施滞后于项目建设，影响建设项目环评审批和正常生产，不利于经济发展。为吸引大项目入驻，规划调整频繁，使得企业、环评单位和环保部门无从把握区域规划情况。

5．规划环评工作的开展仍存在薄弱环节

市级专业园区规划普遍滞后或者调整频繁，导致规划环评一拖再拖，规划环评的质量不尽如人意，也影响到园区的长远发展；一些部门对专项规划环评的要求和实施主体仍认识不清，不能做到规划与规划环评同步开展；有些规划环评与规划的衔接不够，规划不能充分体现规划环评的成果；规划环评文件技术审查还没有完全跳出项目审查的模式，不能从全局的、战略的高度提出要求，技术审查工作仍需加强和提高。

6．建设项目环境违法问题依然存在

项目未批先建、建非所批、违规生产、超标排污等环境违法行为时有发生。环保部门受理的项目中，相当一部分属于未批先建，更有甚者已建成投入生产。

三、环评工作措施及建议

党的十八大提出推进生态文明，建设美丽中国，对今后一个时期环评管理工作提出了

更高的要求，也为充分发挥环评在优化布局、调整结构和加快经济方式转变中的作用指明了方向。坚持在保护中发展、在发展中保护，完善环境影响评价和"三同时"环境监理制度，提高环境准入门槛和建设标准，全面推行清洁生产，加快发展循环经济，坚决抑制产能过剩和低水平重复建设，促进产业向资源节约型、环境友好型方向发展，推动经济发展方式转变。突出总量控制对经济发展方式的"倒逼机制"，强化结构减排，落实工程减排，完善监管减排，促进结构调整和产业升级。因此深化环评队伍建设，全面提升项目评价、评估和管理水平成为当前环保工作的一项重要任务。我们将以此为契机，加强宏观管理，稳步推进规划环评和战略环评，有效提升建设项目环境管理的工作质量，扎实推进技术队伍和技术体系建设。

为改善环评管理工作，提出如下措施：

1．加强建设项目"三同时"监管

一是进一步完善管理机制，明确职责，切实改变"重审批，轻监管"的局面。二是完善建设项目"三同时"监管工作机制。根据建设项目环评文件及其批复要求，及时制定建设项目环保"三同时"监督管理计划。三是强化建设项目日常监管。对已经审批的建设项目，每月按要求进行现场检查，督导治理设施的配套建设；对尚未开工的建设项目随时派人进行巡查，对检查中发现的问题定期进行复查。四是切实加大环境执法力度。对发现的问题及时责令其整改。五是建立健全建设项目环境管理档案制度。

2．加强环保基础设施建设

产业集聚、县（市）人口密集区和工业相对集中的区域尚未建设污水集中处理设施或集中供热设施的，将基础设施建设列入地方环保责任目标，并严格考核，对未完成环保责任目标的相关政府追究相应责任。通过环保责任目标考核工作，尽快推进环保基础设施建设，优化企业发展环境，提高污染减排能力，改善环境质量。

3．加大建设项目的监管力度

继续加强对未批先建和久拖不验建设项目的监管力度，及早制止环境违法行为。加强环保宣传活动，提高企业办理环保手续的积极性和主动性。

4．工程建设领域突出环保问题专项治理

应对审批过的建设项目的环境保护工作有关情况进行全面排查。重点解决环评审批把关不严、环评质量不高、未批先建、环保"三同时"不到位和环保专项资金使用不规范等问题。健全完善项目清查备案、跟踪检查、考核和监督管理三大制度，加强对下级环保部门的指导和监督。

5．加强对环评机构的管理与考核

加强评价机构的日常监督和检查，加强业务指导，开展日常考核和年度考核，在日常检查和考核中发现环评机构不负责任、弄虚作假、质量低劣以及有违法、违规行为的，依法严肃处理，对考核成绩较差的环评机构的环评文件要从严审查、从严把关，从而全面提高环评文件质量。

为更好地开展环评管理工作，提出如下建议：

1．适时调整分类管理和分级审批名录

对不符合实际情况的分类适当调整，确实对环境没有影响的项目，建议出台不需要环评的建设项目名录，减轻企业负担，提高工作效率。

2. 尽快完善国家部分环保政策

如涉及水源保护区、高铁沿线房地产等敏感项目，国家相关政策不够细化，具体项目环评审批中应当如何把握存在一定困难，建议尽快制定和出台相关的细则和可以操作的具体办法，更好地为环境管理服务。

3. 建立健全公众参与环境影响评价的相关法律制度，完善公众参与的法律体系

以公众参与为基本的立法准则，制定和完善相关的环境保护的法律制度，明确环境影响评价中公众参与工作的相关法律程序，建立公众参与环境保护的相关诉讼制度和程序，完善环境影响评价中公众参与的法律体系，为环境影响评价中的公众参与提供充分、可靠的法律依据，确保充分发挥公众参与在环境影响评价工作的作用。

污染减排关键靠机制

湖南省衡阳市环境保护局　曹运才

摘　要："十二五"是经济社会发展的转型期和解决重大环境问题的战略机遇期，污染减排指标完成的关键是要建立健全工作机制。通过完善工作机制，推动政府加大投入牵头抓，部门认真履职分头推，企业自主实施扎实做。本文从建立健全长效的部门联动工作机动、完善的工作考核机制、全方位的减排激励机制三方面阐明污染减排机制建设的重要性和必要性。

关键词：污染减排；部门联动机制；工作考核机制；激励机制

2006 年，《中华人民共和国国民经济和社会发展第十一个五年规划纲要》提出了"十一五"期间全国主要污染物排放总量减少 10%的约束性指标，这是主要污染物减排作为约束性指标首次正式提出。为实现 2020 年全面建设小康社会、主要污染物排放量得到有效控制、生态环境质量明显改善的战略目标，国家紧紧抓住"十二五"这一经济社会发展的转型期和解决重大环境问题的战略机遇期，继续强化污染减排，加大落后产能淘汰力度，促进经济发展模式转变，推动经济与环境协调发展。"十二五"减排约束性指标在"十一五"化学需氧量、二氧化硫基础上增加氨氮、氮氧化物两项，减排领域在工业、生活源的基础上拓展至农业源（主要是畜禽养殖业）、交通源（主要是机动车排气污染）。从近几年污染减排的不断推进、推进过程中面临的困境与无奈及取得的成效来看，污染减排关键是要建立健全工作机制。通过完善工作机制，推动政府加大投入牵头抓，部门认真履职分头推，企业自主实施扎实做。

一、建立健全长效的部门联动机制

环境保护是基本国策，污染减排是实现环境保护的重要举措，与经济发展与个人生活密切相关。但是，我国尚未形成"环境保护，人人参与"、"污染减排，行动起来"、"同呼吸，共奋斗"的良好局面。由于受部门利益的制约，大环保的工作机制尚未形成，"环境质量，共同保护"的观念有待继续深入人心。

从"十二五"污染减排的四大领域来看，农业源和机动车源均属减排新领域。根据国家相关法律政策及污染减排的技术要求，农业源和机动车源的减排需要公安、商务、交通、农业、畜牧、农办等多部门的主动介入和积极参与，主要污染物减排已由"十一五"的环保、住建、统计、经信部门的联动转变为环保、统计、住建、经信、发改、公安、农业、畜牧、商务、交通、农办等更多部门的联动，部门协调联动要求更高，某一部门工作联动出现差错或因部门条块利益不积极参与、不主动配合，均有可能导致减排工作推不动、减排效果不明显的被动局面。

从国家层面来看，"十二五"以来，污染减排仍然停留在环保部单打独斗的局面。从地方层面来看，政府对当地环境质量负责，由于上行下效，虽然从省一级开始，均是由上一级政府与下一级政府层层签订了目标责任状，但由于职责不清，任务不明，无论是地方政府也好、地方政府各组成部门也好，仍然认为污染减排就是环保部门的职责，没有形成真正意义上的工作联动机制，造成真正在认真履职行权、扎实推进污染减排的仍然是地方环保部门，其他相关部门则是能推则推。而环保部门由于受到自身职权、经费投入等的限制，在机动车、农业源的减排方面只有建议权而无实际实施的权力和经费支持，这些领域的减排在某种意义上成为一种形而上学的空喊。

衡阳市作为工业老区、人口大市、养殖强市，在全省14个地州市中，主要污染物排放总量居全省前列，减排任务十分繁重。为了有效促进衡阳污染减排工作，衡阳市委、市政府多次召开常务会议研究部署污染减排工作，成立了以市委副书记、市长任组长，常务副市长、主管副市长、公安局长等任副组长，发改、财政、经信、环保、统计、住建、交通、农业、商务、畜牧等部门负责人为成员的减排工作领导小组。同时，出台了《衡阳市"十二五"节能减排综合性工作方案》，明确了各部门职责分工，市政府与市公安局、市住建局、市畜牧水产局、市环保局签订了目标责任状，形成了市委、市政府统一调度，市环保局负责牵头组织实施全市减排工作并负责工业领域的污染减排，市公安局、市住建局、市畜牧水产局分别负责机动车、城镇生活、畜禽养殖业的污染减排，发改、经信、统计、农业、商务等多部门齐抓共管、协调联动的工作机制。通过成立专门机构、实行专门考核、出台专门方案、划定专门职责等措施、手段，彻底改变了衡阳污染减排由环保部门一家单打独斗的被动局面。由于领导重视，机制体制理顺，各部门职责明确，工作成效明显。

以畜禽污染减排为例，2012年，衡阳市畜牧局成立了以局长为组长、总畜牧师为副组长的"十二五"畜牧业节能减排领导小组，实行一把手负总责、分管领导具体负责的工作制度，并将该项工作列入了畜牧系统目标管理考核范畴，全市畜牧系统层层签订污染减排目标责任书，分解落地了工作目标任务，制定出台了《衡阳市"十二五"畜牧业节能减排规划及2012年畜禽业主要污染物减排实施方案》。

衡阳市牢牢把握住国家对生猪养殖产业加大扶持力度的大好形势，积极争取国家生猪标准化规模场区建设项目资金、生猪调出大县奖励资金、现代农业发展资金，用于全市规模化养殖场区标准化改造和粪污治理等基础设施建设。市畜牧局工作重心正在向规模化畜禽养殖业粪污治理倾斜，提出了"三一一五"工程，即2012年完成年生猪出栏量3000头以上的规模化养殖场的污染综合治理，2013年完成年生猪出栏量1000头以上的规模化养殖场的污染综合治理，2014年完成年生猪出栏量500头以上的规模化养殖场的污染综合治理，2015年、2016年完成50头以上养殖场的污染治理，也就是利用5年的时间实现全市畜禽养殖业的粪污控制。

衡阳市结合既是养殖大市又是农业大市的实际，以推进污染减排为契机，提出了减量化（雨污分离、干湿分离）、资源化（综合利用）、科学处理（沼气池、沉淀池、无害化处理池）的总的粪污治理的指导原则，在完善粪污暂存设施的基础上因地制宜推广农牧结合、林牧结合、渔牧结合、沼气牧业结合等多种养殖模式，实现污染减排与生态农业建设的双赢。全市共完成 400 余家规模化畜禽养殖业重点减排项目的实施，同比 2010 年，畜禽养殖业主要污染物化学需氧量、氨氮排放量分别下降了 6.64%、12.27%，超进度完成了目标任务。

二、建立健全完善的工作考核机制

根据国务院办公厅《关于转发环境保护部‘十二五'主要污染总量减排考核办法的通知》（国办发[2013] 4 号），环境保护部《"十二五"主要污染物总量减排考核办法》（以下简称《办法》）的考核对象是各省、自治区、直辖市人民政府和新疆建设兵团，《办法》要求各考核对象要将减排任务分解落实到本地区各级人民政府及各职能部门，并建立本地区的考核体系。

据调查，截至目前，省级政府建立了完善考核体系的甚少。从已出台减排工作方案和考核办法的地区来看，广东省的做法是比较普遍通行的做法。《广东省"十二五"主要污染物总量减排实施方案》明确了相关职能部门的工作责任，但并未将相关职能部门减排工作完成情况纳入考核体系；《广东省"十二五"主要污染物总量减排考核办法》的考核对象是地市级人民政府，广东省人民政府与其所辖的各地市人民政府签订了目标责任状。但是对地市级人民政府或县级人民政府党政一把手而言，减排目标责任状并不具备足够的威慑力，不能引起地方政府党政一把手的足够重视。

从某种意义上说，环境保护会约束经济的快速发展。而在现阶段，在我国官员提拔仍以 GDP 增长为主要政绩考核的体制下，很难要求党政一把手自动自发以环境保护和污染减排为第一要务。有新加坡科学家针对中国官场任职情况的调研表明，一个地区的 GDP 增速每提高 0.8%，该地区党政领导提拔的概率上升 3%。因此，减排考核体系的建立一定要在明确各职能部门工作职责的基础上，与当地的中心工作与重点工作，尤其是党委政府的施政方针与具体措施紧密结合，要把各职能部门也纳入减排考核体系。也就是说，党委政府重视什么、推行什么，污染减排考核指标就要列入什么领域。

湖南省委第九届十中全会提出，要在湖南省全面推进"四化两型"建设，也就是以新型工业化、农业现代化、新型城镇化、信息化为基本途径，建设环境友好型、资源节约型湖南。在"十二五"期间及其之后的一段时期，"四化两型"建设就是湖南省的中心任务、重点工作，也是上一级政府考核各职能部门及下一级政府的重要内容。湖南的污染减排工作的全面有效推行就必须紧紧抓住这个机遇，就要将污染减排工作纳入"四化两型"建设综合评价和年度目标考核体系，就要将污染减排指标纳入新型城镇化、新型工业化、农业现代化的考核范畴，与"四化两型"建设和经济社会工作同步部署、同步检查、同步考核，将考核情况作为评价领导政绩和干部提拔使用、奖惩的重要依据。

三、建立健全全方位的工作激励机制

为了切实推进污染减排，实现减排效益，全国很多地方都建立了减排激励机制。如甘肃省通过建立污染减排专项资金，采用经济杠杆的方式，促进减排。甘肃省省级专项资金 8 年增两倍。目前，省级主要污染物总量减排专项资金从"十一五"初期的每年 5 000 万元，提高到 2013 年的 1.5 亿元。2012 年，甘肃省财政厅、省环保厅共安排污染减排专项资金 1.108 亿元，安排环保专项资金 6 980 万元，对全省 142 个重点减排项目和兰州市 28 家省属行政事业单位燃煤锅炉清洁能源改造工程给予资金补助。

"十二五"前两年，通过完善减排经济政策，甘肃省在 GDP 年均增长 12%以上、规模以上工业增加值增长 14%以上的情况下，较好完成了 4 项主要污染物减排工作任务。山东胶南市建立了灵活的污染减排投资保障机制，建立实施了政府、企业、社会多元化投入机制和部分污染治理设施市场化运营机制，统筹安排资金，集中力量解决污染减排资金投入问题。同时，胶南市政府建立了重点行业结构调整和治污减排奖励扶持机制，每年列 2 000 万元用于节能减排"以奖代补"、"以奖促治"，引导推进治污减排工作。

江苏省全面推进以奖代补政策，省财政设立了每年 2 亿元的省级节能减排专项引导资金，对重点减排工程给予补助奖励；同时，安排每年 150 万元奖励专项资金，对全省在污染减排工作中作出贡献的单位和个人给予奖励；还设立 1.5 亿元"以奖代补"资金，用于鼓励太湖流域印染、造纸、化工、电镀等六大行业的"提标升级"改造工程。江苏无锡、常州等地还建立减排保证金制度，完成污染减排任务的各级领导，全部退还保证金，并给予重奖，否则全部没收 1 万元左右不等的保证金。

湖南省等多个省市在设立污染减排专项资金利用经济杠杆引导污染减排的同时，还逐步推行排污权有偿使用制度，通过初始排污权分配和排污权二级市场交易等政策措施，让工业企业治污减排有利可图从而自主减排。但是，各地的减排激励机制，均是强化了一部分工作而弱化了另一部分工作，激励机制的公平公正没有得以很好的体现，减排的全方位立体化推进也就受到了影响。因此，建立全方位的减排激励机制十分重要。

全方位的减排激励机制，包括两大条块、三个层面。两大条块即政策激励和资金激励，所谓政策激励包括绿色国民经济核算体系、绿色政绩考核制度、绿色贸易政策和绿色财税金融政策等，如脱硫电价、生态补偿、排污权有偿使用制度等。三个层面包括政府激励、企业激励与个人激励。根据国办发[2013]4 号文件，对污染减排完成不好的地方政府有约束、惩罚机制，对超目标任务完成的地方政府却没有促进、奖励机制，不利于提高地方政府的工作积极性。对企业而言，政府和社会各界习惯于将节能与减排相提并论，结合在一起分析，但根据广州市统计局的调研资料，通过节能有可能实现减排，但是，二者也存在着矛盾，节能可以为企业带来直接的经济效益，而减排不仅无直接经济效益可言，还需要企业建设减排设施，且减排设施的运行还需要消耗能源，需要大量的运行经费，例如，新型干法水泥熟料生产烟气脱硝设施运行费用一般在 2～5 元/t 熟料，也就是说，一条 4 500 t/d 的新型干法水泥熟料生产线，其脱硝设施运行费用在 9 000～22 500 元/d。

理论研究证明，在污染减排与短期逐利行为之间存在产出风险正相关和投入成本替代的情形，经济产出带给地方政府的边际收益上升会强化企业的短期激励而弱化企业的减排激励；对企业而言，污染减排是被动性、配合性行为，以社会效益为主，在经济上只有投入而没有收益，其积极性需要采取多种措施予以调动。马克思主义经济学家历来强调，人是经济社会发展的决定性因素，污染减排的推动也是如此，人是污染减排推动成效的决定性因素。因此，对在污染减排中作出突出贡献的个人予以奖励、建立个人污染减排激励机制是必要的。

一个区域的污染减排要真正见成效，环境质量要真正改善，离不开底子清楚、措施具体、责任明确、领导重视、资金保障、部门配合等要素的落实。但在环境质量改善要求日益迫切，减排领域、减排项目不断拓展的大背景下，只有建立健全长效的部门联动工作机动、完善的工作考核机制、全方位的减排激励机制，污染减排才能真正有序、有效、全面地开展与推进。

四、环境综合管理

推进大气污染联防联控，改善区域空气质量
——内蒙古西部区域大气污染联防联控研究

内蒙古乌海市环境保护局　李春晓

摘　要：内蒙古西部区域结构性、复合型大气污染是目前以及今后一段时期内所面临的主要大气污染问题。作为内蒙古西部区域的中心，近几年乌海市积极协调并推进内蒙古西部区域大气污染联防联控工作，取得了一定成效。但在推进过程中，也存在机制缺乏、力度不够等诸多问题。本文在总结以往工作开展情况、存在问题的基础上，提出了实施联防联控的对策建议。
关键词：大气污染；联防联控；内蒙古西部区域

一、研究背景及区域概况

近年来，内蒙古自治区经济呈现出突飞猛进的发展势头，随着区域经济一体化进程的加快，自治区西部以乌海市为中心辐射周边的蒙西（鄂尔多斯市）、乌斯太（阿拉善盟）、棋盘井（鄂尔多斯市）三角区域也相应在迅猛发展，在这个不足 3 000 km² 的狭窄区域内分布着三个盟市、六个工业园区、近千家工业企业。经济发展方式相对粗放，产业布局结构及规划不尽合理，主要以能源、化工、建材等产业为主，排污相似，污染物排放量超过区域环境承载能力，区域性环境污染问题日益突出，同时因大气环流造成地区间污染物相互转移，相互影响，交叉污染，导致区域结构性污染较为严重，已经成为当前该区域迫切需要解决的环境问题。而解决这样的问题，仅仅依靠各地"各自为战"，难以形成区域性治污合力，也是区域性环境污染问题严重的重要原因。蒙西三角区域环境污染问题比较突出，区域整体环境保护压力很大，形势严峻，任务艰巨。

二、大气污染联防联控推进情况及取得成效

近些年来，乌海市将治理环境污染、改善环境质量作为一项民生工程全力推进。经过艰苦努力，全市环境质量得到明显改善。城考从 2005 年的全国、自治区最差到 2007 年以来连续在自治区位居前列。空气质量连年持续好转，从 2004 年实行空气质量日报以来的 37 个优良天，2012 年增加到了 295 天，空气中二氧化硫年均浓度为 0.055 mg/m³，达到国家二级标准。2009 年以来，乌海市将打造自治区西部区域中心城市作为重大发展战略。为进一步改善区域环境质量，乌海市积极协调内蒙古西部环境保护督查中心和周边各盟市，探索性地开展区域大气污染联防联控工作，有效地打击了交界区域环境违法行为，在保障全区"十二运"等重大活动、节日期间空气质量发挥了重要作用。

2012 年，自治区环保厅组织开展了以乌海市为中心的内蒙古西部区域大气污染联防联控工作，印发了《2012 年蒙西三角区域环境污染联防联控实施方案》，成立了工作领导小组，确定了 4 大类 20 项整治措施，开展了区域环境违法行为互查、环境质量互测等工作。通过近一年的大量卓有成效的工作，收到了较明显的成效。一是区域内的各级政府对区域联防联控工作认识到位，重视程度高，整治决心大；环保部门思想统一，步调一致，监管有力，是促动联防联控工作的有力保障。二是各地积极采取措施，在加大本地污染物减排工作力度的同时，与周边地区加强协作，密切配合，联合行动，共同努力，互通信息，积累了环境污染联防联控工作经验。三是集中整治了部分重点行业企业污染、矿区交叉、跨界污染问题，严厉查处了一批有代表性的环境违法企业，建立了基础图卡档案信息，为下一步工作奠定了基础。四是区域环境质量得到一定程度的改善。作为该区域中心的乌海市，2012 年空气质量二级以上天数达到 295 天，空气中二氧化硫、二氧化氮、可吸入颗粒物浓度均值分别为 0.055 mg/m^3、0.029 mg/m^3、0.109 mg/m^3，分别较 2011 年下降 0.004 mg/m^3、0.001 mg/m^3、0.002 mg/m^3。

三、推进区域大气污染联防联控存在的问题和工作难点

1. 未形成常态长效工作机制

目前开展的区域大气污染联防联控，基本是以重大会议、重大活动等空气质量保障为契机进行的。2012 年开展的联防联控工作是作为区域年度工作进行安排部署的，在以往的基础上有了很大提升，但相对于改善区域整体结构性环境污染，确定的整治措施多是临时性的和阶段性的。活动结束后或年度工作任务完成后，领导小组工作、制定的各项工作措施和工作机制随之结束，除积累了一定的工作经验外，很少有其他工作制度或机制被固化。

2. 牵头组织者"势单力薄"

内蒙古自治区西部环保督查中心为内蒙古自治区环保厅的派出机构，主要负责内蒙古西部四盟市（阿拉善盟、乌海市、巴彦淖尔市、鄂尔多斯市）环境保护督查工作。近几年在组织开展以乌海市为中心的内蒙古西部区域联防联工作过程中，协调地方政府能力不足的缺点表现明显，致使区域大气污染联防联控工作只能停留在协同打击违法排污、解决交界区域污染纠纷问题的层面，而这些问题仅仅是区域大气环境污染的最浅显的、很一般的问题。对影响区域大气环境质量的深层次问题，诸如区域经济结构调整、工业产业空间布局、重要规划以及重大环境保护决策制定等方面无力触及。

3. 利益格局调整难度大

环保工作是块状分割的，决定了其是以行政区划为界进行管理的。要进行联防联控，就需要在行政区域之间进行协商，因为涉及各方利益，必然会遇到很多困难和阻力。大气污染治理涉及行业十分广泛，面临着深层次的利益取舍。不同行政区域利益取向不同，必然影响大气污染联防联控的实施效果。区域内各地区利益不同，难以解决各方利益冲突，联防联控的稳定性不强、深度不够。当区域的利益格局与区域污染联防联控的要求相悖时，工作开展就很难。只有在区域环保要求和经济利益格局相对一致时，才能在区域内达成共识。例如有的盟市的工业园区远离人口聚居区，工业园区所处区域的环境质量对该地区主要地区环境质量、居住条件、行政考核不会产生较大影响，对执行联防联控的各项工作措

施时就表现得不是十分积极。

四、实施区域大气污染联防联控对策建议

1. 构建跨地域管理的组织机构

建立内蒙古自治区西部区域联防联控工作联席会议，联席会议由自治区分管环保工作的副主席、自治区环保厅以及各相关部门负责人和各盟市分管环保工作的副盟市长组成，将联席会办公室设在自治区环保厅，联席会议负责制定区域联防联控总体计划、年度计划，建立监测、检查、考核体系，协调督促各地区、各职能部门推进区域大气污染联防联控日常工作。各地区比照联席会议设立联防联控机构，作为执行机构负责具体事务的操作与实施。

2. 健全区域空气质量监测网络体系

加强空气质量自动监测站能力建设，统一运行管理方式；增加和优化城市空气质量监测点位，在城市之间设立区域空气质量监测点位；开展现有城市点监测网与区域监测网联网工作，实现区域空气质量监测信息的互通和共享，逐步建立区域监测信息标准化体系，提高信息共享水平。

3. 实施区域大气环境联合执法监管

加强区域大气环境督查机构建设，强化区域监察能力，加大区域环境执法力度；建立跨盟市的环保联合执法机制，规范环境监察执法行为，建立定期联合执法制度；统一环境执法标准。加强区域重点污染源环境监管力度，将政府监管与企业预防有机结合，对重点企业开展应急预案和应急措施的落实情况进行现场检查，从源头上消除污染事故隐患；逐步建立完善区域重点污染源信息、重大项目环评信息的披露机制，搭建环境信息统一对外发布的网络和平台。

4. 统一评估考核区域大气污染防治工作进展

加强评估考核，建立区域空气质量评估制度，督查区域大气环境保护工作实效。将区域环境保护目标、任务和措施，分解、落实到政府与有关部门，并接受区域大气污染联防联控协调小组的检查、评估与考核。协调小组定期组织开展大气污染联防联控工作的评估检查，对区域和城市空气质量改善和规划落实等情况进行跟踪分析，将评估结果向国务院报告，并向社会公布。同时设置社会监督渠道，鼓励公众积极参与区域大气污染联防联控及考核工作。

五、结论

内蒙古西部区域结构性、复合型大气污染是目前以及今后一段时期内所面临的主要大气污染问题，但现行的属地环境管理制度无法满足污染物的跨界特征所需要的合作解决问题要求，亟须建立区域性的联防联控机制和方法，以应对区域结构性、复合型大气污染问题，达到改善区域空气质量的目的。

新形势下加强环保与民意良性互动的分析与探索

山东省日照市环境保护局 · 王世波

摘　要: 保障和改善民生是环境保护的根本宗旨。加强环保与民意良性互动是建设生态文明、化解社会矛盾和理顺环保职能的需要。日照市环保局在推动公众参与环境保护方面做了一些有益尝试,逐步探索出了一条推动环境保护与主流民意良性互动的新路子。全市拥有正式注册的青年环保志愿者 1 000 多人,累计组织开展各类环保志愿服务活动 500 多次。环保部门与市委宣传部以及媒体沟通交流,日照市目前构建了承载网络舆情、网络信息、网络宣传等工作任务的"三级五大平台"宣传信息网络,实现了环保宣传的全覆盖和常态化。

关键词: 日照市; 环保宣传; 化解社会矛盾; 生态文明建设

环境保护是最大的民生工程,环境质量与每个人息息相关,直接关系人民生活质量,关系群众身体健康,关系社会和谐稳定。随着生活水平的提高,广大人民群众对干净的水、新鲜的空气、放心的食品和优美的环境等的要求越来越高,对环境问题也越来越关注,已经成为经济社会发展进入新时期的重要特征。可以预见,因环境问题引发社会热点的频度和强度今后将进一步增强。如何尊重、理解和维护主流民意,建立政府与公众良性互动机制,是新时期环保工作面临的重大考验。

一、加强新形势下环保与民意良性互动的必要性

保障和改善民生是环境保护的根本宗旨。环保为民离不开了解民意,而民意表达则是对环保为民的支持。环保为民需要有公众广泛的参与,有了公众参与,才能得到社会的广泛认同,推行环保技术和政策就能更顺利;反之,如果不了解民意,环保工作的具体目标就失去了方向,不但无法满足群众利益需求,甚至可能会危害群众利益。

1. 加强环保与民意良性互动是建设生态文明的需要

党的十八大把生态文明建设纳入中国特色社会主义事业"五位一体"总体布局,提出要增强生态产品生产能力,就是党对人民群众渴望优质生态产品、优良生态环境迫切需求作出的积极回应。建设生态文明,一方面要以经济建设为基础,以经济发展推进环境保护,贫穷落后不是生态文明;另一方面要以解决环境问题为目标,以环境保护优化经济发展,环境污染也不是生态文明。生态文明离不开百姓的参与和支持。生态文明建设能不能推得开,能不能落得实,能不能走得远,政府的主导作用必不可少,企业的主动合作不可或缺,公众的积极参与至关重要。把生态文明建设放在突出地位,无疑及时契合了民意的关切点。环保工作联系民生最紧密、服务群众最直接。践行为民宗旨,最基本的就应该从拓宽与民

生的沟通渠道，妥善处理群众诉求抓起，从群众最需要的地方做起，从群众最不满意的地方改起，才能及时准确反映和维护群众的最根本利益，才能最大限度地获得公众对环保工作的认同、理解和信赖。

2．加强环保与民意良性互动是化解社会矛盾的需要

目前，中国社会正处于转型期，由环境问题引发的各类社会矛盾集中爆发，屡被媒体曝光，引起公众高度关注，人民群众日益增长的环境需求与环境公共产品不足成为当今中国社会基本矛盾之一。传统的民意表达渠道不够畅通，而新媒体技术的发展使社会进入"大众麦克风"时代，一个不太大的事情，经过网络发酵放大，都可能演变成一个大事件。这其中，环境问题正在成为网络舆情关注的焦点，特别是一段时间以来，红豆局长、什邡事件、潍坊地下水问题等环境污染事件屡次成为社会热点，引起了公众一系列连锁反应。2013年年初，全国出现长时间的大范围雾霾天气，日照也不例外。虽然我们以 $PM_{2.5}$ 污染防治为重点，狠抓了粉尘、堆场和运输扬尘、废气等污染治理，但全市空气质量改善程度仍不容乐观，空气污染问题逐步成为社会各界广泛关注的热点，网络上关于环境问题讨论或举报的帖子也越来越多。从宣传工作实际看，环境宣传教育和群众环境诉求还是"两张皮"，被动宣传多、主动应对少，成绩宣传多、问题解释少，公众的回应声音或者比较微弱，或者无序混乱，环境保护的"正能量"得不到充分传播。群众对环境问题的高度关注，一方面说明群众对环保工作热情高涨，这是社会进步的表现；同时也说明环保部门在环保工作上存在不足，未认识到宣传对于环保工作的重要性，最根本的就是维护民权、关注民生、传达民意不到位。

3．加强环保与民意良性互动是理顺环保职能的需要

加强环保与民意良性互动，关键是要让公众知道环保部门在做什么，让环保部门了解公众在想什么，把环保工作置于公众的监督下，建立起环保与公众之间的新型互信关系。环保工作是一项系统工程，职责涉及政府多个部门，仅靠环保部门自己的努力是不够的。前段时间网上热炒的温州网民出钱，请环保局长下河游泳一事。如果没有地方政府和其他部门的全力配合，环保局长就是进去游泳，也未必能见到河道垃圾治理的真效果。在环境问题日益突出、公民维权意识日益增强的社会环境敏感期，要解决当前面临的环境热点难点问题，我们既要做好职责范围内的工作，又要密切配合其他责任单位的工作，更需要统一思想，把尊重、理解、维护民意摆在突出位置，以"沟通—理解—互动"为模式，在环保与公众之间架起直接桥梁，推动环境保护与主流民意的良性互动，避免民众非理性情绪之下的极端行为。当政府成为负责任的透明政府，当公民学会了理性表达诉求，公民与政府间才可能真正建立起良性互动机制。

二、日照市推动环保与民意良性互动的实践探索

2013 年以来，日照市环保局在推动公众参与环境保护方面做了一些有益尝试，逐步探索出了一条推动环境保护与主流民意良性互动的新路子。

1．实现环保与民意良性互动，必须搭建好公众参与的平台

走群众路线，搭建公众与环保工作互动交流的平台，拉近公众与环保的距离，借用群众的力量推动环保工作，实践中我们找到了环保志愿者这把"金钥匙"。日照市的环保志

愿服务活动有着良好的工作传统和群众基础。早在 2008 年,团市委、市环保局就举行了青年环保志愿服务行动启动仪式,成立了市青年环保志愿者服务总队和首批 10 支青年环保志愿者服务大队。经过几年发展,市青年环保志愿者服务总队现有 5 个内设部门、5 个专业服务大队、12 个直属服务大队,拥有正式注册的青年环保志愿者 1 000 多人,累计组织开展各类环保志愿服务活动 500 多次,在社会上产生了较大反响。为了进一步创新和完善环保公众参与机制,日照市将从四个方面强力推动环保志愿服务工作:一是成立机构。在原市青年环保志愿者服务总队的基础上,整合现有部门和力量,注册成立日照市环保志愿者协会,并从社会上新招募和从现有人员中选拔 200 名环保志愿者骨干力量作为会员加入。二是出台政策。研究制定《关于进一步深化全市环保志愿服务工作的意见》,从机构建设、人员招募、活动开展、队伍管理、考核奖励和政策支持等方面制定措施和办法,努力打造一支高素质的环保志愿者队伍。三是强化培训。结合"六·五"世界环境日活动,举行日照市环保志愿者协会成立仪式,邀请各个领域的环保专家,组织开展环保志愿者系列培训活动。四是打造品牌。提炼一批环保志愿服务精品项目,升级改版环保志愿者网站,以"政府购买服务"的方式进行重点资金扶持,不断扩大环保志愿服务品牌项目在全社会的影响力。

2. 实现环保与民意良性互动,必须传播出环境保护的声音

当前,各类新闻媒体已成为社会舆论的放大器和各种利益诉求的集散地。环境污染事件一旦发生,往往会引发社会舆论的强烈关注。可以说,环保系统正处在舆论的风口浪尖上,面对网络、报纸、电视等各类媒体传播速度快、覆盖面广、真实与虚假信息混杂的现实,必须随时准备应对舆论风波。如何善待、善用媒体,如何更好地与媒体沟通,使环境保护的声音牢牢占据宣传"主阵地",对于化解不满情绪、引导民意表达、维护社会稳定具有重要意义。为此,日照市环保局把每年 3 月确定为"媒体开放月"。通过召开座谈会、现场调查采访等方式,主动与市委宣传部以及日照日报、黄海晨刊、日照新闻、日照广播电台、大众网等部门和媒体沟通交流,重点介绍粉尘污染综合整治、地下水污染排查、大气污染防治、水污染防治、城市环境空气质量等与群众生活密切相关的环保工作,并就媒体记者所关心的石材加工业户入驻产业园区规范发展、近岸海域污染防治、突破环境执法瓶颈、机动车尾气污染防治、环境治理措施创新、环境违法行为查处等问题逐一进行现场解答或调查采访,把环境保护的"最强音"通过各类媒体传播到千家万户,助推环境热点难点问题的解决,维护人民群众的环境权益。

3. 实现环保与民意良性互动,必须主动接受全社会的监督

知情权是公众的基本权利,发生环境问题,公众最想知道的就是真相。在事关公众健康面前,没有任何秘密可言。环保系统面对问题时应该敢于说出真相。许多情况下,人们产生听信谣传的倾向和从众行为,是因为得不到来自政府方面的权威信息,或者信息太弱。如何以权威信息的传播优势,以足够量的、优质的信息来影响公众,纠正畸变舆论,引导正确舆论,接受社会监督,是环保部门需要认真学习的必修课。对此,日照市环保局主要采取了三个方面的措施:一是不断深化政务公开工作。以公开为原则,不公开为例外,对行政处罚案件、环保业务办理规程、环保收费情况等群众关心的事项通过电子显示屏、网站、环保信息等载体,全部面向社会公开,主动接受社会各界的监督,全力打造"阳光、透明"的政府部门。二是组织开展"公众开放日"活动。市环保局通报全市环境质量情况,

组织 4 家市直重点企业通报近年来环保工作情况,并举行由环保局、重点企业、社区居民代表、环保监督员、环保志愿者、新闻媒体等参加的互动交流活动,畅通环保部门与社会各界良性互动的渠道,自觉接受社会公众对环保工作的监督,使公众的声音成为环保决策的重要依据。三是建立环保义务监督员制度。在重点企业聘请环保义务监督员,向企业宣传环保政策、法律、法规,督促企业规范环境行为,发现企业违法排污行为及时举报、投诉,既能促进企业绿色发展,又延伸了监管视线,有效弥补了环境监察力量的不足。

4.实现环保与民意良性互动,必须构建环保宣教的大格局

生态文明建设是个系统工程,需要打组合拳,需要舆论先行,宣传教育的重要作用不言而喻。环保工作靠宣传教育起家,更要靠宣传教育发展,宣传教育作为环保工作的驱动轮、导向轮,地位和作用同样不容忽视。日照市环保局着力在以下四个方面实现突破:一是整合力量。利用纪念"六·五"世界环境日、港城环保世纪行等有利时机,发挥环境保护的主渠道和主阵地作用,整合宣传、工会、妇联、团委、企业、学校、社区等各方面的社会力量,开展各具特色的宣教活动,努力构建环保牵头、部门齐抓共管、全社会共同参与的环保宣教工作大格局。二是建立网络。研究构建了承载网络舆情、网络信息、网络宣传等工作任务的"三级五大平台"环保宣传信息网络,实现了环保宣传的全覆盖和常态化。"三级",即市级、区县级、乡镇(街道)级环保宣传信息网络;"五大平台",即环保系统平台、市控以上重点企业系统平台、绿色学校及环保志愿者系统平台、绿色社区系统平台、环境教育基地系统平台。对在宣传报道中成绩突出的环保宣传信息网络成员单位及联络员,视其贡献大小,分别给予评选树优、通报表彰和物质奖励;对于履职尽责不作为者,视情况给予通报批评,取消年终考核评选树优资格。三是加强宣讲。充分利用各级党校培训班的平台,开展党校环保宣讲活动,开设环境保护讲座,面向各级、各行业党政领导干部宣讲环保政策法规,引导各级领导干部树立正确的政绩观,主动将环境保护融入经济社会发展的全过程,学会用环保的思路和眼光分析和解决发展中遇到的问题。四是引进人才。从各行各业聘请了 100 名高水平环保技术专家,建立日照市环境保护专家库。定期从库内邀请环保专家"把脉"各类环境热点问题,开展环境问题瓶颈分析,组织重点工作专题调研,举办环保专题讲座,为全市环保事业献计献策。

日照市环保局通过近年来的实践与探索,在加强环保与民意良性互动的探索等方面收到了初步成效。一是加强了信息交流,有效化解社会矛盾。各项互动活动,为公众提供了与环保工作近距离接触的机会,既满足了公众参与环保决策、参与社会管理的愿望;我们也可以多角度了解公众心声,集中民智,掌握社会舆情,环保决策能够更加贴近社会的实际情况和公众的实际需求,与公众产生更多共鸣。二是促进了政务公开,赢得公众的理解和支持。公众对环保工作的高度关注,促使我们不断增强工作的透明度和政务公开内容的针对性,一定程度上消除了公众对某些环保工作的误解,增强了公众对环保的信任感和理解支持,密切了公众与环保的关系。三是提高了服务水平,提升了环保公信力。全市环保系统逐渐习惯了在群众监督下工作,有效避免了各环节的廉政风险。对工作中发现的问题,能够及时加以纠正,极大地提高了服务效率和质量。

浅析十八大之后基层环境保护工作面临的
机遇和挑战

北京市朝阳区环境保护局　孙　刚

摘　要： 新时期党的执政理念不断提升，生态文明建设的地位逐渐加强，基层环保工作在贯彻和落实政策的过程中将遇到新的机遇，同时多种挑战也会伴随而来。本文结合北京市朝阳区的环保工作，从基层环保工作面临的机遇和挑战两方面分别进行了论述。

关键词： 生态文明；基层环境保护；体制；资源

党的十八大报告提出，面对资源约束趋紧、环境污染严重、生态系统退化的严峻形势，必须把生态文明建设放在突出地位，融入经济建设、政治建设、文化建设、社会建设的各方面和全过程，努力建设美丽中国，实现中华民族永续发展。"五位一体"的发展思路，将生态文明建设上升到国家意志的战略高度，将生态环境保护融入经济社会发展的全局，显示了中国特色社会主义事业总体布局的变化。

事实上，从党的十七大报告首次提出"建设生态文明"的概念，并将其作为全面建设小康社会的新的更高的要求，到《国家环境保护"十二五"规划》提出要积极探索环境保护新道路，加快建设资源节约型、环境友好型社会，以及国务院和北京市相继出台关于加强环境保护重点工作的意见，再到十八大报告将"生态文明建设"专章单列，以如此突出、如此重要的地位进行阐述、强调和谋划，可以看出，党和国家对于生态文明建设的理论认识在不断丰富，实践发展也在不断深入。伴随着这样一种党在新时期执政理念的提升，作为生态文明建设的主阵地和根本措施，环境保护工作必将在十八大之后迎来深入的发展；而作为理念的具体贯彻和政策的具体执行者，基层的环境保护工作无疑也将面临着巨大的机遇和挑战。

一、机遇

党的十八大报告对于生态文明建设的阐释，远远超出了环境保护、节能减排等常规内容，而是强调要融入经济建设、政治建设、文化建设、社会建设的各方面和全过程。这必然会给基层的环境保护工作带来难得的发展机遇。

1．环境保护在区域发展决策中将拥有更多的话语权

建设生态文明，必须形成节约资源和保护环境的空间格局、产业结构、生产方式、生活方式，涵盖了经济和社会发展的方方面面。这要求地方政府必须从"转变经济发展方式"

的角度真正统筹环境保护和经济建设，通过产业布局规划，对一、二、三产的类型、规模、布局进行调整，一方面合理利用环境容量，将污染较重的行业部署到环境容量较为富余的地方；另一方面确保人居环境、生态功能区等重点，尽可能减小发展的代价。在这个过程中，必然要赋予环保更多的话语权，地方政府在发展布局和行政决策时就要从根本上兼顾生态文明建设的需要，将环境质量持续改善作为区域发展的基本目标之一，将环境保护工作纳入区域发展的总体格局，将环境保护与规划、人口、国土、产业、建设、市政、绿化等各领域紧密衔接。

2．环境保护的体制机制将进一步完善

一方面，党的十八大报告从建立考核体系，实施最严格的耕地保护制度、水资源管理制度和环境保护制度，健全责任追究制度等方面对生态文明制度建设进行了阐述，这些对进一步完善环境保护工作机制提出了明确的要求。下一阶段，各级政府必将在强化环保工作的组织领导体制、完善环境准入机制、创新环保工作的科学技术支撑机制和建立环境保护公众参与机制等方面采取进一步的举措，为环境保护的深入发展奠定更加坚实的基础。

另一方面，党的十八大报告提出要加强环境监管，《国家环境保护"十二五"规划》也提出要"以基础、保障、人才等工程为重点，推进环境监管基本公共服务均等化建设"，要"完善环境监察体制机制"。这对当前环境保护工作中部门职责不清、城乡差异显著、基层监察监测力量不足等难题，提出了破解的方向和思路，也为基层环境保护体制改革提供了动力和保障。

3．环境保护的发展思路将呈现多元化

党的十八大报告提出要"深化资源性产品价格和税费改革，建立反映市场供求和资源稀缺程度、体现生态价值和代际补偿的资源有偿使用制度和生态补偿制度"，要建立环境损害赔偿制度等相关制度。这表明，国家将进一步强化经济手段在环境保护中的应用，结合政策和法律手段，不断拓宽和完善环境保护的发展思路。这为解决基层环保中的污染物集中处理设施运营不善、节能减排后劲不足、区域之间的生态补偿等一系列问题提供了更为广阔的解题思路，同时也为环保产业的发展带来了原动力。可以预见，未来一段时期内，环保行业的市场化程度将进一步加深，排污权交易市场将逐步建立，循环经济的发展将更为深入，由此助推节能减排、污染治理、清洁生产等重点工作早日冲破各自的瓶颈，基层的环境保护工作也可以结合区域特点探索更多的方法和渠道，促使环境保护事业整体呈现多元化的发展态势。

二、挑战

"美丽中国"目标的提出，"生态产品"概念的首次亮相，对人与自然关系的阐释……十八大报告充分体现了党对人民群众渴望优良生态环境迫切需求的积极回应，同时也对各级政府如何缓解资源环境约束问题、如何正确处理环境与经济的关系、如何确保基本环境质量提出了更高的要求。面对这一要求，基层环境保护工作面临的问题也就越发显得突出，需要我们正视和解决。

1．历史欠账多，基层环保负重前行
由于长期以来的粗放型经济增长方式、"先污染、后治理"的环保模式和环境保护投

入不足等多方面的原因，目前全国很多地区开始承受环保历史欠账带来的沉痛后果。太湖蓝藻危机暴发就是最典型的例子，无锡市也一直在为还清经济发展造成的历史旧账而不断加大投入。朝阳区在城市发展"退二进三"的过程中也存在着原化工二厂和有机化工厂用地、广渠路 15 号地等"毒地"被开发或等待修复的问题，由于缺乏污染评估程序和事发后的处理机制，目前只能处于被动应对的状态。此外，还有老企业（环评制度实施之前成立的企业）的环保设施问题、地下水污染问题，在当前环保部门力量薄弱、在区域发展中话语权有限的情况下，既要尽快还清这些历史旧账，又要在今后的工作中避免欠新账，基层环境保护工作的压力确实很大。

2．环境保护工作多头管理、职责不清

《中华人民共和国环境保护法》明确规定了地方政府保护和改善环境的职责，环境保护行政主管部门对环境保护工作实施统一监督管理的职责，以及林业、农业、水利等部门在各自职责范围内对环境保护工作实施监督管理的职责。这种统管与分类相结合的多部门、多层次的管理体制，以及长期以来以上职责在法律法规中界定不清晰、不明确，造成了环境保护工作分工不明、职责不清的现状，进而影响了基层环境保护工作的有效开展。

以水环境管理为例，国家规定环保部门是水环境管理的行政部门，而水利部门对水资源实行统一管理。实际操作中，两者存在认识上的偏差，水利部门主要对流域进行管理，重工程建设和开发利用，轻生态保护和水质变化；环保部门则重视水环境的质与量，重视生态保护。这种管理体制的缺陷，导致基层多龙治水的现象普遍存在，任务与目标不匹配，各方都做了大量工作，但水环境状况恶化趋势依然未从根本上扭转。在噪声污染防治、放射性污染防治等环境保护工作中也或多或少存在着类似的问题，表面上拥有监督管理权的环保部门，在具体操作中如何监督同级的相关部门、拥有哪些监督权力，均无法可依。

3．基层环保部门权责不对等、履责困难

伴随着各级政府的体制改革和事权下放，近年基层环保部门承担着越来越多的属地监管职责，环保工作的属地化特性也日益突出，地方政府在环境质量改善和环境风险防范等方面肩负的责任越来越重，面对的风险越来越大。而与此相对应的，却是基层环保经费投入不足、队伍能力建设需要加强、环保工作整体联动氛围不够等一系列突出问题，基层环保局长们普遍感觉工作"压力大、风险大、难度大"。

以朝阳区为例，在环保审批方面，市局将审批权限下放以后，区县环保局在部分项目的审批过程中要承担与市级发改、规划等相关部门的沟通和协调工作，由于职责和权限的限制，往往存在一定的阻力。在污染源监管方面，市里明确各区县环保局负责辖区所有污染源的日常监管工作，但是对电厂和污水处理厂等国控源，以及央属和市属企业等，市区两级环保部门在排污费征收、在线监控数据掌控、处罚权限等方面职责与权限划分不一致，导致部分工作衔接不畅。在污染物减排方面，市里要求区县对排放挥发性有机物的行业实行两倍削减替代，但全市范围内尚未推行排污权交易制度，缺少有效的交易平台和减排项目库，仅靠区县环保部门根据日常监管情况寻找替代项目，必然导致减排的动力不足。

4．基层环境管理体制亟待完善

朝阳区有近 1 万个污染源，涉及行业广、分布分散、污染治理水平参差不齐，但目前区环保局只有区区几十人的环境监察和监测队伍，街乡一级的环境管理体系尚未建立，环境监察和监测力度显然不够，环境监察执法机构的设置问题亟待解决。面对现状，我们的日常监管只能保证重点区域、重点行业污染源的监察和监测频次，对于城乡结合部和农村地区规模小、无重金属等特殊污染物排放的小企业，监管无法保证不留死角。受执法能力所限，目前大部分环境违法行为查处来源于信访投诉、群众举报、专项检查等被动执法，经常性和主动性的执法检查较难实施，环境污染隐患难以被及时发现。这也是导致目前环保工作人员像救火队员、环境保护工作整体上难以从污染治理向污染预防转变的重要原因之一。

因此，必须进一步强化基层环保队伍建设，探索在各街乡建立环境管理机构，根据各街乡辖区内的污染源数量确定专职的环保工作人员数量，明确其在污染源日常检查、环境信访投诉、环保法规宣传、污染源信息统计等方面的工作职责，充分发挥街乡一级在一线环境监管中的作用，协助市区两级环保部门实现对污染源的动态监管。

5. 城乡环境保护差异不容忽视

虽然各地都在不断加大城乡一体化建设步伐，但城乡之间在环境基础设施、污染物治理和环境监管等方面仍然存在着较大差异，距离环境基本公共服务均等化的要求还有明显差距。以北京市各区县中城市化进程最快的朝阳区为例，从 2007 年第一次全国污染源普查和 2010 年动态更新调查数据可以看出，农村地区的重点工业污染源占全区的比例进一步增加；从日常监管的情况来看，随着城区规划功能向居住、商业、服务业等的进一步侧重，以及农村地区各类基础设施的不断完善，目前大量生产型的工业企业已逐渐向农村地区转移。值得注意的是，"十二五"时期将要重点淘汰的工业园区以外规模以下的化工、石材加工和砖瓦生产企业，大多数也集中在农村地区，这些地区同时还存在着大量无照经营的小型加工企业。

与此同时，城市地区的工业企业环境守法意识较强，治理设施较为完善并且能保证正常运行；农村地区除重点工业源以外，大多数企业均无治理设施，个别有治理设施的企业也存在设施运行管理不善、治理效果不佳等问题。这些都要求基层环保部门必须适应区域发展特点，尽快转变环境管理模式，寻求更为合理和科学的管理途径。

6. 基层环保面临环境群体性事件的风险加大

相关数据显示，自 1996 年以来，我国环境群体性事件的发生率以年均 29% 的速度递增。以近期广受关注的 PX 项目为例，从厦门开始，大连、什邡、启东、宁波……凡是与其沾边的城市无不引起民众反对。从朝阳区来看，近些年也出现过居民因担心辐射污染反对望京变电站建设、因担心二噁英污染反对垃圾焚烧厂建设等群体性事件，多集中在基础设施建设领域相关的环境污染问题。随着民众对生态环境要求的日益提高和环境意识的不断增强，因为环评审批、污染物排放等引发群体性事件的风险也将逐渐加大。如果处理方法不当，地方政府最终迫于压力而允诺"坚决不上（某些项目）"，就会让更多的百姓"有罪推定"式地认为，地方政府为了"GDP"会牺牲环境保护和百姓的利益。

因此，基层环保部门必须在加强依法环评的基础上，重视信息公开，加大群众参与力度，主动接受群众监督。同时，要建立健全社会风险评价机制，从源头上预防突发事件的发生。

三、展望

当前，进一步加强环境保护、推进生态文明建设的方向已经明确，任务已经确定。环保系统应乘势而上，基层环保工作也应有所作为，勇做推进生态文明建设的引领者和实践者。机遇需要把握，问题需要一步步攻坚克难。在党和国家各级政府的领导下，我们将全力完成"十二五"主要污染物减排指标，切实发挥环境保护优化经济发展的作用，优先解决损害群众健康的突出环境问题，全面落实生态文明建设的政策措施，努力开创生态文明建设的新局面。

美丽中国，天蓝、地绿、水清，未来一定可期。

论衡水市生态环境保护与建设的探索

河北省衡水市环境保护局　吕松印

摘　要：本文结合衡水市当前的生态环境情况，论述了今后将从以工程减排为重点推进污染减排、以饮水安全和流域污染防治为重点改善水环境质量，以综合防控为重点改善大气环境质量，继续推进城乡环境质量的改善和提升生态环境保护总体水平等方面开展工作。

关键词：生态环境；生态保护；生态文明建设

衡水市地处华北平原的黑龙港流域，坐拥衡水湖这一国家级湿地。近年来，在京津冀经济圈的发展带动下，经济、文化都得到前所未有的大发展。然而在经济实力跨越发展的同时，综合实力差、环境保护投入比例小、产业结构不合理、工业项目污染较重的局面未根本转变。因此，在大发展的形势下，衡水市的生态环境保护和建设显得尤为突出和重要。

一、生态环境保护工作存在的主要问题

1．生态环境面临较大压力

一是滏阳河水体污染不容乐观。衡水市对治理滏阳河污染十分重视，2008年成立了专门机构域内河流环境保护督查中心负责河流治理工作，并对衡水市境内的河流断面实行严格的监测和考核，逐年完善生态补偿机制。2008年6月以后，滏阳河等重点河流水质基本达到省政府的考核标准。但是随着省政府考核标准的日益严格，同时，由于沿河县市区产业分布不合理、治理难度大、上游水质差等多方面因素，导致滏阳河水质始终处在超标边缘。二是城市空气污染仍较为严重。虽然衡水市的城市空气质量逐年改善，但城市空气中的尘污染问题仍较为突出，全年空气中以尘为主要污染物的天数达90%以上。另外，近来机动车保有量持续快速增长，机动车尾气污染呈现加重趋势。

2．完成减排任务尤其是完成氮氧化物减排任务异常艰巨

"十一五"期间，衡水市大力开展减排工作，通过治理关停，较大的减排工程已经全部实施。"十二五"减排项目严重不足，要完成减排任务尤其是氮氧化物减排任务异常艰难。

3．环境监管任务非常繁重

"十一五"以来，衡水市新建设完成污水处理厂12座，但由于配套管网不健全，收水量不足等问题，要确保稳定达标运行，加强减排设施环境监管的任务非常繁重。一些重污染企业的偷排偷放、"十五小"重金属企业的反弹，都给环境监管工作增加了许多困难。

4．环保基础能力和队伍建设急需进一步提高

由于历史欠账，环境监察、监测等基础能力建设以及人员编制、经费投入等严重滞后，无法满足当前日益繁重的环境保护任务的需要。

二、衡水市生态环境保护和建设做法与成效

近年来，全市各级各部门以科学发展观为指导，不断加强生态环境保护和建设，有效解决突出环境问题，圆满完成了各项环保指标任务，全市环境质量不断改善。

1．全力以赴推进污染减排，为全市经济发展提供环境容量

"十一五"以来，为确保完成省委、省政府下达的污染减排目标，衡水市全力推进工程减排、结构减排、管理减排三大举措。"十一五"期间，全市共实施减排项目 880 多个，化学需氧量、二氧化硫排放量分别削减 18.04%和 16.8%，圆满完成了省政府下达的 18%和 16.8%的减排任务。2011 年，全市完成减排项目 167 个，化学需氧量、二氧化硫完成了年度减排目标，保障了衡水市经济发展所需的环境容量。

2．强化环境综合整治，城市环境质量得到持续改善

衡水市以"改善环境质量、保障民生"为出发点和落脚点，着力加强水和大气环境治理，环境质量不断改善。市区大气优良天数由 2006 年的 300 天增加到 2011 年的 341 天，大气环境中二氧化硫、二氧化氮、可吸入颗粒物三项主要污染物浓度年均值全部达到国家考核标准，比 2006 年分别下降 9.3%、17.8%、25.7%，空气质量综合污染指数下降 19%，稳定达到国家考核标准；滏阳河出境断面水质基本保持在省政府考核标准之内，集中饮用水水源水质总体良好，衡水湖达到地表水三类水体标准；环境基础设施建设不断加快。污水处理厂从"十五"末的 1 座增加到 13 座，实现每个县（市）均有污水处理厂，处理能力达到 31.5 万 t/d，污水集中处理率由 20%增加到现在的 89.9%；完成市区垃圾处理场焚烧发电项目建设，全市建设垃圾处理场 9 座；有力改善了城市面貌和人居环境。

3．生态环境建设和农村环境保护取得明显成效

衡水市着眼统筹城乡发展，把生态环境建设摆上了更加重要的位置。一是生态安全保障水平得到提高。衡水市编制完成了《衡水生态市建设规划》，全市 11 个县市区均完成了生态县市区建设规划编制工作。冀州市冀州镇、枣强县枣强镇和大营镇、安平县安平镇和武强县小范镇被命名为国家级环境优美城镇。全市 10 个县市的城区及枣强大营镇被命名为省级环境优美城镇。阜城、冀州、景县、武强、深州等 5 个县（市）被命名为国家级生态示范区。二是农村环境保护工作稳步推进。加强对农村环境的日常检查监管和新建项目的审批审查，强化农村工业污染防治，严格控制重污染企业和落后产能向农村转移。另外，为改善衡水市农村人居环境质量，衡水市制定了《河北衡水市农村环境连片整治示范工作方案（2012—2014 年）》，将衡水湖周边、周窝音乐小镇、大营（营东）、高速公路沿线及进出口作为重点内容，共确定了 2012—2014 年农村环境连片整治示范片区 21 个，涉及 381 个村庄，计划建设污水管网 430 km；垃圾中转站 97 座，垃圾转运车 429 辆，垃圾收集池 3 476 个。示范区项目实施后，将使 381 个村庄 49.3 万人受益，示范区每年 944 万 t 生活污水和 15.5 万 t 生活垃圾得到有效处理，98.1 万 t 畜禽粪便得到资源化利用，环境基础设施将取得长足发展，对全市农村环境整治起到有效示范带动作用，区域环境质量将得到明

显改善。

4. 加大执法力度，助推经济转型升级

连年组织开展环保专项行动和环保综合执法行动，严厉打击环境违法行为，有效解决了一批危害群众健康的突出环境问题；把规划环评和建设项目环境管理作为促进经济发展方式转变的重要抓手，完成了 21 个工业园区和聚集区的规划审批，促进产业结构优化升级。"十一五"以来共争取上级各类环保专项资金 3.2 亿元，为改善区域环境质量提供了有力的资金支持。

5. 完善工作机制，推动区域经济社会协调发展

率先建立重点河流跨县界断面水质 COD 浓度考核与财政挂钩的生态补偿机制，实施了企业限期治理、减排预警、区域限批、政府主要负责人约谈等制度措施，推行绿色信贷政策，为生态环境保护提供了坚实的政策机制保障。

三、未来生态环境保护与建设的总体思路

衡水市的生态环境保护与建设工作任重而道远，未来必须狠抓重点，强化落实，全方位推进各项保护工作的深入开展。

1. 以工程减排为重点，推进污染减排任务完成

（1）推进工程减排。一是抓好重点企业。重点推进电厂脱硫、脱硝工作，脱硝工程尽快建成投入使用，同步完成脱硫设施升级改造和烟气旁路拆除。二是提高畜禽养殖治理水平。加强畜禽养殖企业的管理，提高养殖小区和规模化养殖场的比例，配套建设畜禽粪便和污水处理设施，以循环经济的理念推进综合利用步伐，着力削减污染物排放量。三是加快污水处理厂建设。按照时间要求全力推进列入计划的污水处理厂升级改造及建设工作。

（2）抓好结构减排。严格执行"倒逼机制"，对新上项目严把环保准入关口。对于不符合国家产业政策、园区用地规划、区域禁（限）批规定和相关环保要求的新建项目，一律不得审批。同时，工信、发改、环保等相关部门和各县市区认真执行产业政策和国家下达的落后产能淘汰计划，抑制过剩产能增长。

（3）强化管理减排。全面加强污水处理厂、电厂等重点项目监管，继续推进第三方运营，提高污染防治设施运行率。加快现有燃煤锅炉的淘汰力度，严格限制新建燃煤锅炉。加大机动车减排步伐，淘汰"黄标车"及老旧车型车辆，确保机动车尾气环保检测率＞80%，贴标率＞90%。严格实行污染物排放总量控制制度，任何地方、任何单位不得突破，对超过总量控制、环境违法问题突出、重点治污项目建设滞后的地区或企业，坚决实行"区域限批"和"企业限批"。

2. 以饮水安全和流域污染防治为重点，改善水环境质量

一是加强饮用水水源地保护，防治影响集中式饮用水水源地水质的环境污染，制定实施各级水源地污染应急预案，保障群众的饮用水安全。二是集中力量解决滏阳河污染问题。全面推进滏阳河水污染防治工作，严格落实断面考核和生态补偿机制。开展区域水污染综合整治，确保滏阳河化学需氧量和氨氮浓度达到省定目标要求。加强滏阳河沿线以外的其他各县市区水环境治理工作，确定重点检查、考核河（渠）和考核办法，出台考核措施，推进水环境质量的改善。三是加强衡水湖的保护与建设。严格控制衡水湖自然保护区内的

项目建设，核心区和缓冲区内不得建设任何生产设施，试验区内不得建设污染环境、破坏资源或者景观的生产设施。加大衡水湖自然保护区的环境监测力度，有针对性地开展环境治理工作，确保衡水湖自然保护区的可持续发展。

3. 以综合防控为重点，改善大气环境质量

一是各有关部门协调配合，制定有效政策措施，利用行政、法律和经济手段推进燃煤锅炉治理改造和拆除工作。二是落实配套资金，扎实开展 $PM_{2.5}$ 监测工作，确保按时监测 $PM_{2.5}$ 并公布数据。三是推进"煤改气"、"煤改电"等清洁燃料改造工程，加强建筑扬尘治理和城区及城市外围绿化工作，推进"一人一亩林"目标的实现。

4. 继续加快生态建设，推进城乡环境质量的改善

一是将农村环境连片综合整治工作纳入市政府对各县市区政府环保目标考核内容，将完成情况与主要领导的政绩挂钩，进一步落实各级各部门农村环境保护职责。二是加快实施农村环境连片综合整治，扎实推进农村生态环境保护和农村环境综合整治，每年确定一批试点村建设生活垃圾、生活污水处理示范工程。强化农村生态环境监管，本着"减量化、资源化、无害化"的原则，控制农村地区的污染物排放，改善农村生态环境。

5. 完善工作机制，提升生态环境保护总体水平

（1）加快建设完善的环保考核机制。强化环保目标考核，提高生态环境建设在经济社会发展考核中的比重，考核结果作为各级党委政府及领导干部的政绩考核内容和干部任免奖惩的重要依据。对出现重大生态环境事件，造成严重后果的，要严肃追究责任。

（2）加快完善部门联动和分工负责机制。一是充分发挥各相关部门职能作用，建立联席会议制度，实现环境信息和数据资源的共享，合力推动环保各项任务的落实。二是完善环保、公安、电力、工商、发改、安监、国土资源、农业、水利、卫生和林业等部门的联动机制，打造环保执法案件移送的"绿色通道"，提高执法效率，形成统一指挥、分工负责、密切协作的执法响应体系，使环境违法行为得到有效查处。

（3）加快建设完善的环保投入机制。积极拓宽投融资渠道，逐步加大政府投入力度，特别是对污水处理、垃圾处理等大型环境基础设施、重点生态治理工程、环境管理能力建设，各级政府要保证资金投入，并随着财政收入的增加，确保环保投入的同步增长。

（4）加快完善环境监管机制。一是建立完备的污染源监控体系。继续全面推进国控省控重点污染源的自动监控安装步伐，同时，逐步开展视频监控系统建设，实现对重点污染源污染防治设施运行情况的全方位监管。二是建设先进的环境监测预警体系。加大监测能力建设投入，进一步完善城市空气质量、重点流域、地下水等重点监控点位和自动监测网络，及时跟踪生态环境质量变化情况。三是建立高效的环境应急体系。健全预防为主的环境风险管理制度，对涉重金属、危险化学品等重点企业实行环境应急分级、动态和全过程管理。强化应急演练，完善环境应急所需检验、鉴定设备，以及应急处置、自身防护装置、物质的补充更新等，确保在发生突发环境事件时能够有效防范。

（5）加快完善市场推进机制。一方面，开展排污权交易。在深入研究排污权交易价格、污染治理成本、交易条件和交易模式的基础上，建立排污权有偿使用和交易管理办法，逐步扩大交易范围，加快推进市场化进程，实现排污权的优化配置。另一方面，推进治污设施市场化运营。引导、鼓励更多的社会资本以多种方式参与环境基础设施建设和运营，推进污染治理的企业化、市场化、产业化。

（6）进一步加强环保机构队伍建设。为更好地发挥环保职能，为经济发展和维护民生提供更强有力的保障，衡水市将进一步加强市环保局领导班子和干部队伍建设，并根据当前工作需要，推进机构设置和人员编制配备，确保衡水市环境保护各项工作的顺利开展。

生态环境保护与发展必将成为衡水市今后较长时期内的工作重点和难点，但我们将以坚定的信心和决心，坚持科学发展观不动摇，继续秉承"为发展服好务、为环境把好关、为群众健康尽好责"的根本宗旨，着力改善生态环境质量，防范环境风险，为广大人民群众创造良好的生产生活环境，努力推动衡水市经济的又好又快发展。

浅谈怎样做好环境突发事件的处置工作

黑龙江省绥化市环境保护局 陈利民

摘 要：近年来，我国重大环境污染事件屡次发生，制定合理的应对措施势在必行。本文从风险源排查、企业环境风险意识、突发事件报告工作、监测工作和信息公开工作五个方面分别提出应对环境突发事件的建议。

关键词：突发环境事件；风险源；监测工作；信息公开

近年来，全国各地爆发了多起重大环境污染事件，特别是安徽怀宁县、浙江德清县、广东紫金县、湖南郴州血铅超标事件，豫鲁交界徒骇河水污染事件、浙江建德交通事故致苯酚泄漏等事件引起了社会各界的广泛关注，环境安全面临严峻威胁和挑战。黑龙江省绥化市虽然是农业主产区，但仍有很多企业存在环境污染的隐患。同时，生产安全事故或交通事故引发的突发环境事件也会随时发生，如何做好环境突发事件的处置工作，结合工作实际谈谈自己的几点看法。

一、做好环境风险源的排查工作

与一般污染排放相比，突发性环境污染事故没有固定的排放时间和排放方式，往往突然发生且来势凶猛，有着很大的偶然性和瞬时性，其形式趋于多样化，涉及众多行业和领域。这就要求我们环保部门全面掌握企业的情况，包括企业有什么样的污染源、污染源所在位置，如果发生环境污染事故会有什么样的污染物产生，对环境造成什么样的污染和破坏，包括对社会生活、生产秩序的影响等。正是由于各类突发性环境污染事故的性质、规模、发展趋势各异，自然因素和人为因素互为交叉作用，其处理过程较一般污染事故更为困难和艰巨。

二、提高企业环境风险意识，强化企业自身风险管理

突发环境事件具有发生突然、扩散迅速、危害严重及污染物不明等特点。这就要求我们要加强对企业负责人的环境风险宣传和教育，同时通过多种措施增强企业的环境风险意识。协调相关部门，利用绿色信贷政策等措施，强化对高污染、高环境风险企业的环境管理和环境风险管理；强化对企业造成污染纠纷或污染事故赔偿责任、清除污染和消除污染危害责任的追究；严肃追究造成重大污染事故、严重损害公众利益的企业负责人的刑事责任。要求企业做好应急预案，而且应急预案要详细，具有可操作性；促使企业确立环境风

险是与企业的生存和发展息息相关的经营风险理念，强化环境法治意识，促进企业加强内部的环境管理、环境风险管理，杜绝违法生产、违法排污行为。引导企业在建立环境风险应急机制的前提下，结合企业内部的生产、工艺、设备、安全、消防、运输管理等工作，将环境风险管理细化为日常管理规范，融入日常管理的各个环节之中。

三、做好环境突发事件的报告工作

《国家突发环境事件应急预案》中规定，突发环境事件根据其严重性和紧急程度，可分为特别重大环境事件（Ⅰ级）、重大环境事件（Ⅱ级）、较大环境事件（Ⅲ级）和一般环境事件（Ⅳ级）四级。突发环境事件责任单位和责任人以及负有监管责任的单位发现突发环境事件后，应在 1 小时内向所在地县级以上人民政府报告，同时向上一级相关专业主管部门报告，并立即组织进行现场调查。紧急情况下，可以越级上报，等等。为什么要强调时间，在发生环境突发事件时，时间就是生命、时间就是金钱。有些企业或相关职能部门可能存在侥幸心理或是麻痹大意，没有意识到所发生的事故会对环境及人民的生命财产安全带来多大的危害。比如，山西天脊煤化工集团苯胺泄漏引发重大突发环境事件，因为两个"没有想到"，将本该两小时内报告的事件，拖延了 5 天，造成 38.7 t 苯胺污染物泄漏，8.7 t 流入浊漳河。污染物从山西沿浊漳河、红旗渠流入河北、河南境内，邯郸一度停水，38 名相关责任人因此事件受处理。当然，在进行信息报送时，要对信息进行分析、研判、总结和提炼，使普通信息转化为有效信息，从而达到有效防范环境风险，妥善处置突发环境事件的目标。

四、做好环境突发事件的监测工作

在发生环境突发事件时，环保部门要第一时间赶赴现场，并开展环境监测工作。但现在一些环境监测部门，特别是县（市）级环境监测站的应急监测设备落后。通常只能分析如 SO_2、NH_3、CO、NO 等污染因子，种类较少，而且对污染物也无法作出精度的定量分析，不能满足多种环境基体不同污染物的应急监测和分析需要。应急监测手段也比较单一，缺乏统一的应急监测技术规范。面对这类实际情况，环保部门应该为一旦发生问题时如何应对提前做好准备。要了解兄弟县市及上一级环境保护主管部门应急监测设备的情况，建立环境监测、环境影响评价方面专家的数据库。在发生突发环境事件时，可以第一时间进行环境监测，第一时间与专家取得联系，正确选择仪器、方法、进行采样点布设和数据的取舍等，保证应急监测的科学性、规范性、准确性和可靠性。

五、做好环境突发事件的环境信息公开工作

我国《环境保护法》第三十一条规定："因发生事故或其他突然性事件，造成或可能造成污染事故的单位，必须立即采取措施处理，及时通报受到污染危害的单位和居民，并向当地环境保护行政主管部门和有关部门报告，接受调查处理。"为什么法律上特别强调突发性环境污染事件中的环境信息公开呢？

首先，环境信息的公开有利于公众人身、财产的保护。突发性环境污染事件的发生带有突发性，且污染范围大，危害严重，所造成的经济损失巨大，对这些突发性的环境污染事件，如果能及时地向可能遭受污染危害的公众发布信息，则有可能大大地减少人身和财产的损失。

其次，环境信息的公开有利于社会秩序的稳定。突发性环境污染事件具有不可预知性，但与公众的利益密切相关。在事件发生时，人们自我保护的本能的第一反应和最大需求就是了解信息，了解真实的信息、准确的信息和权威的信息。在松花江污染事件中，因信息发布不明确，导致市民紧急从超市大量抢购饮用水和食品，甚至很多人纷纷借用各种交通工具转往它地，社会秩序一度几乎失控。在信息社会里，当公众不能从政府部门获取真实的有关环境污染的信息时，它必然就很容易造成各种谣言、小道消息到处传播，严重影响公众的情绪，可能会使绝大部分公众陷入普遍的恐慌和信任危机中，造成人心不稳，社会动荡，甚至激化矛盾，使其更加恶化，陷入不可控状态。

最后，环境信息的公开有利于公众参与环境污染事件的解决。突发性环境污染事件出现后，政府需要通过社会动员来积聚公众的力量投入到紧急应对行动中去。当然公众参与突发性环境污染事件的解决需要由政府部门引导、协调和统一组织，如果完全依靠公众自发地参与，其效果必然会大打折扣。

在应对环境污染事件过程中政府的作用占据主导地位，但必须还要依赖公众的理解、赞同和参与。也就是说，政府对突发性环境污染事件应急处置的努力程度、所采取的措施、专家的态度和意见等，都需要得到公众的认可，并得到公众的理解、支持或参与。因此，政府的环境信息公开就能在政府和公众之间、专家与公众之间建立沟通渠道并交换各种信息，不仅可以增进政府与公众之间、专家和公众之间的相互理解，而且可以减少或避免由于认识冲突而引起可能的社会冲突，同时也有利于避免由于公众不了解真实原因与实情而发表一些偏激的看法与言论，或由于对造成的损失不满而发泄对政府或造成突发性环境污染事件单位的不满。对于突发性环境污染事件来说，环境信息的公开具有多方面的意义，因此，各国法律特别是突发性事件应急管理法律都特别注重相关信息的公开。我国《国家突发公共事件总体应急预案》中也作出规定："突发公共事件的信息发布应当及时、准确、客观、全面。事件发生的第一时间要向社会发布简要信息，随后发布初步核实情况、政府应对措施和公众防范措施等，并根据事件处置情况做好后续发布工作。"

做好突发环境事件应急处置工作，提高预防和处置突发环境事件的能力，是关系市域经济发展和人民群众生命财产安全的大事，是构建社会主义和谐社会的重要内容；是全面履行政府职能，进一步提高行政能力的重要方面。通过加强突发环境事件应急管理，建立健全社会预警机制、突发事件应急机制和社会动员机制，可以最大限度地预防和减少突发事件及其造成的损害，保障公众的生命财产安全，维护社会稳定，促进经济社会全面、协调、可持续发展。

上海市浦东新区创模复核工作体会和感悟

上海市浦东新区 环境保护局   张宝良

摘　要：上海浦东新区自 2007 年被评为 "国家环境保护模范城区" 称号以来，始终坚持环境优先，在巩固已有成绩的基础上，继续推进创模复核工作。本文具体介绍了浦东新区在五个方面进行创模复核的整改工作。

关键词：环保创模；创模复核；环保新道路

浦东新区于 2007 年获得 "国家环境保护模范城区" 称号。成功创建国家环境保护模范城区的六年来，浦东新区不松劲、不懈怠，始终坚持环境优先，把环境保护工作摆在全区经济社会发展的突出位置，在产业结构调整、生态环境保护、环境污染治理、城市环境基础设施建设等方面全面推进。特别是通过 2010 年成功举办上海世博会和 2011 年再次成功创评全国文明城区的历练和洗礼，在巩固已有成绩的基础上，严格对照新标准、新要求，查找差距，不断改善和提升区域环境质量。

一、浦东新区环境保护持续改进工作

1. 确立更高的发展目标

区委、区政府明确提出："创模" 只有起点、没有终点，全区上下必须再接再厉、乘势而上，站在新起点、把握新机遇、再创新优势、实现新跨越。围绕这一要求，2011 年，浦东再次提出 "浦东的快速发展，绝不能以牺牲环境和资源为代价，要围绕巩固国家环保模范城区创建成果和创建国家生态区，坚持环境优先，加强污染治理、生态建设，全面完成节能减排任务，努力实现低碳发展、绿色发展" 的目标。

2. 完善全新的体制机制

2009 年，浦东新区与南汇区两区合并后，新浦东的总体规划、经济结构、产业布局等都发生了重大变化，环境保护进入了新的历史发展阶段。区委、区政府及时调整，坚持党政 "一把手" 负总责，进一步健全党委领导、人大监督、政府负责、环保部门综合牵头、有关部门协调配合的环境保护管理体制，建立完善 "分工负责、协调落实、考核评比、监督管理" 的创模复核工作机制。

3. 采取扎实的工作举措

在浦东新区环境保护和环境建设协调推进委员会的领导下，污染源普查、水环境整治、生态区创建、生活垃圾减量分类等重点工作，均成立了由新区主要领导亲自挂帅的工作机构，明确目标、分解任务、落实责任。区委、区政府紧紧抓住举办上海世博会的历史机遇，强化生态文明建设，深化结构调整，美化城市面貌，优化环境质量，发挥了迎博、办博对环境保护工作的助推作用和综合效应。浦东环境质量持续改善，经济、社会实现又好又快发展，先后荣获"国家园林城区"、"国家卫生城区"、"全国文明城区"和"中国人居环境范例奖"等国家级荣誉称号。浦东已经建设成为一个外向型、多功能、现代化的新城区。

二、浦东新区创模复核推进工作

创模复核是浦东 2012 年环保工作的首要任务，更是硬性任务。这次复核难度大、压力大。一方面，根据最新的指标要求，考核更加严格，标准更高；另一方面，两区合并后，区域扩大，面临的问题更复杂、矛盾更突出。创模复核工作启动以来，浦东新区严格按照国家环保模范城区的考核要求，围绕"夯实基础、破解难题、打造特色"三个方面全面推进创模复核工作。

1．滚动实施环保三年行动计划，不断加快环境基础设施建设

通过前四轮计划的滚动实施，一是截污纳管工程加快推进，全区污水管网达到 1 200 km，基本消除污水管网盲点；雨污水管网达到 3 200 km，覆盖城郊地区；城市污水处理率逐年提高，目前已基本达到创模考核指标要求；水环境质量逐年好转，黑臭河道基本消除。二是固废处置能力不断提高，以焚烧、综合处理、卫生填埋相结合的多元化生活垃圾综合处理处置模式不断优化；全区生活垃圾无害化处理率和工业固体废物处置利用率均已达到考核要求。三是绿色生态建设成效显著，绿地总量达到 1.25 万 hm^2，人均绿地面积达到 23.9 m^2，建成区绿化覆盖率达到 39.2%，"绿肺、绿轴、绿环、绿网"的绿地框架和生态景观初步形成；全区环境空气质量优良率逐年提升。

2．围绕五大硬性指标，全力以赴破解重难点环境问题

浦东新区创模复核有五个硬性指标需要攻克，分别是：饮用水水源地水质达标问题，必须通过切换青草沙水源地来解决；城市水环境功能区水质达标问题，各功能区域地表水质监测指标中均有超标（特别是氨氮），需做好数据分析和技术解释；城市生活污水集中处理率问题，关键是解决海滨污水处理厂的稳定达标问题；重点工业企业污染物排放稳定达标问题，需加快推进一厂一档、清洁生产审核、重金属企业监管、重点企业在线监测；生活垃圾无害化处理率的问题，重点是解决好老港垃圾填埋场的问题。

2012 年以来，浦东环保市容局围绕上述"五大难题"，着力做好六方面工作：一是根据 26 项考核指标要求，补充完善创模复核资料台账，收集整理出各类档案资料 19 大类，共 3 000 多卷支撑资料。二是组织代号"震慑"的专项执法行动，开展一类污染源排放口规范化整治，推进清洁生产审核和"一厂一档"工作，着力加强污染企业执法监管，有效防范环境污染和风险。三是加强对污水处理厂和垃圾处理场的运营监管，指导和帮助解决突出问题。四是切实做好信访矛盾化解工作，对全区的环境信访问题进行调研，分类研究和调处，对突出信访问题实施包案化解。五是精心做好复核验收准备工作，由区政府组织，成立迎检工作领导机构，下设九个工作组，全力以赴做好综合协调、后勤保障、迎检接待、市容环境整治等工作。六是动员企业做好复核迎检准备，分两批组织全区近 280 家监管企业的创模复核动员，要求企业按照复核要求，规范设施运行，加强应急管理，做到资料台账齐全、厂容厂貌整洁。

3．探索环境保护新路，不断打造浦东环保工作新特色

近年来，浦东新区坚持以环境保护优化经济发展，逐步形成浦东环境保护工作的特色和亮点：

（1）发展循环经济，推动节能减排。一是首创垃圾"大分流、小分类"体系，加强源头分类收集、完善过程分类运输、优化末端分类处置，2011 年生活垃圾处置量下降至 4 352 t/d、年均垃圾总量减少 5%；二是持续推进清洁生产，形成"引导督促、技术支撑、有序推进、跟踪服务"的工作机制，完成 21 个重点行业 212 家重点企业审核评估工作；三是开展生态工业园创建，金桥出口加工区已成功创建国家生态工业示范园区，张江高科技园区、外高桥保税区也在积极创建中；四是全面建设节水型社会，2012 年 3 月在全市率先建成为全国节水型社会建设示范区，节水指标处于全市领先水平；五是开通了全国首个再生资源公共服务平台，在全国首创物联网电子废弃物服务回收体系，累计收集各类电子废弃物 110 多万件。

（2）创新环评方法，引导产业升级。一是开展战略环评，坚持生态优先、转变发展模式、构建生态安全的战略目标。二是开展环境影响评价"后评估"，强化环境影响的跟踪监管。三是坚持规划环评，较好控制在快速工业化、城市化进程中的环境风险。四是坚持"批项目、核总量"，对改扩建项目立项，坚决要求做到通过污染企业的关停并转迁腾出发展所需量，通过"以新带老"消化总量，实现增产不增污。

（3）创设环保基金，发展环保产业。2006 年 4 月，浦东新区设立"环境保护基金"，采用"政府统筹、服务外包"的模式。截至 2011 年，累计投入基金 1.25 亿元，带动社会资金逾 6.3 亿元，集中用于社会企业的节能减排、污染治理、清洁生产、绿色创建、环保宣传教育、环保新技术的研发推广等的补贴和奖励，推动了新区环保事业和环保产业的健康发展。

三、浦东新区创模复核整改工作

2012 年 12 月 3 日至 5 日，环保部专家组对浦东进行了创模复核现场检查，共检查点位 88 个，检查组一致认为浦东新区已达到或基本达到创模复核要求，同时反馈问题和建议 62 条。针对专家组反馈的问题和建议，环保部门全力组织后续整改工作，继续加强环境保护力度，力争在以下五个方面取得更大的突破和发展。

1．在环境风险防范和突发事件处置上更加及时有效

一是注重源头预防，建立全区的环境风险源数据库；二是形成指挥顺畅、反应迅速、处置有效的应急体系；三是坚持常态长效机制，加强监督和指导，发挥企业和属地化的应急管理作用。

2．在环境监管和重点污染源防控上更加严格有力

一是对电镀、化工、重金属、辐射等重点行业进行管控，推动企业的"关、停、并、转、迁"；二是进一步推进污染源在线监测系统安装及配套设施建设；三是探索实施移动执法模式，提高对区域内重点污染源监管的及时性、实效性。

3．在服务社会和促进发展的作用发挥上更加明显

严格项目的准入关：对符合产业导向和环境标准的项目，规范审批、加强服务；对不符合产业导向或是严重污染环境的项目，坚决不予审批。

4．在推进生态建设和环境改善的实效上更加显著

一是积极配合推进污水管网建设；二是加强对水源地的管控，加强对主要河道两岸企业的监管，进一步改善水环境质量；三是重点关注信访矛盾突出的区域，着力缓解和化解矛盾。

5．在环保自身能力建设和作风形象上更加提升

一是通过培育环保人核心价值观来转变理念、凝聚共识；二是通过培训教育来提高业务能力和队伍素质；三是通过责任追究保证金制度的全面试行来锤炼工作作风、树立形象。

经过整改，2013 年 4 月环保部委托华东督查中心来浦东对专家组反馈的 62 个问题和建议，逐一进行了认真仔细的复核。

四、浦东新区创模复核工作体会和感悟

（1）创模工作是区县层面环保工作最有力的抓手，是动员社会力量参与环保工作的平台，是提高全民环境保护意识和知晓率的绝佳途径和机会。

（2）创模工作事实上为我们的工作做了一次全面梳理和自我检查。我们最大的感受是工作要有方向感，创模工作是没有终点的，如果我们把各项指标做到位了，也就事半功倍了。

开展企业环境保护信用等级评价工作，
探索环境管理新思路

河南省平顶山市环境保护局　王洪军

摘　要：企业环境保护信用等级评价制度对推进企业环境科学管理、增进企业环保意识有着积极的作用。河南省平顶山市结合实际情况，在省内率先开展企业环境保护信用等级评价试点工作。工作得到了社会各界的关注和支持，同时获得了阶段性成效，实现了环境管理政策的创新与实践。

关键词：企业环境；信用等级；评价制度

新形势下，如何寻找环境管理的突破口，进一步提高环境管理水平，是我们面临的重大课题。在环境管理中，引入信用经济观念，建立企业环境信用体系，是一种符合国情、适用于社会主义市场经济发展需要的环境管理理念，是对当前环境管理制度的重要补充和完善，是市场经济条件下的一项重要环境管理政策创新，同时也对新时期的环境管理工作提出了更高的要求。

一、调查研究，制定评价办法

根据各地的实践经验，我们决定结合平顶山市的实际，在省内率先开展企业环境保护信用等级评价试点工作。我们的出发点是通过对企业环境信用等级的评价，用信用成本压力，提高企业领导的环境意识，提高他们遵守环保法律法规的自觉性，从而提高企业自身的环境管理水平。

在设计信用等级评价规则时，我们一直围绕几个问题在思考：怎样保证评价标准体系的完整、合理；怎样保证评价工作的程序简明，操作透明，彰显公正；怎样才能调动参评企业的积极性，制定出具有吸引力和震慑力的奖惩制度；怎样才能保证这项工作的开展不是搞成一般性的活动而流于形式；怎样才能结合日常工作，协调各部门管理，真正达到转变环境管理理念，提高环境管理水平的目的。

围绕这些问题，2012 年我们起草制定了《平顶山市企业环境保护信用等级评价实施办法（试行）》（以下简称"办法"）。2013 年，我们在总结经验的基础上，重新颁布了《平顶山市企业环境保护信用等级评价实施办法》，制定了新的评分标准和评分细则。在该办法中，我们把企业环境保护信用等级分为很好、好、一般、差、很差 5 个等级，分别以三星、二星、一星、黄牌、黑牌 5 种牌匾进行标示。"办法"规定：被评为三星、二星信用等级高的企业，环保部门将优先安排环保专项资金项目，企业在上市环保核查、环境科技项目立项时可以享受相关减免、优惠政策；被定为黄牌、黑牌信用等级低的企业，将被环保部门列入重点监管对象，督促企业限期治理或停产整治，对该企业加强现场监督检查和管理，并停止受理该企业扩改建项目环评，限制其使用环保专项资金；在企业上市环保核查、其他部门组织的"名牌企业"等评优评奖活动中，环保部门均出具否定性意见。

二、加强领导，严格程序，透明操作

为保证评价工作的有序进行，平顶山市环境保护局成立由局长任组长的企业环境保护信用等级评价领导小组，评价领导小组下设独立于其他科、处、室的办公室，负责具体评价工作。为保证审核评价工作公开、公正、透明，"办法"规定了环境保护信用等级评价要按照告知、申报、公示、核实、初评、反馈意见、评审、公布等程序办理；并规定在对企业评审时，邀请部分人大代表、政协委员、行业专家、群众代表、新闻媒体参与评审。

我们在"办法"中规定，企业环境保护信用等级实行动态管理。我们授权考核办公室定期不定期地对企业进行巡检，发现问题，及时督促企业进行整改。企业遭到群众投诉、发生环境污染纠纷及环境污染事故等情况，查实后，按"办法"规定对其直接降级到相应级别，并通知有关部门停办相关手续。企业今后在评先、信贷、上市、认证等方面需环保部门出具证明材料时，首先要验证其环境保护信用等级。

三、积极稳步推动评价工作，引起社会各界的高度关注和支持

2012 年 3 月，市环保局正式启动企业环境保护行为信用等级评价工作，我们筛选了85 家企业作为第一批参评单位，并对参评企业进行了专题培训。我们按照评价程序将参评企业名单在政府网站上进行了公示。在初评后，我们把初评结果反馈给参评企业，在企业中引起了极大反响。初评结果较差的企业更是受到震动，对照标准查找问题，积极制定整改方案，落实整改措施。社会各界特别是新闻媒体对该工作给予了极大的关注和支持。经过对初评结果的复核，共评出三星级企业 4 家，二星级企业 58 家，一星级企业 19 家，黄牌企业 4 家。

2013 年参评企业共 178 家，评出三星级企业 5 家，二星级企业 71 家，一星级企业 91 家，黄牌企业 1 家。

四、重视评价成果利用，促企业整改提高

评价结果公布后，市环保局利用网络、电视、报纸等新闻媒体表彰先进企业，树立标杆，让相对落后的企业对照标准找差距，理清环保工作思路，激发企业创先争优、加入环保先进行列的积极性。从 2012 年开始，市环保局就要求一星级以下企业进行整改。2012 年我们对一星级以下的 23 家企业存在的 46 项问题下达了整改意见。整改意见下达后，各企业都高度重视，制定了整改方案，明确了完成时限。评价办公室会同污控、总量、监察、危废中心等部门一道对整改企业进行了跟踪督查。截至 2012 年年底，完成整改任务 28 项，其余整改任务也在 2013 年 3 月底前基本完成，完成投资 4 160 余万元。

神马实业股份有限公司是世界三大帘子布生产企业之一，也是国内最大的锦纶 66 工业丝、帘子布制造与供应商。该公司因技术、资金等方面的原因，限期治理项目未按时完成，信用等级评价被评为一星级，引起公司高层的重视。公司与国内知名专家联合攻关的己二胺废气治理项目进一步优化了治理方案，重新安排工期，于 2012 年年底完成各生产线治理项目的土建实施、设备制造和安装等，利用 2013 年 5 月停车大修期间连接并投入使用；该公司的纺丝油烟废气工业化治理技术在国内还是空白，公司组织技术人员专题进行科研攻关，目前纺丝油烟废气工业化治理成套技术装置已通过省科技厅成果鉴定，并获得了实用新型专利，公司利用停车检修期间在 5、6、7 三条生产线推广该项治理技术，进行工业化治理改造，目前调试成功；公司利用"西气东输"，对锅炉及原丝、浸胶车间进行技术改造，改造完成后，动力厂导热炉使用的重油改为天然气，浸胶车间使用的煤油也改为天然气，每年可减排约 5 000 万 m^3 的废气，230 t 二氧化硫和 80 t 烟尘；公司原丝工艺热媒以前全部使用联苯作为导热油循环使用，存在安全隐患和风险，实施氢化三联苯替代联苯改造以后，消除了设备的安全隐患，降低了由于联苯挥发而造成的环境污染，氢化三联苯的价格低于联苯而热效率高，具有很好的环境效益、经济效益和社会效益。

再如天源盐化公司由于种种原因非常困难，环保历史欠账也比较多，有些问题甚至是建设环评验收时提出的，至今都还没有改正。在 2012 年信用等级评价中被评为黄牌，企业受到了极大的震动，也下了整改治理的决心。经多方筹措资金 960 多万元，对 4 台静电除尘器完成了大修治理；按要求对燃煤贮存场进行了封闭式煤棚建设；对现有贮灰场进行了气力输灰的升级改造，取得了显著成效。

2013 年，我们对一星级以下的 92 家企业下达了整改通知，目前企业正在制定整改方案。

我们在 2013 年制定环保专项资金使用计划中，对一星级以下企业不予支持；建立联运机制，把评价结果通报给了发改、财政、工商、银监等有关部门，实现多部门的联动；对信用等级好的企业实行优惠鼓励政策，对信用等级差的企业采取惩戒性制约措施。

五、认真分析评价结果，为环境管理提供支持

对评价结果进行综合分析，是整个评价工作的重要环节。通过分析，找出参评企业的共性和规律性问题，对我们整个管理工作也是一次全面的回顾和梳理。我们发现，评价成绩在二星级以上的企业中，市管以上国有大中型企业占比重较高；评价成绩在一星级以下的企业中，中小型企业和县管以下企业占比例较大。此结果表明：国有大中型企业是环保部门日常监管的重点，环保部门日常对其监管严格。这些企业的领导环境意识较强，其环保制度完善，环保机构健全，治理设施正常运转，各项环保工作完成较好。同时反映出中小企业、县管以下企业是我们环境监管的薄弱环节。

根据两年来的评比情况可知，一星级及以下企业主要存在以下问题：对依法、按标准排污重视不够，一部分企业没有及时办理排污许可证，对企业排污总量不清楚；在新建项目方面存在未批先建，不执行环保"三同时"制度；企业环境管理机构及制度不健全，甚至没有；污染设施运营不正常，甚至只是在应付检查；对平时的环保宣传教育重视不够。

通过对两年的评价结果进行对比，我们发现参评企业的严重环境违法行为和信访量有

明显下降，这与我们将这些项目设定为红线有明显关系，触碰到这些红线将被一票否决，体现了信用等级评价的导向性。

　　评价结果的综合分析和梳理，让我们对平时的工作有了一个基本的评估。评价结果在很大程度上反映出了我们的管理现状和管理水平，也让我们发现了工作中确实存在的问题和弱项。这对我们制定年度工作计划、确定工作重点、改进工作方法都有着很重要的参考作用。

　　企业环境保护信用等级评价工作是一项新课题，我们在下一步工作中将继续对考核标准和程序进行修改完善，坚持信用等级评价动态管理模式，进一步扩大参评企业范围。采用现代科技，建立企业环保信用等级评价数字平台，申报评估阶段实行网上操作，使评价工作更加公开透明，操作方便。我们将本着积极稳妥的方针，不断完善，不断创新，扎扎实实把企业环境保护信用等级评价工作推向深入。

坚持"环保优先、生态立区"战略是
和田可持续发展的必由之路

新疆和田地区环境保护局 邹 杰 买买提江·托乎尼亚孜

摘 要：新疆和田地区地理位置偏僻、经济较为落后，同时生态破坏日益严重、自然资源愈发匮乏，在基础设施建设和环保能力建设方面也存在较大缺口。和田地区环保局对面临的实际情况进行了深入思考，明确了总体工作思路、主要目标和任务，坚持"环保优先、生态立区"的战略，探索和田地区可持续发展之路。

关键词：绿洲生态系统；可持续发展；农村环境保护

和田地区是一个边远、贫困的少数民族聚居地区。长期以来，由于交通不便、地处边远、资源匮乏，经济发展一直落后于新疆其他地区，为国家级贫困地区，一直是国家扶贫攻坚的重点。近年来国家和新疆维吾尔自治区加大了对和田地区的帮扶力度，基础设施建设日新月异，人们生活水平不断改善。然而和田地区工业底子薄、生态环境十分脆弱，要想得到可持续发展，必须坚持"环保优先、生态立区"战略。

一、和田地区生态环境的基本情况

1. 和田概况

和田地区位于新疆维吾尔自治区最南端，距首府乌鲁木齐 1 500 km。全地区总面积 24.78 万 km^2，占全疆总面积的 1/6，其中山地占 33.3%，沙漠戈壁占 63%，绿洲面积仅占 3.7%。边境线 210 km，与印度、巴基斯坦实际控制区克什米尔接壤。辖 7 县 1 市，86 个乡镇，4 个街道办事处，1 383 个行政村，全地区户籍总人口 207.96 万人，比上年末增加 8.38 万人，增长 4.3%。其中：农业人口 170.15 万人，增长 4.5%；非农业人口 33.81 万人，增长 3.2%；汉族 7.03 万人，增长 3.5%；维吾尔族 196.49 万人，增长 4.3%；其他少数民族 0.46 万人，增长 6.7%。

2012 年全地区实现生产总值 145.44 亿元，增长 12.4%。其中：一产完成 43.72 亿元，增长 4.5%；二产完成 26.49 亿元，增长 13.5%；三产完成 75.23 亿元，增长 16.9%。全社会固定资产投资完成 153.02 亿元，公共财政一般预算收入完成 11.18 亿元，实现社会消费品零售总额 25.63 亿元，城镇居民人均可支配收入达 17 160.93 元，农牧民人均纯收入达 3 896 元。

2．和田生态环境的主要特点

典型的干旱绿洲环境。和田属干旱荒漠性气候，年均降水量 35 mm，年均蒸发量高达 2 480 mm。四季多风沙，每年浮尘天气 220 天以上，其中浓浮尘（沙尘暴）天气在 60 天左右。2010 年，和田市大气自动监测天数为 365 天，实际监测天数为 339 天。一级（优级）天气数为 1 天，占监测天数的 0.3%；二级（良好天气）天气数为 112 天，占监测天数的 33%；三级天气数为 157 天（轻微污染 117 天，轻度污染 40 天），占总监测天数的 46.3%；四级天气 20 天（中度污染 10 天，中度重污染 10 天），占总监测天数的 5.9%；五级（重度污染）天数为 49 天，占总监测天数的 14.5%。市区内首要污染物为可吸入颗粒物。

水资源矛盾突出。和田地区 36 条河流年总径流量 72.53 亿 m³，同时有泉水 60 余处，全年径流量 11.92 亿 m³，地下水可采用量 21.41 亿 m³，仅河水资源和田人均水量 5 600 余 m³。按灌溉面积计亩均 1 800 余 m³，而且年际流量变化较为稳定。然而由于地表水时空分布极不平衡，4—5 月来水量仅占全年水量的 7%，6—8 月的径流量占全年径流量的 74%～90%，而且 52%集中在和田河流域。河流季节反差极大，夏季洪涝，秋冬严重干旱，春季极为缺水，水资源时空、地域分配不均匀等因素，致使农业发展受到严重制约。

脆弱的绿洲生态系统。和田地区国土面积 24.78 万 km²，山地 16 105.9 万亩，占总面积的 43.73%，其中有 3 288.9 万亩草场，1 057.51 万亩冰川，其余大部分为难以利用的裸岩荒山；平原面积 2 726.9 万亩，占总面积 56.27%，其中沙漠 15 468.9 万亩，戈壁 3 099.74 万亩。绿洲面积 9730 km²，占总面积的 3.96%。

和田绿洲沿河流呈"珠状"分布于盆地的边缘，是和田人民历代繁衍生息的地方。全地区具有经济意义的绿洲共有 24 大片，而这 24 片又由大小不等的 203 块小绿洲组成。各绿洲零星分布在各河流洪积冲积扇或洪积冲积平原上，大部分分布在海拔 1 500 m 以下的地区，每片绿洲的面积与河水量相对成正比，绿洲外部与戈壁沙漠相邻，被沙漠和戈壁分割成互不相连的自然块。最大的绿洲是分布在喀拉喀什河及玉龙喀什河中游的和田、墨玉、洛浦绿洲，面积 548.2 万亩，占全地区绿洲总面积的 37.56%。各绿洲之间相隔甚远，如皮山县的 53 片绿洲，呈带状分布在皮山河、桑株河、村瓦河沿岸，每块绿洲间相隔几十千米，甚至上百千米以上。

和田绿洲受到塔克拉玛干生态环境、自然、气候等诸多方面的影响，河流断流、森林退化、沙漠扩张，迫使绿洲退到了昆仑山和喀喇昆仑山的北麓相当狭小的串珠形区域内，塔克拉玛干大沙漠强大的南侵与绿洲扩大相对，沙漠南侵的千年史令人感受到绿洲危机紧迫和人类生存的危机感。

在和田绿洲以北的塔克拉玛干大沙漠中，玛扎塔克、丹丹乌里克、园沙古城、喀拉墩、尼雅遗址、安迪古城都已成为沙漠侵吞绿洲的历史遗存，演绎了沙进人退的历史现实。这些绿洲的消亡，就是沙漠扩大夺取人类生存环境的历史见证。

二、和田地区环境保护存在的困难和问题

1．自然环境压力依然严峻

土地荒漠化面积仍在不断扩大，土地荒漠化严重。荒漠化土地面积 4 176.25 万亩，其中：土地沙漠化面积 41 116.59 万亩，土壤盐碱化面积 59.66 万亩。沙漠每年以 3～5 m 的

速度向绿洲移动或扩展。

自然植被锐减。森林资源匮乏，沙漠化危害严重。森林覆盖率仅 1.42%，比全国平均水平 13.92%低 12.7%。20 世纪 50 年代和田地区保存有珍贵的荒漠胡杨林 180 万亩，到 70 年代末仅有 27.4 万亩。经过 20 年的努力，目前才达到 77.45 万亩，还未恢复到 50 年代的水平。

自然灾害频繁发生。和田地区 17 m/s（8 级）以上的大风，每年都在 4～5 次。近 30 年来被流沙吞没的农田达 46 万亩，沙漠化的土地和草场面积达 3 万 km²。历史上曾被流沙搬迁三次的策勒县城，如今流沙离县城只有 2～3 km，民丰县城距沙丘也只 3 km。和田有一句顺口溜"和田人民苦，一天半斤土，白天吃不够，晚上还要补"，就是对和田恶劣生态环境的真实写照。

草场退化问题严重。全地区天然草场 3 853.53 万亩，可利用草场 2 785.17 万亩，天然草场以半荒漠草场为主。由于干旱、风沙、盐碱、虫鼠等自然灾害和超载放牧等人为掠夺破坏，退化天然草场 819 万亩中，沙、碱化 364.8 万亩，干旱退化 381.33 万亩，挖甘草退化 29.93 万亩，开荒退化 29.15 万亩，虫鼠害退化 14.2 万亩，占草场退化总面积的 91%以上。

乱采滥挖现象依然没有得到有效控制。矿山开发、玉石采挖不规范，砍伐天然林、采挖甘草麻黄草等严重破坏生态环境的行为时有发生。

2．城市环境基础设施落后

和田地区共有 7 个县级城市，目前只有和田市和洛浦县有简易的氧化塘污水处理厂，其他县城的污水都是没有经过任何处理就直接排入大自然；只有和田市有一座生活垃圾处理场，其他县城的垃圾都是拉到戈壁或者低洼地带进行集中堆放。

3．医疗垃圾和医疗污水处置困难

目前，和田地区共有各级医疗机构 100 多家，其中 50 张床位以上的医院 30 多家，医疗废水和垃圾存在的安全隐患不容忽视。目前和田市区内的医院仅地区人民医院、和田市人民医院、和田县人民医院和地区维吾尔医院等有污水处理系统，其中只有地区人民医院的污水处理设施经过地区环保局的验收，医院的污水基本能达标排放；其他医院的污水都是没有经过任何处理就直接排入城市下水道。而和田市污水处理厂是简易的氧化塘处理，大量医院污水中的细菌和病毒在这里得不到有效处理，存在严重的污染隐患。医疗垃圾属于危险废物，必须专门机构进行处置，和田地区部分医院医疗垃圾采取用焚烧炉焚烧，相当一部分医院的医疗垃圾和生活垃圾混在一起进入填埋场，其至有部分医疗垃圾（特别是一次塑料制品）进入市场回收加工再利用，造成极大的安全隐患。

4．农村环境保护工作严重滞后

一是乡镇一级没有环保机构，乡镇和广大农村的环保工作没有人去具体抓。二是农村生活垃圾得不到统一处理，全地区乡镇一级没有垃圾处理站，在许多乡镇周围的林带、水渠及河道旁，随处可见到生活垃圾随意堆放。三是部分农村特别是偏远地区农村，人们生态保护意识较为薄弱，由于缺乏清洁燃料，生活、取暖采伐自然植被的现象还很严重。

5．环保能力建设跟不上经济发展速度

一是环保部门人员数量少、素质差，按环保部西部地区环境能力建设标准化建设要求，环保人员应占当地人口的万分之二，而目前全地区环保系统只有工作人员 159 名，人员数

量远远没有达到这一要求。同时由于环保系统大都成立于 2002 年前后（地区环保局成立于 1999 年），从城建部门分离出来，专业人员少，人员素质不高。二是监测能力不能满足环境管理要求，按标准，地区环境监测站应达到国家二级环境监测站的标准，各县市应达到三级环境监测站的标准，目前只有和田地区与和田市有环境监测站，其他县虽然于 2010 年相继成立了监测站，但因缺少人员和设备，没有开展工作。

三、环境保护的总体思路、主要目标和任务

1. 总体思路

坚持"环保优先、生态立区"战略，按照"资源可持续、环境保护可持续"的要求，把环境保护和经济社会发展同步纳入地区经济社会发展中长期规划中统筹安排，坚持经济发展与环境保护并举，充分考虑环境承受能力，从产业布局上进行宏观调控，真正做到人口资源环境合理分配，协调发展。实现生产发展、生活富裕、生态良好的和谐社会目标。

2. 主要目标

根据资源环境承载能力和发展潜力，按照优化开发、重点开发、限制开发和禁止开发的不同要求，明确不同区域的功能定位，制定相应的经济社会发展规划。城市环境基础设施建设得到逐步完善，形成完善的环境保护工作机制，人们自觉加强环境保护的意识明显提高，环保部门环境监管能力适应经济社会发展要求，总体环境质量逐步稳定。

3. 工作任务

（1）抢抓"三大机遇"，促进环境保护事业大发展。抓住有利时机，利用国家给予西部特别是南疆四地州的倾斜政策，要抓住机遇，抓紧制定实施计划，重点做好农村环境综合整治、县级环保执法监测业务用房、监管体系、能力建设和节能减排项目建设规划，做好项目的前期准备工作，安排和上报项目，争取更大的支持。

要结合环境保护工作的实际，提出需要国家支持和倾斜的环境经济政策，争取国家给予支持。在环评管理中，坚持上大压小的监管原则；在招商引资中，坚决支持大企业、大集团和高新产业的发展；在总量管理中，坚持先削减，后增量；鼓励发展循环经济，推进清洁生产，优化工业布局，推进重大环境保护工程建设，加快实施重点生态建设和环境保护项目，为实现和田地区科学发展、构建和谐和田作出应有的贡献。

（2）努力完成污染总量控制目标。在污染源全面调查和环境容量核算的基础上，把总量控制指标作为政府和企业"环保目标责任制"的主要考核指标，把总量控制指标作为建设项目审批的依据。严格禁止向和田地区输入落后淘汰的生产能力、工艺装备和产品。继续抓好重点工程、重点领域节能减排工作，进一步推进天然气入户工程和推广应用清洁能源，积极推进综合废旧物资利用和生活垃圾资源化利用，加快重点城镇污水处理设施和管网配套建设，积极推进污水再生利用，建设节水型城镇。通过进一步削减增量，消化存量，为今后的发展腾出环境容量空间。

（3）全面加强环境影响评价制度的落实。积极推进规划环评工作。坚持从宏观把握环境保护，从源头控制环境污染和生态破坏。通过整合优势资源，进行合理产业布局，优化经济结构，提高发展质量。在招商引资工作中，严格执行国家有关产业政策和环保标准，认真落实环境影响评价和"三同时"制度，强化现场监察和跟踪管理，切实规范建设单位

的环境行为，完善公众参与机制，要加大违法建设项目的查处力度，对未批先建的违法项目，必须实行停止建设、依法处罚、补办手续。

结合工程建设领域突出环境问题专项治理工作，把政府投资和使用国家资金项目特别是扩大内需项目作为重点，以群众反映强烈的突出环境问题为切入点，逐一梳理工程建设在规划、项目审批、建设、后续监管等过程中容易出现问题的关键环节，认真查找工程建设领域环境保护管理中存在的缺陷和漏洞，制定和落实改进措施，进一步完善相关管理制度，建立健全环境保护长效机制。

（4）加强生态环境保护，积极推进农村环境保护工作。和田地区生态环境十分脆弱，保护生态环境是环保工作的重点和难点，必须在积极推进生态环境建设的同时，认真做好生态环境监察。生态环境监察是强化监管，确保生态环境安全的重要手段。要加强对各类资源开发、公路建设、水利、水电等基础设施建设施工现场的生态环境监察，防止边建设、边破坏的情况发生，确保和田地区生态环境安全。

积极推进农村环境保护工作。要把农村环境保护与改善农村人居环境、促进农业可持续发展、提高农民生活质量和保障农产品质量安全相结合，统筹安排，全面推进。要将农村环境保护作为推进社会主义新农村建设的重要内容，按照"生产发展、生活富裕、乡风文明、村容整洁、管理民主"的要求，认真落实好《和田地区农村环境综合整治规划实施方案》，分步实施，整体推进，到"十二五"末使全地区重点村庄环境污染问题得到有效控制。

（5）加大执法力度，严厉查处环境违法行为。重点做好水污染防治工作，加强全地区主要河流的水质监测监察工作，抓好重点排污企业和医疗机构污水达标排放，防止水污染事故的发生。要做到对本辖区内各类重点污染源、危险化学品和放射源污染隐患心中有数，情况明了，发现问题要立即采取有效措施，消除隐患。建立环境监管后督查制度。把后督查工作作为环境监管与执法的重要环节，需要建立后督查工作程序、方法等相关制度，形成机制，环保部门要加强与纪检监察、司法、法制办、工商等部门的联系配合，采取综合措施，解决环境违法监管不到位、处罚不到位、执行不到位、督查不到位的问题。依据国家环保法律法规和政策，推进总量控制各项任务的落实。

强化依法行政，加大执法力度，重点查处影响群众健康的突出环境问题和破坏生态环境、造成重大环境污染事故的违法行为，对环境保护难点、热点案件，要在地方党委、政府的统一领导下，加大联合共同执法力度，切实保障人民群众环境权益和生态安全。

（6）要大力发展循环经济，切实提高经济发展质量。以循环经济替代传统经济发展模式，是坚持科学发展观、推进新型工业化的必然要求。各地要将发展循环经济的理念贯穿到能源资源开发利用的全过程，按照建设节约型社会的要求，加快制定促进发展循环经济的政策、相关标准和评价体系，以尽可能小的能源资源消耗，获得尽可能大的经济效益和社会效益。要加强循环经济技术研发、示范、推广和能力建设，提高自主创新能力。大力发展节能环保产业，加快水能、风能、太阳能等可再生能源开发利用，加强水、土地、矿产管理，搞好节水、节地、节材等工作，提高能源资源利用效率。